東京大學資料科學家養成全書

使用Python
動手學習資料分析

東京大学の
データサイエンティスト
育成講座

Pythonで手を動かして学ぶデータ分析

塚本邦尊、山田典一、大澤文孝——著

中山浩太郎 ◎ 監修
松尾豐 ◎ 協力
莊永裕 ◎ 翻譯

本書的支援網站

本書裡使用的範例檔案和特別下載附錄均公開於網站上。關於訂正和補充資料等，未來也會在網站上公開。

https://book.mynavi.jp/supportsite/detail/9784839965259.html

下載用密碼：c39psx6r

- 下載範例檔案需要網路環境。
- 所有範例檔案均請在讀者自行負責的前提下使用。
  關於使用範例檔案和影片而產生的損害、損失、甚至其他狀況，敝公司、作者、臉譜出版及譯者恕不負任何責任。
- 包含於範例檔案裡的資料、程式、檔案均為著作成果，其著作權各歸其作者所有。
  請留意購入本書的讀者僅可用於個人的學習與閱讀，不可作為他用。
  無論商業用途或個人使用，均不可進行資料複製與散佈。
- 本書裡公開的範例係為本書學習之用，並非假設使用於實際情況。尚請見諒。

注意事項

- 本書的說明以 Anaconda3 與 Jupyter Notebook 進行。
- 網路瀏覽器則使用 Chrome。請留意可能會有因環境不同而產生的畫面差異，或是無法正常動作的情況。
- 使用本書學習需要網路環境。
- 關於本書的錯字或漏字等，尚請指正聯繫。
- 關於本教材的操作，可能會有因環境不同而完全無法執行的情況。在此預先請您見諒。
- 本書出現的軟體與 URL 連結等，基於 2019 年 2 月時的資訊撰寫。截稿後可能有變動。
- 關於本書的製作，雖已盡力正確地敘述，但無論是作者、出版社、臉譜出版及譯者，均無法對本書裡的內容提出任何保證，依本書內容進行的任何運用結果，請恕不負任何責任。在此預先請您見諒。
- 本書裡的公司名稱和商品名稱等，為相關各公司的商標或登錄商標。書中省略了 ™、® 等註記。

序言

關於本書的出版

本書以 2017 年至 2018 年於東京大學舉辦的「全球消費智慧捐贈講座」（グロー
バル消費インテリジェンス寄附講座）學生對象離線講義，以及社會人士對象線
上課程所用的教材為基礎。內容是兩年間，共一千八百名學生和社會人士報名，
約四百人上課所用的課程講義。參加者包括理科和文科的大一生到博士班學生，
以及來自各業界的社會人士。

如書名所示，本書是為了成為資料科學家而撰寫的基礎講座。近來出現各式各
樣資料科學相關書籍（資料分析、機器學習、深度學習、人工智慧等等）。在本
書內容製作初期之前幾年，關於資料科學的書並不多，與當時相較，現在已經有
出色的資料科學和機器學習書籍。在這樣的情況下，舉辦這個講座究竟是否有意
義，是否值得出版成書呢？撰稿過程中，筆者不免心想，或許有讀者看著書名和
目次，想著「又是一本資料科學的書嗎」，又或是「現在還出資料科學的書呀」。

本書的特點，包括可一邊使用實際的資料動手嘗試，培養資料科學的技能。除
此之外，盡可能包含可用於資料分析現場的實踐性內容（如資料的預處理等）。除
了理論的說明和程式設計的說明，也處理資料內容。此外，練習問題和綜合問題
演練等，有很多需要動動頭腦的內容，在其他書籍裡很少見。實踐本書所寫的內
容，讀完全書後，應該能在實際的現場進行資料分析。

此外，在東京大學進行的講義中，用的是只要從網際網路登入便能使用的系統
（iLect），而在本書裡，將準備本地端環境的方法寫於 Appendix 當中，請參考使
用。除此之外，作為本書基底的練習內容，已經以 Jupyter Notebook 的形式，於
東京大學松尾研究室免費公開（https://weblab.t.u-tokyo.ac.jp/gci_contents/），能下
載取得練習內容。由於近期 Google 提供了名為 Google Colaboratory 的免費雲端
Jupyter 環境，也能配合使用上述的公開練習內容，一邊動手一邊學習資料科學。
因此，如果知道這些訊息，只要能存取網際網路，便能免費學習資料科學，似乎
沒有讓內容成書的理由。

將這個講座的內容撰寫成書的理由有三。首先，希望讀者不僅限於 Web，而是
擴及更廣的範圍，期使讀者能了解資料科學的實際情況，培養相關技能。儘管近
來很多地方都需要能進行資料分析的人員，實際上卻人才短缺。當然，不是人人
都要會資料分析，但如果知道資料分析至少需要什麼、有哪些手法、能做到什麼

樣的事，就可能找出許多改善業務的機會。或說至少能理解資料科學家工作的辛苦（？），不至於總認為資料科學和 AI 是萬能的吧。

此外，不需要依賴資料分析專家或分析部門，使用 Python 就能快速進行簡單的資料統計或視覺化，提升自己的業務效率，或者以資料分析來確認自己的假設是否正確，將至今手動操作的工作自動化，會是很開心的事吧。請拿起本書的讀者，務必善用內容，了解並培養資料分析的基礎技能。

第二個理由是，線上資料並非隨時都能學習，想在電車裡或等候時概略瀏覽，書本顯得比較方便。雖說已是電腦或手機的時代，但無人島上既無 WiFi 也沒有電源。或許不會真的帶著本書去這樣的地方，但隨時都能學習正是書本的好處。

第三個理由是，取得資訊的速度，書籍極其快速，學習效果較佳。筆者每個月都會買很多書，感覺實際以書本來學習的效果比較好。書籍方便註記突然想到的事情，或是快速地從頭看過一遍。當書中有深入思考的重點時，務必記下。要將學到的東西鍛鍊為自己的技能，不能只是單方面接受，重要的是主動學習、思索疑問、深入思考。當然，不是光靠書籍本身就能學習到所有事物，請一邊準備環境一邊動手學習，在適當的地方善用本書。

再者，本書和線上公開教材不同，設計與配置較美觀，整理了重點，形式容易理解。這都歸功於 Mynavi 出版社的伊佐小姐及相關人士的編輯。由衷感謝他們。

關於本書

本書廣泛論及資料科學必備的技能。因此，內容並不深入探究各個領域，而是說明至少必須知道的基礎事項。雖然無法以一本書來完成這個領域的學習，至少能指出基本的方向性，請以這樣的角度來使用本書。由於希望本書是指引成為資料科學家的地圖和羅盤，書中有豐富的重要關鍵字和後續應該閱讀的參考資料等，請配合運用。

本書主要使用名為 Python 的程式語言，學習基本的程式撰寫方式，以及資料的取得、讀取、操作等，各式各樣 Python 函式庫的使用方式、機率統計手法、機器學習（監督式學習、非監督式學習、性能調校）的使用方式，還有讓 Python 高速化的方法和 Spark 的簡單操作等（參見官網附錄）。操作的資料包括關於市場行銷的資料和紀錄、金融的時間序列資料等，並介紹將它們模型化之前的加工手法。對於希望成為資料科學家的讀者來說，這些都是必備的技能。

關於 Python、機率與統計、機器學習、最佳化等，儘管個別來看，終究不及各

領域專門書籍，但要將資料科學運用於商業領域，重要的是廣泛了解武器，學會基本的用法。只要能培養基本的思考方式和知識，即使對於未知的問題，之後也能一邊研究一邊學習。因此，本書的目標還包括培養這樣的思考與態度。

此外，書中提到如何實際進行現場資料的加工與分析、如何具體運用於市場行銷或金融等、使用何種手法來撰寫程式比較好，以及組合這些手法的技巧和流程。由於不僅介紹理論部分，也說明實務性的使用方式，可立即在現場試試。一般的市場行銷書籍，著重市場行銷的手法而缺乏實作方法；另一方面，機器學習書籍雖然說明了理論與實作，但市場行銷手法等實務性的使用方式付之闕如，大多為某個領域的特定專門書籍。本書整體網羅了對資料科學來說不可或缺的技能，而且能立即嘗試實作。藉由這種方式，應該能掌握用於實務性資料分析的實作概念吧。

當然，與其說不需要數學式計算和定理證明等理論書籍，不如說對於有時間的大學生或活躍於第一線的研究者來說，請務必確實學習理論。由於單只閱讀本書可能理論知識不足，必要時一併參閱各領域專門書籍和參考文獻，應該有助於學習吧。順帶一提，筆者仍在學時，資料科學一詞還不太流行，幸而確實學習了微積分、線性代數、集合、拓撲（另外還有機率統計、多變量統計、最佳化運算、資訊理論等），或許因此得以順利進入這個領域。

此外，如前所述，本書的特點是有實作的練習題，其他書籍較少見。如果不以實際的問題為前提來思考並動手操作，無法確實地培養技能。請務必透過這份教材，了解有各式各樣的武器，一邊動手一邊實踐。本書書末介紹了很多好書和高評價的參考文獻。讀完本書之後，請利用那些參考資料，一邊思考一邊動手實踐，藉由網路資訊和參考書籍來進一步提升自我的能力。

本書的對象讀者

本書的目標對象是有程式設計經驗、完成理科大一大二程度數學（線性代數、微積分、機率統計的基礎等）的人士。具體來說，是積極學習的大三大四理科學生或研究所學生，以及對於學習資料科學有高度意願的社會人士。本書最適合打算掌握從資料科學入門程度到中級程度的人閱讀，設定的目標也是完成資料科學入門程度。

對於已經在實務上頻繁使用 Python 和機器學習的人來說，內容應該過於簡單，不過雖然中級程度以上的讀者並非本書的目標對象，仍能利用本書來複習一遍資料分析所需的知識。此外，對於最近受到矚目的深度學習，雖然書中並不詳細說明，也能藉由本書掌握學習這個領域之前的基礎技能。對於曾經打算學習深度學習的基礎，卻因不了解程式碼的意義等而放棄的人來說，藉由本書可以學習到所

需的基礎技能。如果打算真正學習深度學習，近來出版了許多相關書籍，還有各種深度學習的課程，請透過各種途徑學習。

對於沒有程式設計經驗的人或完全不熟悉線性代數和微積分的人來說，只靠這份教材來理解可能相當困難，如果連同參考資料一起使用，儘管需要花費不少時間，應該能更順利閱讀本書內容。事實上，在這個課程裡，也有大一大二學生和文科背景的社會人士完成學業。

本書的目的

關於「資料科學」一詞，並沒有統一的定義，眾說紛紜。但一如其名，「資料科學」與「科學」領域關係密切。所謂科學，係從世界上混沌的現象裡找出本質，逐步解決各式各樣的問題。在日漸龐大的各種資料當中，運用科學的力量解決各種問題，便可說是資料科學。或許科學的手法原本就是如此，但近年來已能取得多樣化的資料，進入大量且高速運算的時代，IoT（Internet of Things）等也受到矚目，資料分析的重要性看似消失，其實是變成了必需品。

對筆者來說，相信運用這樣的資料科學可以讓世界多少變得更加美好，在這個領域努力著。世界上的問題形形色色。相信大家都知道有很多沒效率的工作與處理，甚至無謂地浪費。在人工智慧等受到矚目的同時，也有許多誤解和過度的期待。拿起本書的各位讀者，請務必仔細分辨，實際上在某些情況下，使用資料科學和人工智慧等究竟能做到什麼、不能做到什麼。

資料科學不僅只是數學（統計、機率、機器學習等），更是借用 IT 等各種力量，不斷挑戰世界上的難題與背後課題的綜合領域。當然，這樣的力量並非絕對萬能，也無法突然觸發奇蹟。反而應該說經常是在束手無策的狀況下，從確認麻煩惱人的條件、找出問題開始，腳踏實地觀察資料逐步整理。事實上，在現場分析時，筆者碰到的多半是這樣的情況。然而，藉由配合各種商業目的的需求而進行資料分析，不乏逐步改善的例子，也有新發現。資料科學與人工智慧並非完全剝奪人的工作，而是讓這個世界更加美好的工具。

衷心盼望本書的讀者和參加課程的同學，能運用這樣資料科學的力量，減少一些這個世界上的浪費與沒有效率的事物，進一步創造出新價值，有更多人讓這世界更加美好。當然，作為其中一分子，筆者每天都在努力奮鬥。

謝辭

本教材的開發過程，受到許多教材和人們支援。作為參考的教材和網站，已於書末「參考文獻」中介紹。此外，本書引用了數學、計算機科學、市場行銷分析

等各領域專家的研究。如果不是站在巨人的肩膀上，無法開發出這樣的教材。

關於本教材的開發，還要感謝提供機會的東京大學松尾研究室團隊。如果沒有他們的支援、建議及回饋，無法製作出本書的內容。再者，筆者本身也在開發教材過程中學到很多，感謝提供這樣的機會。衷心致謝。

首先，關於本課程與教材製作，特別感謝統括整體的松尾研究室中山浩太郎老師，以及支援協助初期教材開發的椎橋徹先生。其次，非常感謝本書合著者，包括資料科學家山田典一先生和 Python 專家大澤文孝先生。如果沒有兩位大力幫忙，無法促成本書出版。

此外，內容的部分，委請貝澤拉先生（Gustavo Bezerra）和味曾野雅史先生進行整體的審閱。雖然很可惜無法完全反映他們指出的部分，但承蒙上述兩位協助，使內容更臻完善。

除此之外，還請到宮崎邦洋先生、田村浩一郎先生、三浦笑峰先生、檜口一登先生幫忙審閱全書。特別是宮崎先生和三浦先生，參與每週的會議並提供支援，協助推動社會人士課程，非常感謝。課程裡使用的 iLect 環境，請到 Michael 先生和 Alfred 先生幫忙準備等。

感謝下列人士（敬稱略）：大學時代便持續關照的石橋佳久、今村悠里，昔日職場裡給予照料的嶋田有希、中村健太、山田典一、宮澤光康、乾仁、川田佳壽，謝謝諸位幫忙檢閱教材、修正或新增內容。特別是具有統計檢定 1 級資格的石橋先生幫忙修正新增機率統計的部分，並指出整體有疑義的地方。山田先生和嶋田先生指正了機器學習的章節，提供莫大助益。對於多方協助的諸位，由衷感謝。

此外，如同一開始所述，本教材也用於東京大學的課程，許多人回饋意見，包括聽講的大學生、研究所學生，以及本課程的優秀助教（檜口一登、岡本弘野、久保靜真、橋立佳央理、蕭喬仁、熊田周、合田拓矢、一丸友美）。參加社會人士課程第 1 回、第 2 回線上課程的眾人，回饋的意見也非常有參考價值。

還要感謝與筆者正職相關的人士，儘管有份內工作，仍允許筆者擔任這項課程的講師及本書的撰述和兼職，並為筆者加油。

最後，本書能夠出版，要特別感謝 Mynavi 出版社的伊佐知子小姐、角竹輝紀先生等相關人士。提供許多意見回饋、進行教材編輯，同時大幅改善排版樣式，非常感謝。

真的非常感謝各位在百忙之中撥冗協助。然而，若本教材有錯誤之處，完全是筆者（塚本）的責任。若您發現這樣的問題，或有在意的地方、可以改善的部分，請務必聯絡筆者。希望本教材今後更臻完美（或是有更精通的專家助一臂之力）。

2019 年 1 月　塚本邦尊　電子信箱：kunitaka0605@gmail.com

Contents

Chapter 3　敘述統計與簡單迴歸分析

Chapter 4 | 機率與統計的基礎

Chapter 5 — 使用 Python 進行科學計算（Numpy 與 Scipy）

Chapter 6　使用 Pandas 進行資料加工處理

Chapter 7　使用 Matplotlib 進行資料視覺化

Chapter 8　機器學習的基礎（監督式學習）

Chapter 9 機器學習的基礎（非監督式學習）

Chapter 10 模型的驗證方法與性能調校方法

Chapter 11　綜合練習問題

Appendix

Chapter 1

本書的概要與
Python的基礎

在本書裡,將逐步學習關於資料科學(資料分析)的相關內容。本
章首先解說資料科學具體來說是做什麼樣的事,以及為了做到那些
事需要什麼樣的知識。內容說明本書各章處理的概要和閱讀方法,
請藉此掌握整體樣貌。本章後半部將使用 Jupyter Notebook 學習
Python 的基礎。

Goal 了解本書的目標。先學好資料分析的流程,知道必須學習的
東西,以便使用 Jupyter Notebook 進行 Python 的基本實作。

Chapter 1-1

資料科學家的工作

Keyword 資料科學、統計學、工程、諮詢、PDCA、資料分析、Python、線性代數、微積分、機率、統計、機器學習

本書的目標是掌握學習資料科學（資料分析）的基礎。首先，說明資料科學是什麼，接著說明資料科學所需的必備知識及其概要。

1-1- 1 資料科學家的工作

如上所述，本書通篇主要說明資料科學的相關內容。因此，首先來思考關於資料分析的專家，亦即「資料科學家」吧。這個詞在各式書籍和網路上有不同的定義，儘管尚未有確定的統一解釋，**本書將其定義為對於商業上的問題，使用統計、機器學習（數學）和程式設計（IT）技能來解決問題的人。**

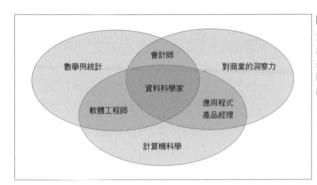

圖 1-1-1
資料科學家要求具備綜合的能力
根據http://www.zsassociates.com/solutions/
services/technology/technology-services/
big-data-and-data-scientist-services.aspx
編輯而成

雖然容易認為資料科學家必須是數學或統計的專家，但其實並非如此。的確，數學與統計的知識是必要的。但除此之外，還需要具備將它們實作出來的工程能力。具體來說，便是本書學習的使用Python進行實作的能力。此外，也要求具備究竟為何使用這些工具來解決商業問題的諮詢能力。少了其中任何一項，無法說是資料科學家。不過，這並不是說在全部的領域都非得是專家不可。資料科學家要求的是統合的能力。關於這些技能，既沒有全部精通的人，而且也能藉由聚集各領域的專精人士來組成資料科學團隊。

對於資料科學家究竟如何實際解決資料分析的問題等疑問，如果想進一步了解，請務必閱讀書末參考文獻「A-1」列出的各種資料分析相關書籍。

1-1- 2 資料分析的流程

　　那麼，資料科學家究竟該以什麼樣的步驟來分析才好呢？在資料分析裡，了解並建立資料分析的流程相當重要。舉例來說，分析商業資料的專案，一般的流程是了解該商業內容、了解資料、資料加工、處理、模型化、驗證、運用。在這樣的流程中，對該商業內容的了解顯得特別重要。如果排除它，便失去資料分析的意義了。資料分析是有目標的，並非漫無目的地分析。但無論是客戶或相關人士，可能並沒有明確的目標。這時得從訂定目標開始進行。需要藉由一邊相互討論，從資料科學家的角度找出問題，一邊進行提案。在這個過程裡，不僅需要與專案成員（顧問、業務人員等）同心協力，還要不斷和客戶及相關人士溝通。

　　接下來，持續進行這個流程也很重要。某個階段結束後並非完成，而是需要反覆進行循環，亦即必須具有PDCA（Plan-Do-Check-Act，循環式品質管理）循環的流程。對於只想知道如何分析資料並模型化的人來說，或許對這樣的商業話題不感興趣，但這是現實上需要處理的問題。本書說明在資料科學家的工作裡，也有這些不容易注意到的現實面向，接著學習如何找出解決方法、如何將這些解決方法具體實現（實作）。

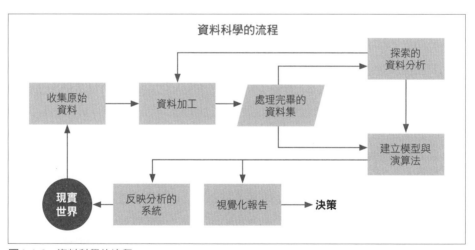

圖 1-1-2　資料科學的流程

根據 http://www.kdnuggets.com/2016/03/data-science-process.html 編輯而成

> **Point**
>
> 資料分析的現場至關重要的是對於商業的理解並將目標明確化，建立起PDCA循環的流程（資料分析的流程）。

關於學習資料分析專案的過程、資料分析的流程，以及結果的系統化和實務等，有助於實際運用的書籍列於書末參考文獻的「A-2」和「A-3」。

1-1-3 本書的架構

在本書裡，將一邊實際體驗，一邊學習成為資料科學家所需的事項。如前所述，除了數學與統計的知識之外，資料科學家還需要工程能力與諮詢能力，因此本書的內容會涵蓋多個面向。

第1章至第4章的內容是用於資料分析的基礎知識。本章接下來的部分將說明經常用於資料分析的程式語言 Python，以及為了實際執行本書裡列出的範例程式碼所需的 Jupyter Notebook。第2章說明資料分析時和 Python 一起使用的科學計算與統計函式庫 Numpy、Scipy、Pandas、Matplotlib。第3章和第4章則是說明數學基礎知識的章節。第3章學習統計學的基礎知識和簡單迴歸分析，第4章學習機率和統計的基礎。第4章會出現一些理論的部分，也有數學式子，請慢慢熟悉。

第5章至第7章是學好如何使用 Python 來處理資料及視覺化的方法。第5章學習用於科學計算的 Numpy 與 Scipy 的技巧，第6章學習資料加工處理時不可或缺的 Pandas 技巧，接著第7章學習資料的視覺化（Matplotlib）及資料分析結果的表達方式。到該章為止，是培養將 Python 資料分析之前的資料處理與加工的基礎能力，在綜合問題裡運用這些手法。具體來說，以金融的時間序列資料與市場行銷資料為例，介紹資料分析的現場經常使用的基礎手法。

第8章開始是機器學習的單元，也就是製作模型讓它進行學習的部分。該章學習如何對預先已經知道答案的資料進行學習，亦即監督式學習。接下來第9章學習原先不知道答案的分析手法，亦即非監督式學習。緊接著，第10章學習如何對於該機器學習學到的模型進行驗證及調校（修改參數、提高模型的準確度）。由於建立好模型並非結束，而是需要確實地驗證，對於模型過於貼近學習資料的最佳化，也就是「過度學習」的問題，也會進行說明。

第11章是測驗至此學過的技能的統整綜合問題。

若能好好學習這些章節，便能培養資料分析至少需具備的技能，以及學習現在受到矚目的深度學習所需之背景知識。雖然是玩笑話，但如果能以本書確實培養好資料分析的技能，便能提高自己的市場價值，增廣求職或轉換工作時的選項。

1-1- 4　對閱讀本書有幫助的文獻

儘管本書是資料分析的入門書，但對於現在提到的所有領域，無法真的全部從基礎開始說明。因此，還是必須以具備某種程度的基礎知識為前提。

本書裡作為前提的知識，包括大學學習的微積分與線性代數之基礎，以及具備簡單的程式設計經驗（如果是Python更好）。此外，由於資料分析與機率及統計高度相關，建議除了本書之外，有系統地學習機率與統計的基礎。

本書與其說是根據嚴密的數學式子來解說，不如說是以培養資料分析現場所需能力的角度來說明。關於出現數學式子的部分，也許會有難以理解的情況，但即使沒能一次完全理解，也可以先繼續下去。對於不懂的部分、仍有疑問的部分，請在適當的時候參考書末參考文獻的「A-4」和「A-5」，以及URL「B-1」等。

此外，由於本書環環相扣，或許之後再回過頭來看便能看懂。因此，即使有些不了解的地方，也請不要裹足不前，請繼續往下閱讀。

由於本書有一部分是以線性代數與微積分的基礎知識為前提來進行說明，不安的讀者請看看書末參考文獻的「A-6」來複習。由於後面的章節會出現特徵值等詞彙，先快速地看一下吧。

當然這不是說需要全部複習一遍。在某個章節裡實際試試之後，挑出似乎需要複習的部分，一邊在網路上搜尋該處出現的專門詞彙，一邊學習。先試著快速看看，建議閱讀一兩本適合自己的書籍。

此外，雖然不僅限於線性代數或微積分，大學的數學抽象性較高，似乎很多人總覺得困難。由於充分進行問題練習可加深印象，如果試著做些參考文獻「A-6」所列書籍裡的例題與練習，將可提升理解。

參考文獻「A-7」列出的書籍雖然較進階，仍推薦給對大學一二年級數學不安的讀者，以及想追求數學的嚴密性之讀者，可完整學到分析學、線性代數、統計學的基礎。

1-1- 5　動手來學習吧

即使理解商業內容，若無法將它具體化（實作），仍不能稱為資料科學家。因此，本書以處理各式各樣的資料並能進行實作為目標。為了達成這項目標，學習上顯得非常重要的是「**自行思考並一邊動手學習**」。

如「序言」所述，本書一大特點是「內容可以實際一邊動手來學習資料分析手法」。本書使用名為Jupyter Notebook的環境，實際使用Python撰寫分析資料的

程式，提供立刻可以嘗試的範例。關於Jupyter Notebook的安裝方法等，整理於Appendix，請先參考該章節來準備環境。此外，本書的範例也可使用Google提供的「Colaboratory」來執行。然而，由於環境不同，有些部分無法完全照樣執行，尚請見諒。

請使用本書的範例程式碼，實際變更放入變數的值，執行程式碼，看看結果。基本上，只需由上往下執行即可，但如果只是看著程式碼，無法培養分析與程式撰寫能力。除非實際動手、嘗試錯誤，否則無法培養程式撰寫能力。書中很多地方會出現「請試試～」、「請思考」、「Let's Try」的字句，這時請先好好停下腳步來思考，往下進行之前，先試著撰寫程式。

不僅如此，即使與練習問題等無關，想到「如果更動這個數字、改變這些處理，將會變得如何呢」，腦中浮現這些假設或點子時，請務必放手試試。

這樣的做法或許很費時間。也許不知道該怎麼做，或者有時看到回傳錯誤訊息而卡住。然而，一邊看錯誤訊息，先自行搜尋解決方法也是很重要的。再者，也會有多行的程式碼，只看書籍的敘述文字或許有些處理不了解。這時一行一行地執行，逐步看看究竟會回傳些什麼樣的結果吧。如此一來，可以逐一學好這些內容（當然，如果覺得很簡單的部分，請適當地跳過）。

閱讀本書時，可能會出現不了解的關鍵字、函式庫名和程式碼等等。這時除了看看前述參考文獻等，也請積極使用搜尋引擎（如Google等）來查詢。雖然一開始無法立刻找到答案，需要花費許多時間，但習慣之後就會掌握搜尋的訣竅。**這樣的搜尋能力是非常重要的。**

此外，請不要認為本書所寫的內容應該全部完整背下來。本書只是希望讓讀者先了解，可使用Python對各式各樣的資料進行加工處理，並非假設讀者該記下全部的東西。對於剛學習到的處理，或許還無法立刻善用，但所需的技巧在頻繁使用後會不自覺地記得，變得能自然地使用。實際上，在第一線工作的大部分工程師，有不了解的地方會在網路上找答案，在網路的留言板詢問，以進行他們的工作。因此，特別是對於初學者，首先請藉由本書知道有各式各樣的方法，需要的時候再回過頭來看，重要的是知道如何使用。

雖然絮絮叨叨，但其實自己思考並執行撰寫出來的程式碼、看著傳回結果是非常開心的事。當然，對於這些單純的工作，將它們自動化，寫出能妥善處理的腳本，也會覺得暢快。由於創造力的成分很多，請務必抓住那個感覺。

> **Point**
> 實際撰寫Python程式碼並執行，一邊看結果一邊嘗試錯誤。讓我們開心地進行程式設計吧。

此外，關於使用 Python 來自動處理的入門書，可參見如參考文獻「A-8」的出版品。例如近年流行的 RPA 工具，只要使用該書介紹的工具（PyAutoGUI 等），也能製作出來。參考 URL「B-2」是「A-8」的英文（原書），免費。也有 PDF 版本。由於免費的教材和講義通常是英文的，藉機學習英文，變得能更廣泛取得資訊也不錯。熟稔英文將更拓展工作的範圍。

Chapter 1-2

Python 的基礎

Keyword 運算、字串、變數、串列型別、字典型別、元組型別、真與偽、比較運算子、條件分歧、迴圈處理、控制、串列描述、物件導向、物件、類別、實例、建構子

　　本書使用 Python 作為進行資料分析的程式語言。為什麼要用 Python 呢？因為相較於其他程式語言，Python 容易撰寫程式碼，能一貫進行各種事項（資料加工、取得、模型化等）。它的特徵是具備這類資料解析與機器學習相關的函式庫。基於這樣的原因，很多資料科學家利用 Python 進行資料解析。Python 的使用者正不斷增加，Python 也逐漸進化。由於 Python 的語法相對簡單，不只對於使用過 Python 之外的程式語言撰寫程式的人來說輕鬆，沒有程式設計經驗的人也容易上手。

　　Python 有 Python 2 系列與 Python 3 系列兩個系統，語法稍有不同。Python 2 與 3 的程式碼寫法有異，本書是根據 Python 3。由於 Python 2 的支援只到 2020 年為止，建議之後使用 Python 3。

1-2-1 Jupyter Notebook 的使用方法

　　那麼，所謂的 Python 程式碼，究竟是什麼樣的東西呢？來看看 Python 的程式碼，試著執行吧。如果使用 Jupyter Notebook（以下簡稱 Jupyter 環境），Python 程式的執行可說非常簡單。只要輸入程式碼，執行操作，便會顯示其對應的結果。其他程式語言所進行的編譯（轉換為系統能理解的機器語言）等，基本上不需要。尚未準備好 Jupyter 環境的讀者，請務必閱讀本書 Appendix 1，準備並執行。此外，如同前面一開始介紹過的，也能使用 Google 提供的「Colaboratory」來執行本書的內容，在具備網際網路的環境下，有 Google 帳號的人請試試 Colaboratory（但因環境的差異，有些部分無法執行）。

　　下面將逐步執行 Python 的程式碼。關於列出的程式碼，基本上請依由上而下的順序執行（請留意列於後面的程式碼經常以執行前面的程式碼為前提，如果直接從中途執行，可能無法得到相同的結果，或是出現錯誤）。

　　首先，是在程式語言入門裡非常熟悉的「Hello, world!」，試著讓它顯示出來。如果使用 Python，如下的程式碼已足夠。儘管在其他程式語言裡需要數行才能做到，但在 Python 裡只需這一行即可。print 是在畫面上輸出的函式。在 print 函式的括號當中指定要輸出的字串。要在 Python 裡表現字串，可如「'Hello, world!'」這

樣的方式，將全體以單引號（或「"」〔雙引號〕）圍住。

此外，在本書裡，寫有「輸入」的部分對應到Jupyter環境裡的In[]，寫有「輸出」的部分則對應於Out[]。

輸入

```
print ('Hello, world !')
```

輸出

```
Hello, world !
```

要將這個程式碼實際在Jupyter環境裡執行，可如下進行。

Step 1 增加 Cell

在Jupyter環境當中，將程式碼或文章撰寫於它的Cell裡。新增Notebook時，會出現名為「Untitled」（寫於產生的檔案上方；如果連續新增多個檔案，則會附加流水號）的檔案，其中應該會有1個Cell，在裡面撰寫程式碼。如果沒有Cell，或是想增加Cell來執行其他程式碼，點擊左上角的 ⊞ 按鈕，便能增加Cell。

Cell有「Code」、「Markdown」、「Raw NBConvert」三個種類（雖然選單裡還有一個[Heading]項目，係用來製作項目，也是Markdown的一種）。如果要執行輸入好的程式碼，請點擊[Code]。

- **Code**：用來撰寫程式碼（撰寫的程式碼可被執行）
- **Markdown**：用來撰寫文章（撰寫的程式碼以「#」等開頭並格式化顯示）
- **Raw NBConvert**：不做任何加工，直接撰寫並顯示

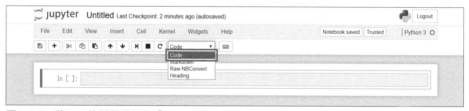

圖1-2-1　將Cell的種類變更為「Code」

Step 2 輸入程式碼

將Cell的種類設定為[Code]之後，輸入本書裡所列的程式。順帶一提，此後新增Cell時，預設值會是Code。

圖 1-2-2　輸入程式碼

Step 3　執行

　　點擊Cell讓它成為被選擇的狀態，點擊[Run]按鈕便可執行。或者，選擇Cell，按下[Shift] + [Enter]鍵也能執行。執行結果會緊接著顯示在下方。這時如果有語法上的錯誤，會顯示說明語法錯誤。以[Shift] + [Enter]鍵執行後，會在下方增加1個Cell，能進一步輸入程式。如果需要，也可點擊剪刀的圖示來刪除該Cell。

　　想修改程式再次執行時，只要修改程式碼，再執行一次，執行結果便會改變。

圖 1-2-3　按下[Shift] + [Enter]鍵執行之後

　　對於多行組成的程式碼，其輸入與執行也是相同的。舉例來說，下面的程式碼使用了加法（+）、乘法（*）、指數（**）等運算。其中#為註解，可以忽略。目前撰寫的程式碼之意義，為了將來容易理解，或是讓其他人也能看懂，適當地留下註解是很重要的。雖然這裡使用print函式來輸出，如「1+1」、「2*5」或「10**3」的方式不使用print函式，也能獲得相同的輸出，可如同計算機一般使用，此時只有最後一行的結果會被顯示。

輸入

```
# 加法運算的範例
print(1 + 1)

# 乘法運算的範例
print(2 * 5)

# 10的3次方，指數使用**
print(10 ** 3)
```

輸出

```
2
10
1000
```

關於在Jupyter環境裡執行程式碼的簡單步驟到這裡為止。

本書裡出現程式碼時，請按下 ⊞ 增加Cell，試著在裡面輸入並執行。

如果想剪下Cell，可點擊剪刀圖示的按鈕；想上下移動Cell，可點擊 ⬆⬇ 按鈕。撰寫程式碼時，如現在的說明使用「Code」；如果想撰寫文章，請選擇「Markdown」。這種方式在想留下筆記時非常方便。

在Jupyter環境裡，可以做出各式各樣的輸出，想更進一步了解的讀者，建議一邊看書末參考URL「B-3」等，一邊執行。

如果想更加提高程式撰寫的效率，可以善用快捷鍵。在非編輯模式（按下[Esc]鍵）按下[H]鍵便會出現如下畫面，這時比如說想在下方增加新的Cell，可按下[B]鍵。除此之外，還有複製（[C]）、貼上（[V]）等等，請務必加以運用。對於不習慣使用快捷鍵的人來說，一開始也許有些辛苦，一旦習慣之後，操作時間可大幅縮短。比如說，當程式碼變長而需要顯示行號時，選擇該Cell，按下[Esc]鍵之後再按[L]鍵。如此一來，便會顯示行號。

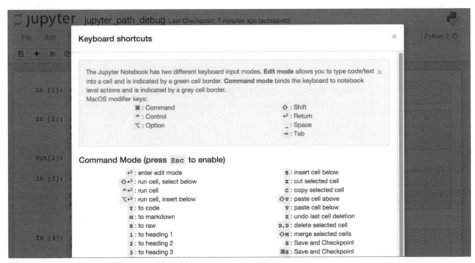

圖 1-2-4　Jupyter Notebook 的快捷鍵

指令模式（非編輯模式）時的主要快捷鍵

設定為指令模式	[Esc]
執行 Cell 並移至下一個 Cell	[Shift] + [Enter]
執行選擇的 Cell	[Ctrl] + [Enter]
執行 Cell 並於下方插入 Cell	[Alt] + [Enter]
選擇上方的 Cell	[K] 或 [↑]
選擇下方的 Cell	[J] 或 [↓]

在上方插入 Cell	[A]
在下方插入 Cell	[B]
剪下 Cell	[X]
複製 Cell	[C]
於上方貼上 Cell	[Shift] + [V]
於下方貼上 Cell	[V]
刪除選擇的 Cell	[Delete]
取消 Cell 的刪除	[Z]
儲存	[Ctrl] + [S] 或 [S]

Point

為了提高工作（撰寫程式碼）的效率，來善用快捷鍵吧。

　　順帶一提，可善用快捷鍵的地方不僅止於Jupyter環境。大多數人電腦上使用的OS，應該是Windows或Mac，用它們各自的快捷鍵就可提高工作效率（Excel等也是如此）。從來沒用過的人，請務必試著習慣使用。就當成是運動（棒球或籃球等）的基礎練習（揮棒、盤球），讓手指操作變得習慣。此外還有很多種快捷鍵，請用搜尋引擎等試著查詢。

1-2- 2 Python的基礎

　　知道Jupyter環境裡執行程式碼的方法之後，要繼續了解Python的基礎知識（接下來列出的程式碼，請務必在Jupyter環境裡輸入並試著執行）。

1-2- 2-1 變數

　　下面的例子是在名為msg的變數裡放入「test」這個字串，並以print函式來顯示儲存於該變數裡的值之程式碼。想製作字串，可如前所述，使用單引號或雙引號來圍住。

　　此外，在C語言和Java等程式語言裡，有著該以整數或文字來處理變數的「型別」，使用這些時需要進行宣告（比如說，int x表示x是個整數型別的變數）。然而，Python基本上不需要變數的型別宣告，想使用變數時，只要將值帶入即可。順帶一提，有著明確型別的語言，稱為「靜態型別程式語言」。C語言和Java等語言便是靜態型別程式語言。

輸入

```
msg = 'test'
print(msg)
```

輸出

```
test
```

在字串之後指定「[號碼]」，便能取出字串的一部分。這稱為「索引」。請留意索引是以0開始的。比如下面的例子，便是將msg變數當中前面數來第1個或第2個字元取出的做法。

輸入

```
# 由於索引從0開始，取出第1個字元
msg[0]
```

輸出

```
't'
```

輸入

```
# 如果索引指定為1，便取出第2個字元
msg[1]
```

輸出

```
'e'
```

在下面的例子裡，打算取出索引為5的字元。截至目前為止的流程，由於msg裡存放的是「test」這個4個字元的字串，索引的最大值應該是對應到最後的「t」之「3」。即使指定索引為5，也沒有第6個字元可以取得，會造成錯誤。

輸入

```
# 執行與錯誤
msg[5]
```

輸出

```
---------------------------------------------------------------------
IndexError        Traceback (most recent call last)
<ipython-input-107-15a7aedc93a3> in <module>()
      1 # 執行與錯誤
----> 2 msg[5]

IndexError: string index out of range
```

寫下程式碼並執行時，經常會遇到錯誤。這時很多程式設計的初學者會停止思考，但解決的線索其實就在最後顯示的錯誤訊息裡。在上面的例子中，最後顯示著「IndexError: string index out of range」。既然是「IndexError」（索引錯誤），又有「string index out of range」（字串索引超出範圍）這個訊息，可發現是「5的部分有些奇怪吧」。

雖然是理所當然的事，在發生錯誤時，首先來確認錯誤訊息吧。「---->」會指向發生錯誤的地方。不了解錯誤訊息時，直接將錯誤訊息丟到Google等搜尋吧。由於意外地別人也很可能遇到相同的錯誤，或許能早些找到解決方法。

Point

出現錯誤時，不要慌張地好好確認錯誤訊息喔。如果不了解錯誤訊息涵義，直接丟到搜尋引擎裡查詢吧。

1-2- 2-2 運算

接下來，既然剛才已經將字串指定給變數了，當然也能指定數字給它，使用該變數，便能對多個變數進行運算。請留意「=」並非表示相等，而是意指將右邊的值指定給左邊的值。

輸入

```
# 指定資料1給變數data
data = 1
print(data)

# 將上面的數字加上10
data = data + 10
print(data)
```

輸出

```
1
11
```

這裡將變數的名稱設定為data，不過新增某個變數時，盡可能使用容易了解的名稱吧。但如果只是單純數字的確認等等，使用「a =」也無妨。實際上，對於暫時使用的變數等，本書沒有特別為它們命名。

越是大規模的開發，變數名稱越重要。當然，雖然說好處是方便他人，但也是為了將來便於自己使用。舉例來說，寫了變數之後的當下自然還記得是如何指定變數，但過了一週、一個月，再來看該變數 x 又是如何呢？經常會忘了那是什麼變數。如果程式碼變得更長，變數也增加了，更是難以理解。

關於程式碼撰寫，儘管沒有絕對的規則，但由於有某種程度的規定，請務必看看參考URL「B-4」的網站等作為參照。

1-2- 2-3 保留字

除此之外，新增變數時還需要留意在程式語言裡稱為**保留字**（關鍵字）的部分，它們是預先準備好的變數或內建物件等（while、if、sum等），請留意不要將它們作為變數名稱使用。這裡的「物件」一詞，雖然字面的解釋是「東西」，但請將它想成是把資料（或值）與其處理合為一組的東西。之後會再針對物件導向做說明。

如果將保留字用為變數，之後便無法使用該功能，請參考下面的資訊，留意變數名稱的選擇。

```
# 顯示保留字的指令
__import__('keyword').kwlist
```

保留字列表

False	None	True	and	as	assert	break
class	continue	def	del	elif	else	except
finally	for	from	global	if	import	in
is	lambda	nonlocal	not	or	pass	raise
return	try	while	with	yield		

```
# 顯示內建函式的指令
dir(__builtins__)
```

內建函式列表

ArithmeticError	AssertionError	AttributeError
BaseException	BlockingIOError	BrokenPipeError
BufferError	BytesWarning	ChildProcessError
ConnectionAbortedError	ConnectionError	ConnectionRefusedError
ConnectionResetError	DeprecationWarning	EOFError
Ellipsis	EnvironmentError	Exception
False	FileExistsError	FileNotFoundError
FloatingPointError	FutureWarning	GeneratorExit
IOError	ImportError	ImportWarning
IndentationError	IndexError	InterruptedError
IsADirectoryError	KeyError	KeyboardInterrupt
LookupError	MemoryError	NameError
None	NotADirectoryError	NotImplemented
NotImplementedError	OSError	OverflowError
PendingDeprecationWarning	PermissionError	ProcessLookupError
RecursionError	ReferenceError	ResourceWarning
RuntimeError	RuntimeWarning	StopAsyncIteration
StopIteration	SyntaxError	SyntaxWarning

SystemError	SystemExit	TabError
TimeoutError	True	TypeError
UnboundLocalError	UnicodeDecodeError	UnicodeEncodeError
UnicodeError	UnicodeTranslateError	UnicodeWarning
UserWarning	ValueError	Warning
ZeroDivisionError	__IPYTHON__	__build_class__
__loader__	__name__	__package__
__spec__	abs	all
any	ascii	bin
bool	bytearray	bytes
callable	chr	classmethod
compile	complex	copyright
credits	delattr	dict
dir	divmod	dreload
enumerate	eval	exec
filter	float	format
frozenset	get_ipython	getattr
globals	hasattr	hash
help	hex	id
input	int	isinstance
issubclass	iter	len
license	list	locals
map	max	memoryview
min	next	object
oct	open	ord
pow	print	property
range	repr	reversed
round	set	setattr
slice	sorted	staticmethod
str	sum	super

tuple	type	vars
zip		

Point

留意保留字與內建函式來設定變數名稱吧。

1-2-3 串列型別與字典型別

　　接下來，說明串列型別。所謂串列，是將多個值統一存放的機制，類似其他語言裡的陣列。資料分析經常會一起處理像是陣列的多個值，因此很常使用串列。

　　下面製作排列好從1到10數字的資料。要在Python裡表現串列，將全體以「[」與「]」圍住，中間以逗點區隔。從前面數來第n個元素，可藉由「變數名[n-1]」的形式來取得。比如說，data_list這個變數裡第1個元素是data_list[0]，第2個元素是data_list[1]。和從字串裡取出字元相同，索引的號碼是以0開始。

　　以下面的例子來說明，藉由執行print(data_list)，應該可以了解會顯示[1, 2, 3, 4, 5, 6, 7, 8, 9, 10]。接著使用type函式，來顯示data_list變數的型別。這裡由於顯示了class 'list'，可得知它是串列型別（List）。此外，元素的數量可使用len函式，以「len(data_list)」這樣的方式取得。

輸入

```
# 製作串列
data_list = [1, 2, 3, 4, 5, 6, 7, 8, 9, 10]
print(data_list)

# 藉由type可得知變數的型別
print('變數的型別：', type(data_list))

# 取出1個元素。由於從0開始，[1] 會是第2個
print('第2個數字：', data_list[1])

# 藉由len函式輸出元素的數量。這裡由於是從1到10的10個，結果為10
print('元素數量：', len(data_list))
```

輸出

```
[1, 2, 3, 4, 5, 6, 7, 8, 9, 10]
變數的型別：<class 'list'>
第2個數字：2
元素數量：10
```

在 Jupyter環境裡,按下Notebook上方的 ➕ (或是在指令模式裡按下「b」)來增加Cell,製作某個串列,並試著輸出元素的數量吧。

此外,想將串列當中的元素各自乘上2時,如果對該串列乘上2,結果將會是將串列整體重複一遍,請留意這點。如果想將各個元素各自乘上2,可使用for陳述(之後會說明的串列描述)撰寫,或是使用下一章說明的Numpy。

輸入

```
# 串列本身會變2倍
data_list * 2
```

輸出

```
[1, 2, 3, 4, 5, 6, 7, 8, 9, 10, 1, 2, 3, 4, 5, 6, 7, 8, 9, 10]
```

除此之外,想增加串列的元素時可使用append,想刪除時可使用remove、pop、del等(這些稱為「方法」)。想對串列增加或刪除元素時,可以用這些關鍵字試著搜尋。

搜尋一下如何對串列增加或刪除元素,並試著實行吧。

和串列型別類似的東西,還有字典型別。使用字典型別,便能將多組鍵與值成對地管理。在 Python裡要表現字典,可將全體以「{」與「}」圍住,如{鍵:值}的方式以冒號區隔鍵與值。鍵不僅能是整數,也可指定為字串。此外,不同於串列,字典沒有順序關係。

如下面的例子所示,字典型別可用於「apple為100」、「banana為100」、「orange為300」等,想對某個鍵維持某個相對應的值時。要參照取得值時,使用「字典資料[鍵名]」的方式表記。下面便是在準備字典型別的資料之後,參照melon這個鍵,顯示出其對應的500之結果。

輸入

```
# 字典型別
dic_data = {'apple': 100, 'banana': 100, 'orange': 300, 'mango': 400, 'melon': 500}
print(dic_data['melon'])
```

輸出

```
500
```

上面顯示的是melon，也來試著顯示orange的值吧。此外，試著將鍵為apple與orange的值相加吧。

有時會想對字典型別的資料增加或刪除元素。請試著查詢這些方法。

查查如何在字典型別的資料裡新增或刪除元素，並試著執行吧。

以上便是對串列與字典的解說。

除此之外，Python的資料還有**元組**（Tuple）與**集合**等等，請試著查詢。雖然本書裡不會經常使用，但有些情況會用到，請先了解這些詞彙吧。

查查Python的元組與集合用在何處、如何使用，並試著運用吧。

1-2- 4 條件分歧與迴圈

以Python撰寫的程式，雖然基本上是由上而下執行，但有能改變它的流程、進行條件分歧或反覆進行處理的陳述。

1-2- 4-1 比較運算子與真偽判斷

說明條件分歧與迴圈處理之前，首先解說比較運算子與真偽判斷。這裡說明如何判斷某個表示式成立（真，亦即True）或不成立（偽，亦即False）。下面對數字的1與1是否相等進行判斷。想判斷某個值是否相等於另一個值時，可使用兩個等號（==）。這稱為**比較運算子**。執行結果為True，也就是此判斷結果為真。

輸入

```
1 == 1
```

輸出

```
True
```

另一方面，由於1與2並不相等，結果會是False，亦即偽。

輸入

```
1 == 2
```

輸出

```
False
```

下面是在等號之前加上驚嘆號，表示1與2並不相等。由於1與2的確不相等，該結果為真。

輸入

```
1 != 2
```

輸出

```
True
```

比較運算子除了等號，還有大於（>）和小於（<）符號。下面第一個例子是判斷1是否比0大，結果為真。第二個例子是判斷1是否比2大，結果是偽。

輸入

```
1 > 0
```

輸出

```
True
```

輸入

```
1 > 2
```

輸出

```
False
```

對於真偽的判斷，也可以將多個條件組合進行。

下面的例子是使用2個條件式均成立時則為真的and，來進行判斷。由於無論哪一邊的表示式均成立，其結果為真。

輸入

```
(1 > 0) and (10 > 5)
```

輸出

```
True
```

接下來的例子是使用只要有一邊成立便為真的or，來進行判斷。

輸入

```
(1 < 0) or (10 > 5)
```

輸出

```
True
```

最後是將真偽顛倒過來的not。由於1並不比0小，1 < 0這個判斷本身是偽，但由於將其結果顛倒過來，最後得到真。

輸入

```
not (1 < 0)
```

輸出

```
True
```

由於真偽判斷將用於下面的if陳述與迴圈處理，請先確實理解它們的意義。

1-2- 4-2 if陳述

既然已經了解真偽判斷，接著說明條件分歧。所謂條件分歧，是藉由某種條件，依結果分別進行處理，使用的是if陳述。當if旁邊的條件式（判斷真偽的表示式）滿足時（True），其相對應的陳述（從最前面的「:」到「else:」之前）將會被執行；如果並非如此，則執行「else:」以下的部分。也就是說，根據是否滿足該條件，分別進行處理。

下面的處理是判斷數字的「5」是否存在於data_list這個串列當中的一個例子。

「findvalue in data_list」便是判斷表示式。如果這個data_list裡含有5，下面緊接著的處理會被執行。另一方面，如果這個串列並不包含5，則跳至else。使用Python撰寫程式需要特別注意的一點是，使用如if陳述時，下一行必須縮排（indent）。一般來說，使用4個半形的空白。在Jupyter環境裡，改行時會自動縮排，不過請留意這會因開發環境不同而異。

if陳述第一行裡的「:」是該if處理的開始，直到下面縮排的部分結束為止。else的旁邊也有「:」，這是表示else處理開始的部分，也是直到下面縮排結束為止的部分，到這裡整個if陳述結束。在其他的程式語言中，有些會使用end等，在Python裡則不需要撰寫。請留意縮排結束的地方表示該if陳述的處理已經結束，接下來便是別的處理了。

輸入

```
findvalue = 5

# if陳述的開始
if findvalue in data_list:
    # 當條件式的結果為真
    print('包含了{0}。'.format(findvalue))
else:
    # 當條件式的結果是偽
    print('不包含{0}。'.format(findvalue))
# 至此if陳述已經結束

# 下面便是不同於if陳述的其他處理
print('從這裡開始便和if陳述無關，一定會被顯示')
```

輸出

```
包含了5。
從這裡開始便和if陳述無關，一定會被顯示
```

Let's Try

為了讓輸出不同，試著變更數字的設定（在此為findvalue）並執行看看吧。此外，也請試著改變條件式及其結果輸出部分。

顯示結果時，使用的「print('包含了{0}。'.format(findvalue))」寫法，是用來將變數等的值內嵌至字串裡的功能。像這樣內嵌的功能稱為「字串格式化」。其他程式語言也使用類似的方法。這裡指定的 {0}，是用來表示在此放入format的括號後第一個指定的值。也就是說，在這裡findvalue的值會被放入。format的括號中，可以指定多個值。舉例來說，如果以下面的方式撰寫，{0} 會對應至2，{1} 會對應至3，{2} 會對應至5。在括號當中指定的值（在此為2、3、5），稱為「引數」。後文說明函式的小節，將再次提到這個部分。

輸入

```
print('{0}與{1}相加可得{2}'.format(2, 3, 5))
```

輸出

```
2與3相加可得5
```

在此 {0}、{1}、{2} 這樣的內嵌表記，也能使用指定顯示位數的參數。想進一步了解的讀者可以試著查詢。

1-2- 4-3 for陳述

接著，說明進行反覆處理的陳述。對此可使用 for 陳述。for 陳述將會從串列資料裡逐一取出資料，反覆執行處理，直到沒有資料可取出為止。

下面的例子是對於[1, 2, 3]的串列資料，從開頭依序（從1開始）取出資料，直到沒有資料（到3為止），反覆執行處理（顯示取出的數字並進行加法）。

處理的一開始將1代入num，如此一來total之值便會是0+1=1。接著將2代入num可得1+2=3，最後取出3可得3+3=6，到這裡 for 陳述結束，顯示最後的加總值。請留意這裡 for 陳述也如同 if 陳述一般，for 陳述的處理對象是從「:」下面開始直到縮排結束的部分。

輸入

```
# 設定初始值
total = 0

# for陳述
for num in [1, 2, 3]:
    # 顯示取出的數字
    print('num:', num)
    # 目前為止取出數字的加總
    total = total + num

# 最後顯示加總值
print('total:', total)
```

輸出

```
num: 1
num: 2
num: 3
total: 6
```

下一個例子是使用 for 陳述，從先前製作好的字典裡逐一取出鍵，並分別將它們的鍵與值輸出。這裡一樣會反覆進行，直到字典型別資料的鍵已全部取出為止。

輸入

```
for dic_key in dic_data:
    print(dic_key, dic_data[dic_key])
```

輸出

```
apple 100
banana 100
orange 300
mango 400
melon 500
```

1-2- 4-4 使用 range 函式來指定進行反覆的串列

想準備連續整數的串列時，如果一個個輸入資料來產生串列資料會非常辛苦，因此如下使用 range 函式，就相當方便。不過請留意 range 函式雖然可設定數字 N，但它是從 0 取出至 N-1。在下面的例子裡，儘管給予 range 設定的是 11，最後取出的數字會是 11 的前一個數字 10。

輸入

```
# 使用 range(N) 會是從 0 至 N-1 的整數
for i in range(11):
    print(i)
```

輸出

```
0
1
2
3
4
5
6
7
8
9
10
```

在 range 函式的括號裡，也能指定「初始值」、「最終值-1」、「間隔」來使用。下面的例子是製作從 1 開始，直到 11 之前（不包含 11），各元素間隔為 2 的串列。

輸入

```
# range(1, 11, 2) 是從 1 開始每隔 2 取出數字，直到 11 之前為止
for i in range(1, 11, 2):
    print(i)
```

輸出

```
1
3
5
7
9
```

1-2- 4-5 複雜的for陳述與串列描述

下面要說明的部分（串列描述等），對於Python初學者來說或許有些艱澀，剛開始稍微瀏覽即可。

如果要將字典型別資料的鍵與值同時取出，可如下面的例子撰寫。這是之後會說明的**物件導向程式設計**之特徵，資料（這裡是dic_data）與處理它的**方法**（下面的items()）是成組的，不妨善用這一點。所謂方法，類似於稍後說明的**函式**，使用它們進行處理（這裡是回傳鍵與值的處理）。

輸入

```
# 取出鍵與值並顯示
for key, value in dic_data.items():
    print(key, value)
```

輸出

```
apple 100
banana 100
orange 300
mango 400
melon 500
```

下面的例子是將使用for陳述取出的資料進一步組成另一個串列的方法，稱為「串列描述」（List Comprehension）。這是先前打算進行的將串列元素各自乘上2倍的處理。可如下例所示撰寫：

```
[i * 2 for i in data_list]
```

如此一來，會從data_list裡逐一取出值來代入變數i。1、2、3、…將逐一被取出，放入變數i當中，接著將該i乘上2倍之後，製作新的串列資料。它的結果將會是產生一個新的串列，其元素之值均為原先串列中各元素之值的2倍。

輸入

```
# 準備空的串列
data_list1 = []

# 串列描述，從data_list逐一取出元素，2倍之後作為新的元素依此產生串列
data_list1 = [i * 2 for i in data_list]
print(data_list1)
```

輸出

```
[2, 4, 6, 8, 10, 12, 14, 16, 18, 20]
```

在串列描述裡，也能指定條件，讓只有符合條件的東西成為產生新串列的對象。舉例來說，如果想從data_list當中，只取出值為偶數的元素，可如下撰寫。「if i % 2 == 0」的部分便是指定的條件。「%」是計算餘數的運算子。也就是說，i % 2意指將i除以2的餘數。當它是0，則表示i為偶數。

輸入

```
[i * 2 for i in data_list if i % 2 ==0]
```

輸出

```
[4, 8, 12, 16, 20]
```

1-2- 4-6 zip函式

這裡介紹與for陳述相關、經常使用的zip函式。zip函式會對不同的串列同時取出，逐步進行處理。舉例來說，有[1, 2, 3]及[11, 12, 13]這兩個串列，想使用相同的索引值分別取出值來顯示；也就是說，想以第1個值「1與11」，第2個值「2與12」，接著是「3與13」這樣的方式反覆進行處理，可如下撰寫。

輸入

```
for one, two in zip([1, 2, 3] ,[11, 12, 13]):
    print(one, '和', two)
```

輸出

```
1和11
2和12
3和13
```

有著不同串列資料，並藉由索引對應彼此的元素，想同時取出進行處理時，使用zip函式非常方便。

1-2- 4-7 使用while陳述的反覆處理

想進行反覆處理，除了for陳述之外，也可使用while陳述。while陳述是可在條件成立時不斷進行反覆處理的語法。下面的例子是顯示變數num的值，逐步地加上1，當該值大於10時結束處理。這裡也如同if陳述與for陳述，處理的對象是從「:」之後開始，直到縮排結束的部分。

輸入

```
# 設定初始值
num = 1

# while陳述的開始
while num <= 10:
    print(num)
    num = num + 1
# while陳述的結束

# 最後顯示代入的值
print('最後的值是 {0}'.format(num))
```

輸出

```
1
2
3
4
5
6
7
8
9
10
最後的值是 11
```

1-2- **5** 函式

1-2- **5-1** 函式的基本知識

函式是將一連串的處理整理在一起的機制。如果製作好函式，想多次執行相同的處理時，會顯得很方便。此外，如果將處理預先整理好，之後修改程式碼也會比較方便。

如下所示，製作calc_multi函式，它接受2個數字（a與b）作為輸入（稱為**引數**），對其進行乘法運算之後回傳結果。它的寫法是在def之後撰寫函式名稱，如果有引數，便在()當中加入引數名稱。這些引數是對函式的輸入，而函式裡使用return來回傳結果（稱為**回傳值**），成為函式的輸出。

輸入

```
# 進行乘法運算的函式
def calc_multi(a, b):
    return a * b
```

執行函式這件事，稱為「函式呼叫」。如果要呼叫製作好的函式，藉由撰寫函式名稱來執行，若有引數則需給予引數。下面將3與10作為引數給予。

輸入

```
calc_multi(3, 10)
```

輸出

```
30
```

函式可以不設定引數或回傳值。

輸入

```
def calc_print():
    print('print的範例函式')
```

如果呼叫上述函式，如下所示，函式當中的print函式將被執行。

輸入

```
calc_print()
```

輸出

```
print的範例函式
```

接下來示範的函式是計算費氏數列的例子。所謂費氏數列，是指數列當中每一個值均為前兩個值相加而得（1、1、2、3、5…這樣藉由將前兩個數字相加而得的數列）。下面的calc_fib函式，其寫法稱為「遞迴」，意指在函式當中呼叫自己，可產生費氏數列裡第n個數字（費氏數）。

輸入

```
# 遞迴函式的範例（費氏數列）
def calc_fib(n):
    if n == 1 or n == 2:
        return 1
    else:
        return calc_fib(n - 1) + calc_fib(n - 2)
```

如果給予引數10來執行，便可發現它會回傳該費氏數。

輸入

```
print('費氏數：', calc_fib(10))
```

輸出

```
費氏數：55
```

請留意這裡為了讓讀者容易理解遞迴的概念，費氏數列的處理方法相當簡易；其實就演算法（解法的步驟）來說，效率非常糟，如果輸入相當大的數值來計算，將不會立即回傳計算結果。對此感興趣的讀者，可以思考如何改善這個演算法，試著實作並執行。在程式設計的世界裡，儘管計算結果相同，處理方法可以有很多種。

Let's Try

如上所述，請思考其他處理方法（盡可能改善）來計算費氏數並試著實作。

1-2- 5-2 匿名函式與map

函式裡還有一種稱為「匿名函式」的東西，可以用來讓程式碼變得簡單。所謂匿名函式，正如其名，是沒有名字的函式，可將函式直接撰寫在使用的地方。

撰寫匿名函式時，使用lambda這個關鍵字。如同製作一般的函式，撰寫lambda

並設定引數之後，寫上該處理內容。

　　為了進行說明，這裡來看先前完成的calc_multi函式。該函式如下所示，以def進行定義之後，才能執行。

輸入

```
# 定義 calc_multi 函式
def calc_multi(a, b):
    return a * b

# 執行它
calc_multi(3, 10)
```

輸出

```
30
```

　　如果使用lambda這個關鍵字，便能直接在使用的地方，將函式定義為匿名函式，該程式碼可如下撰寫。

輸入

```
(lambda a, b: a * b)(3, 10)
```

輸出

```
30
```

　　這裡的「lambda a, b:」相當於函式名稱(a, b)的部分。接著以「:」區隔開該函式的處理（在此為 return a * b）。這便是匿名函式的基本寫法。

　　想對於像是串列裡的元素執行某個函式時，經常使用匿名函式。

　　想對於元素進行某種處理時，可使用map函式。map函式被稱為高階函式，將函式視為引數與回傳值，可用於想對各個元素進行某種處理或操作時。

　　舉例來說，如下所示定義calc_double函式，可將元素的值乘上2倍之後回傳。

輸入

```
def calc_double(x) :
    return x * 2
```

　　這裡可對於如[1, 2, 3, 4]這個串列的元素，執行該calc_double函式。如果使用for陳述，可撰寫如下。

輸入

```
for num in [1, 2, 3, 4]:
    print(calc_double(num))
```

輸出

```
2
4
6
8
```

　　但如果使用map函式，則可維持串列的狀態進行處理，如下撰寫。

輸入

```
list(map(calc_double, [1, 2, 3, 4]))
```

輸出

```
[2, 4, 6, 8]
```

如果是這樣的寫法，其實不需要預先定義calc_double函式，可使用先前說明過的匿名函式，在這裡直接撰寫函式的處理，如下面的寫法。

輸入

```
list(map(lambda x : x * 2, [1, 2, 3, 4]))
```

輸出

```
[2, 4, 6, 8]
```

像這樣將map函式，連同第6章說明的Pandas功能等一起使用的方式，經常用於資料加工處理。雖然現在或許還感覺不到這樣撰寫的好處，但之後會用到，所以請先記住這個方式。

除此之外，還有reduce函式和filter函式等，有興趣的讀者請試著查詢。

Let's Try

關於reduce函式與filter函式，請查詢它們的使用方法，並試著實作使用吧。

Practice

【練習問題1-1】

請撰寫一個程式，將某個字串（如data science）儲存於變數，並將其每個字元逐一顯示。

【練習問題1-2】

請撰寫一個程式，計算從1到50之間自然數的總和，並顯示最後的計算結果。

答案在Appendix 2

1-2- 6 類別與實例

最後，說明類別（class）與實例（instance）。對於第一次接觸的人來說，也許很難立刻理解。因此，請看下面的實作例子來了解概要。如果是程式設計初學者，這個小節可快速看過無妨，因為它們並非立即需要的概念。然而，後面章節使用Scikit-learn等機器學習的函式庫時，需要用到這個概念（實例），屆時請回到本節閱讀。

Python是物件導向的程式設計語言。所謂類別，可說是「物件的模子」。

經常用來說明的例子是「鯛魚燒」。下面的class，PrintClass是製作鯛魚燒機器裡的模子。實際做出來的鯛魚燒則像p1。所謂實例，是從類別裡做出來的實體。可對實例增加屬性，以在句點之後接著任意屬性來進行指定。比如說，下面增加了p1.x為10、p1.y為100、p1.z為1000。

圖1-2-5示意了類別與實例作為參考。

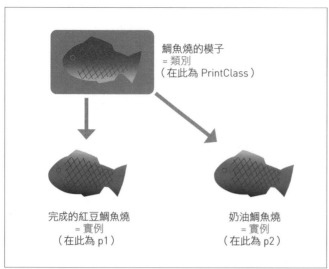

鯛魚燒的模子
= 類別
（在此為 PrintClass）

完成的紅豆鯛魚燒
= 實例
（在此為 p1）

奶油鯛魚燒
= 實例
（在此為 p2）

圖 1-2-5

輸入

```python
# 製作PrintClass類別與print_me方法（函式）
class PrintClass:
    def print_me(self):
        print(self.x, self.y)

# 實例的製作、生成
p1 = PrintClass()

# 代入屬性之值
p1.x = 10
p1.y = 100
p1.z = 1000

# 呼叫方法
p1.print_me()
```

輸出

```
10 100
```

在p1這個實例裡，已經有print_me()這個函式（方法），可將它呼叫執行。新增加的屬性的值z也可如下確認。

輸入

```python
# 顯示先前增加的屬性
p1.z
```

輸出

```
1000
```

由於這個物件導向的概念有些艱澀，再來看一些具體的例子吧。

下面製作了MyCalcClass類別，並準備了幾個方法。

輸入

```
class MyCalcClass:

    # 建構子：當物件被生成時所呼叫的特殊函式，用於初始化等
    def __init__(self, x, y):
        self.x = x
        self.y = y

    def calc_add1(self, a, b):
        return a + b

    def calc_add2(self):
        return self.x + self.y

    def calc_mutli(self, a, b):
        return a * b

    def calc_print(self, a):
        print('data:{0}:y之值{1}'.format(a, self.y))
```

接下來，從這個類別（MyCalcClass）來生成實例。這裡instance_1與instance_2會被視為不同的東西處理。以前面提到的鯛魚燒為例，即使是以相同的鯛魚燒模子製作出來的紅豆鯛魚燒與奶油鯛魚燒，也是不同的東西吧。

輸入

```
instance_1 = MyCalcClass(1, 2)
instance_2 = MyCalcClass(5, 10)
```

生成實例時，實作於類別當中「__init__」這個名字的特別方法將被執行。它稱為「建構子」。在程式碼裡，有「self.x = x」、「self.y = y」這樣的陳述。self.意指自己本身。因此，根據這兩個陳述，自己的x屬性及y屬性，將被設定為括號中指定的值。也就是說，上面的例子當中，instance_1由於以MyCalcClass(1, 2)生成，其x為1、y為2。同樣地，instance_2則是x為5、y為10。

來呼叫這些實例的方法試試吧。首先從instance_1開始。

輸入

```
print('相加2個數字（從引數設定新的數字）:', instance_1.calc_add1(5, 3))
print('相加2個數字（實例化時的值）:', instance_1.calc_add2())
print('相乘2個數字：', instance_1.calc_multi(5, 3))
instance_1.calc_print(5)
```

輸出

```
相加2個數字（從引數設定新的數字）：8
相加2個數字（實例化時的值）：3
相乘2個數字：15
data:5:y之值2
```

　　calc_add1會使用引數的5與3，計算它們的和並回傳。calc_add2則不需要指定引數，使用self.x與self.y之值來進行計算。它們的值已如先前的說明，以建構子進行設定。也就是說，由於instance_1 = MyCalcClass(1, 2)，它們的值分別以1與2作為初始值設定，顯示結果為將它們相加得到的3。calc_multi顯示相乘的結果，instance_1.calc_print(5)則顯示引數的5以及設定為self.y初始值的2。

　　接著，來使用instance_2吧。結果與值將不同於上述使用instance_1時。究竟為什麼改變了呢，確實地追蹤一下吧。

輸入

```
print('相加2個數字（從引數設定新的數字）：', instance_2.calc_add1(10, 3))
print('相加2個數字（實例化時的值）：', instance_2.calc_add2())
print('相乘2個數字：', instance_2.calc_mutli(4, 3))
instance_2.calc_print(20)
```

輸出

```
相加2個數字（從引數設定新的數字）：13
相加2個數字（實例化時的值）：15
相乘2個數字：12
data:20:y之值10
```

Let's Try

　　使用上述的類別（MyCalcClass）來生成新的實例（如instance_3等），輸出一些東西吧。如果沒問題，再為此類別增加不同的方法（如相減2個數字），試著呼叫使用吧。

　　只瀏覽這些內容相信應該尚不足以了解，請根據上述例子，實際製作一些範例程式來執行吧。如果能使用這樣的類別設計與實作，在大規模的程式開發時會很有幫助。

　　Python的基本程式撰寫說明至此告一段落。對Python初學者來說應該仍有許多不習慣的地方，只靠這些說明想準備Python的基礎知識當然是不夠的。如果對於基礎知識仍感到不安，請閱讀參考文獻「A-4」和參考URL「B-1」來進行複習。「A-4」介紹的《はじめてのPython》（英文版：*Learning Python*, 3rd Edition, Mark Lutz, O'Reilly Media, 2007）很厚重，但說明非常仔細，對於類別與物件導向也解說得非常清楚，請務必試著閱讀。

Practice

第1章 綜合問題

【綜合問題1-1 質數判定】

1. 請撰寫顯示到10為止的質數。所謂質數，是指僅能被1與自己整除的正整數。

2. 將上面的程式寫得更為泛用，改為接受一個自然數N，顯示到N為止的質數之函式。

答案在Appendix 2

Chapter 2

科學計算、資料加工、圖形描繪
函式庫的使用方法基礎

儘管資料科學需要進行各式各樣的處理，但如果在程式裡全部從頭開始製作，工作效率會非常差。因此，對於基本的資料分析，使用 Python 的函式庫。本章將會介紹四個常用於資料分析的函式庫 Numpy、Scipy、Pandas、Matplotlib 的基本使用方法。後續章節也會用到這些函式庫，請確實打好基礎。

Goal 讀取 Numpy、Scipy、Pandas、Matplotlib 的函式庫，了解它們的基本作用和使用方法。

Chapter 2-1
用於資料分析的函式庫

Keyword 函式庫、匯入、Magic Command、Numpy、Scipy、Pandas、Matplotlib

在資料科學裡，需要對大量的資料進行加工並分析，做科學計算。像這樣進行運算處理的程式，如果每次需要時製作一次，工作效率將會非常差。因此，對於基本的資料分析，使用 Python 的函式庫。所謂函式庫，是指能用來組合放入自己的程式裡使用之外部程式。藉由讀取函式庫，即使並非自己從頭開始撰寫處理，也能進行複雜的運算。

雖然有各式各樣的函式庫，但資料科學經常使用的函式庫是下面介紹的四種。本章將逐步說明這四個函式庫的基本使用方法。至於詳細的使用方法，將在後面的章節進一步學習。

- **Numpy**：進行基本陣列處理與數值運算的函式庫。除了能做到進階且複雜的運算之外，處理速度比 Python 裡的一般運算來得快。運用於許多地方，可說是資料分析所用函式庫裡最基本的一個。
- **Scipy**：將 Numpy 的功能更進一步強化的函式庫。能進行統計與訊號運算。
- **Pandas**：藉由 DataFrame 形式來對各種資料進行加工的函式庫。
- **Matplotlib**：用於將資料視覺化的函式庫。

這四個函式庫是將資料進行預處理與視覺化時非常方便的工具。它們是各種函式庫的基礎，也是本書將介紹的 Scikit-learn 等機器學習函式庫的基礎部分。圖 2-1-1 示意了這些函式庫的關聯性。

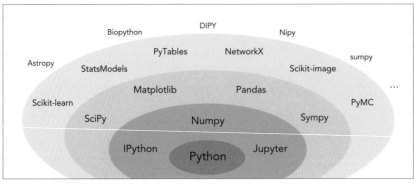

圖 2-1-1　用於資料分析的函式庫

2-1- **1** 函式庫的匯入

函式庫以Python的模組功能實作。如果想使用，需要讀取模組。雖然用於讀取模組的語法有好幾個，具代表性的語法是下面兩項。使用這些語法將模組（亦即函式庫）讀取進來而能在程式裡使用，稱為「匯入模組」。

關於下面的「識別名稱」，是用來在程式裡參照該模組的名字；「屬性」則是指包含於該模組的功能。

(1)import 模組名稱 as 識別名稱

(2)from 模組名稱 import 屬性

2-1- **1-1** 使用import的例子

雖然具體來說如何使用import來撰寫，會在各個函式庫的說明部分提到，這裡先舉些例子說明。比如說，若要使用Numpy，可如下撰寫。

輸入

```
import numpy as np
```

這是表示將Numpy這個模組，以「np」這個識別名稱匯入。模組將功能階層化，可以使用「模組名稱.功能名稱.功能名稱…」這樣的撰寫方式來執行該功能。也就是說，在這個例子裡，由於附加了「np」這樣的識別名稱，在之後的程式裡，可以藉由撰寫「np.功能名稱」，來使用Numpy所提供的各種功能。

此外，這裡「np」的部分，可依個人偏好取名。不過雖然在as之後可自由指定名稱，慣例上會使用原本函式庫名稱的縮寫，方便了解。本書使用的是「import numpy as np」這樣的形式，請留意在其他文獻裡或許會參照不同的名字。

2-1- **1-2** 使用from的匯入

在階層化的函式庫裡，如同「模組名稱.功能名稱.功能名稱…」的形式，不得不寫得很長，顯得不方便。為了將它省略一部分，也有使用from，來對特定功能附加別名的方法。比如說，如下撰寫。

輸入

```
from numpy import random
```

這是將Numpy提供的random這個功能（後續會進一步介紹，這是產生稱為亂數的隨機值功能），在之後能以「random.功能名稱」來使用的語法。也就是說，本

來非得撰寫「np.random.功能名稱」不可的地方，可以使用「random.功能名稱」的形式簡單撰寫。

2-1- 2 Magic Command

如同第1章的說明，在Jupyter環境裡，撰寫Python程式之後，點擊[Run]便能立即執行並顯示結果。本章說明的使用函式庫之程式也不例外。舉例來說，如果使用Numpy進行各種運算，便能顯示該運算結果。如果使用Matplotlib來描繪圖表，也會顯示該圖表。

此時如果指定「顯示到小數點後第幾位」或者「將圖表顯示於別的畫面或內嵌於此」，會很方便。因此，一部分的函式庫當中，具備了能在Jupyter環境（嚴格來說是在Jupyter使用的IPython環境）簡單進行設定的「Magic Command」功能。

所謂Magic Command，是在Jupyter環境裡進行各種環境操作，以「%」開頭的指令。預設準備了「執行外部指令（%run）」、「檔案複製（%cp）」、「測量時間（%time）」等功能。

將一部分的函式庫匯入之後，便能擴充Magic Command，指定函式庫的動作。

> **Point**
> 標準的Magic Command稱為「內建Magic Command」。輸入「%quickref」並點擊[Run]，便會顯示清單。

本章提到的函式庫當中，Numpy與Matplotlib有如下的擴充Magic Command。

- **%precision**：Numpy的擴充指令。顯示資料時，可以指定顯示到小數點後第幾位。
- **%matplotlib**：Matplotlib的擴充指令。可以指定圖表的顯示方法。如果撰寫「inline」便能直接在該位置顯示圖表。如果不指定%matplotlib，將會以其他視窗顯示。

使用Magic Command能讓結果更方便觀看，因此本書適當使用了這些Magic Command。

2-1- 3 匯入用於本章的函式庫

本章以如下方式匯入 Numpy、Scipy、Pandas、Matplotlib 這幾個函式庫。關於它們各自的意義,將在個別函式庫的段落另行說明。

輸入

```
# 為了使用下面的函式庫,請預先匯入
import numpy as np
import numpy.random as random
import scipy as sp
import pandas as pd
from pandas import Series, DataFrame

# 視覺化函式庫
import matplotlib.pyplot as plt
import matplotlib as mpl
import seaborn as sns
%matplotlib inline

# 顯示到小數點後第3位
%precision 3
```

輸出

```
'%.3f'
```

Chapter 2-2

Numpy 的基礎

Keyword 多維陣列、轉置、矩陣積、亂數、放回抽樣、不放回抽樣

　　Numpy是在科學計算裡最常用的基本函式庫之一。除了具有能處理多維陣列等優秀的功能，由於是以C語言而非Python撰寫而成的模組，特點之一是處理速度快。它也是下一節說明的Scipy等數值運算函式庫的基礎部分。

2-2-1 Numpy 的匯入

　　這裡如下匯入Numpy。在第1行裡，由於寫為「as np」，之後的程式裡可以用「np.功能名稱」來使用Numpy函式庫。接著是第2行的Magic Command，在Jupyter環境裡指定要將結果顯示到小數點後第幾位。這裡是讓它顯示到小數點後第3位。

輸入

```
# 讀取Numpy函式庫
import numpy as np

# 意指顯示到小數點後第3位
%precision 3
```

輸出

```
'%.3f'
```

2-2-2 陣列的操作

　　本節說明Numpy的基本使用方法。這裡先從陣列的製作方法開始。

2-2-2-1 陣列

　　首先，來製作從1到10的陣列吧。在Numpy裡，陣列是作為array物件組成。對此，以如同np.array的方式，藉由句點將「匯入時as之後的名字」與「array」連結起來指定。

　　製作具有10個元素的陣列範例如下所示。設定為陣列元素的值（9、2、3…）是隨意選擇的，並不具有特別意義。此外，之所以不將值依序排列，是為了接下來排序處理的說明。

輸入

```
# 製作陣列
data = np.array([9, 2, 3, 4, 10, 6, 7, 8, 1, 5])
data
```

輸出

```
array([9, 2, 3, 4, 10, 6, 7, 8, 1, 5])
```

2-2- 2-2 資料型別

　　使用Numpy處理資料時，為了能進行高速運算，並確保計算時值的精度，有著資料的「型別」（type）。

　　所謂資料型別，係指「整數」與「浮點數」等值的種類，如下表所示。

　　請留意如果指定為錯誤的型別，會使得目標無法獲得足夠的精度，或是處理速度變慢。特別是當成「整數」或「浮點數」操作，其運算速度會有相當大的差異。此外，下表寫有8位元與16位元的敘述，而所謂位元（bit）是用來表現0或1的單位。請留意雖然位元數越大越能表現廣域的值，但資料所需確保的空間（記憶體）也越大。

int（有號整數）

資料型別	概要
int8	具有正負號的 8 位元整數
int16	具有正負號的 16 位元整數
int32	具有正負號的 32 位元整數
int64	具有正負號的 64 位元整數

uint（無號整數）

資料型別	概要
uint8	沒有正負號的 8 位元整數
uint16	沒有正負號的 16 位元整數
uint32	沒有正負號的 32 位元整數
uint64	沒有正負號的 64 位元整數

float（浮點數）

資料型別	概要
float16	16 位元的浮點數
float32	32 位元的浮點數
float64	64 位元的浮點數
float128	128 位元的浮點數

bool（真偽值）

資料型別	概要
bool	表現 True 或 False

　　如果要查詢型別，可以在變數的後方指定「.dtype」。結果將類似下面顯示的「int32」。這表示它是有著32位元長度的整數型別。

輸入	輸出
``` # 資料的型別 data.dtype ```	``` dtype('int32') ```

「.dtype」這樣的寫法，意指「參照該物件的dtype這個屬性」。像這樣以句點區隔來查詢物件的狀態、執行物件具有的功能（函式、方法、屬性），便是物件導向程式設計的特徵。

順帶一提，輸入「.」之後按下[Tab]鍵，便會列出該變數具有的屬性與方法，可從中選擇打算使用的項目。如此一來，不需要正確記住所謂的屬性與方法，並能減少輸入錯誤。

輸入「.」之後按下 [Tab] 鍵便會顯示清單

Point
為了能快速且正確地進行作業（撰寫程式碼），來善用[Tab]鍵吧。

圖 2-2-1

2-2- 2-3 維度與元素數量

若要取得陣列的維度與元素數量，可分別參照ndim屬性與size屬性。藉由確認這些屬性，可以得知資料的大小。在下面的例子裡，維度為1、元素數量為10。

輸入	輸出
``` print('維度：', data.ndim) print('元素數量：', data.size) ```	``` 維度：1 元素數量：10 ```

2-2- 2-4 對所有的元素進行運算

如同第1章的說明，在Python裡使用一般陣列（串列）而非Numpy時，要將所有的元素乘上幾倍，需要使用for進行迴圈處理。

但以Numpy來說，想將它們乘上2倍，可如下撰寫。只需對陣列「*2」，便能將所有的元素乘上2倍。

輸入	輸出
``` # 將各個數字乘上數倍（這裡是2倍） data * 2 ```	``` array([18, 4, 6, 8, 20, 12, 14, 16, 2, 10]) ```

若要將各個數字進行乘法或除法，也能簡單地計算，不需要使用 for 陳述等。

輸入

```
# 將各個相對應的數字進行運算
print('乘法運算：', np.array([1, 2, 3, 4, 5, 6, 7, 8, 9, 10]) * np.array([10, 9, 8, 7, 6, 5, 4, 3, 2, 1]))
print('連乘：', np.array([1, 2, 3, 4, 5, 6, 7, 8, 9, 10]) ** 2)
print('除法運算：', np.array([1, 2, 3, 4, 5, 6, 7, 8, 9, 10]) / np.array([10, 9, 8, 7, 6, 5, 4, 3, 2, 1]))
```

輸出

```
乘法運算：[10 18 24 28 30 30 28 24 18 10]
連乘：[  1   4   9  16  25  36  49  64  81  100]
除法運算：[ 0.1    0.222  0.375  0.571  0.833  1.2    1.75   2.667  4.5   10.  ]
```

2-2- | 2-5 排序

若要將資料排序，可使用 sort 方法。預設是從小到大的順序。

輸入

```
# 顯示目前的值
print('原本的值：', data)

# 顯示排序結果
print('排序之後：', data)
```

輸出

```
原本的值：[ 9  2  3  4 10  6  7  8  1  5]
排序之後：[ 1  2  3  4  5  6  7  8  9 10]
```

然而，請留意 sort 方法會取代原本的資料（data）。再次顯示 data，便能發現它已經是排序後的資料。

輸入

```
print(data)
```

輸出

```
[ 1  2  3  4  5  6  7  8  9 10]
```

如果想要依從大到小的順序排列，可如 data[::-1].sort() 的方式，使用**切割**進行操作。

切割是 Python 的功能，如果以 [n:m:s] 的方式撰寫，表示「從第 n 個到第 m-1 個，每隔 s 個取出」。當 n 與 m 被省略，便意指「全部」。此外，當 s 為負值則是尾端開始取出，而非從頭開始取出。也就是說，[::-1] 表示「從尾端開始逐一取出」。亦即將執行 sort 方法以小到大排列好的結果，以相反的順序取出，最後結果便是從大到小的順序排列資料。

輸入

```
data[::-1].sort()
print('排序之後：', data)
```

輸出

```
排序之後：[10  9  8  7  6  5  4  3  2  1]
```

用於市場行銷時，sort方法可運用於某種店鋪銷售額順位或使用者的網站訪問次數順位計算等等。

2-2- 2-6 最小、最大、總和、累積的計算

Numpy的array資料，可藉由呼叫min方法與max方法，來求得最小值與最大值。而cumsum這個方法，則是累積和（從頭開始依序相加）運算。第0個元素維持原樣、第1個元素是第0個元素＋第1個元素、第2個元素是第0個元素＋第1個元素＋第2個元素、……、依此類推來累積加上。

輸入

```
# 最小值
print('Min:', data.min())
# 最大值
print('Max:', data.max())
# 總和
print('Sum:', data.sum())
# 累積和
print('Cum:', data.cumsum())
# 累積比例
print('Ratio:', data.cumsum() / data.sum())
```

輸出

```
Min: 1
Max: 10
Sum: 55
Cum: [10 19 27 34 40 45 49 52 54 55]
Ratio: [0.182 0.345 0.491 0.618 0.727 0.818 0.891 0.945 0.982 1.   ]
```

2-2- 3 亂數

所謂亂數，簡單來說就是不具規則性的隨意數字。進行資料分析時，用於將收集的資料隨機地分離，或是加上隨機值來讓它們不一致。

雖然Python也有亂數的功能，但資料分析領域通常使用Numpy的亂數功能。只要匯入Numpy，便能撰寫如「np.random」的方式來使用Numpy的亂數功能。

此外，如果匯入時以如下方式敘述，能夠省略「np.」而直接使用「random」，來取代原本的「np.random」。在下面的程式裡，用這樣的方式匯入，以撰寫「random.功能名稱」來使用亂數功能為前提。

輸入

```
import numpy.random as random
```

2-2- 3-1 亂數種子

亂數其實並非完全的隨機數值，而是稱為「擬似亂數」的東西，依據數學式子來產生隨機值。對於該隨機值的初始值則稱為**種子**，使用 random.seed 進行指定。

舉例來說，可如下將種子設定為「0」。

輸入

```
random.seed(0)
```

雖然 random.seed 的呼叫並非必需的，但如果指定相同的種子值，可以保證每次執行都能取得相同序列的亂數。進行資料分析時，如果得到的是完全的亂數，解析結果可能會每次都不相同。由於資料分析經常需要在之後進行驗證，為了確保它的一貫性，常會設定種子。預先設定好種子值，每次執行的結果便不會改變。

2-2- 3-2 亂數的產生

雖然簡單來說是亂數，但其實有很多種，可以利用 Numpy 來產生。比如說，要取得平均為 0、標準差為 1 的常態分布之亂數，可使用 random.randn。下面是以這樣的方式取得 10 個亂數的範例。

輸入

```
random.seed(0)

# 產生常態分布（平均為0、標準差為1）的10個亂數
rnd_data = random.randn(10)

print('含有10個亂數的陣列：', rnd_data)
```

輸出

```
含有10個亂數的陣列：[ 1.764  0.4    0.979  2.241  1.868 -0.977  0.95  -0.151 -0.103  0.411]
```

除了 randn 之外，還有次頁列出的功能，可視自己需要哪一種亂數來選擇適合的功能。關於分布，將在第 4 章的機率統計章節學習。

功能	意義
rand	均勻分布。0.0 以上、小於 1.0
random_sample	均勻分布。0.0 以上、小於 1.0（和 rand 的引數指定方法不同）
randint	均勻分布。任意範圍的整數
randn	常態分布。平均為 0、標準差為 1 的亂數
normal	常態分布。任意平均、標準差的亂數
binomial	二項分布的亂數
beta	貝他分布的亂數
gamma	伽瑪分布的亂數
chisquare	卡方分布的亂數

2-2- 3-3 資料的隨機取出

在資料科學裡，經常從給予的資料列當中進行隨機取出的操作。這時可使用 random.choice。對於 random.choice，可指定 2 個引數與 1 個參數。第 1 個引數是操作對象的陣列，第 2 個則是取出的個數。參數為 replace。如果設定 replace 為 True，或是省略不指定，允許重複地取出，稱為**放回抽樣**。如果將 replace 設定為 False，不允許資料的重複，稱為**不放回抽樣**。

輸入

```
# 要取出的對象資料
data = np.array([9,2,3,4,10,6,7,8,1,5])

# 隨機取出
# 取出 10 個（允許重複，放回抽樣）
print(random.choice(data, 10))
# 取出 10 個（不允許重複，不放回抽樣）
print(random.choice(data, 10, replace = False))
```

輸出

```
[ 7  8  8  1  2  6  5  1  5 10]
[10  2  7  8  3  1  6  5  9  4]
```

若是放回抽樣，會有幾個相同的數字；若是不放回抽樣，則不會有相同的數字。

Let's Try

來試著改變 seed(0) 的 0，以及增加隨機抽出的數量，看看結果如何變化吧。

Column

Numpy 非常快

運算速度快是 Numpy 的特徵之一。來測量看看究竟有多快吧。下面的例子是產生 10^6 個亂數並將其加總的實作。

「sum(normal_data)」是一般的處理,「np.sum(numpy_random_data)」是使用 Numpy 的處理。

輸入

```
# N是亂數的生成數量,10的6次方
N = 10**6

# Python 版本(下面的 range(N) 是用來準備0到N-1為止的整數)
# 「_」是慣例上表示不參照代入值的變數名稱
# 比如說,雖然相同於寫成 for a in range(N),但寫成 a 則該值可在之後使用
# 如果不打算參照該值,慣例上會寫成 for _ in range(N)
normal_data = [random.random() for _ in range(N)]

# Numpy 版
numpy_random_data = np.array(normal_data)

# calc time:總和
# 一般的處理
%timeit sum(normal_data)

# 使用 Numpy 的處理
%timeit np.sum(numpy_random_data)
```

輸出

```
11 ms ± 5.19 ms per loop (mean ± std. dev. of 7 runs, 100 loops each)
1.92 ms ± 354 µs per loop (mean ± std. dev. of 7 runs, 1000 loops each)
```

可發現使用 Numpy 的版本(np.sum()),比一般的運算來得快。

%timeit 是對相同處理執行數次,回傳平均處理時間的 Magic Command(如果在 Jupyter 環境裡執行 Run,由於執行100次,直到顯示執行結果會花費一些時間,這是正常情形)。

比如說,顯示「100 loops, best of 3: 5.78 ms per loop」時,意指進行處理100次,其中最快3次的平均處理時間為 5.78 毫秒。

執行次數與平均次數可各自使用 n 參數與 r 參數更改。比如說,如果是「%timeit -n 10000 -r 5 sum(normal_data)」,表示1萬次當中最快5次的平均處理時間。此外,ms 是毫秒,µs 是微秒(毫秒的1000分之1)。

想讓處理高速化時,使用 %timeit 來檢查運算時間吧。

2-2-4 矩陣

使用 Numpy 也能進行矩陣運算。

首先說明矩陣的製作方法。下面的例子是將0~8的數字以3×3矩陣表現。arange 函式具有產生指定連續整數的功能。如果使用 arange(9),可產生從0到8的整數。

將它以reshape函式分割為3×3的矩陣。

如此一來，便能在變數array1裡準備好矩陣。

輸入

```
np.arange(9)
```

輸出

```
array([0, 1, 2, 3, 4, 5, 6, 7, 8])
```

輸入

```
array1 = np.arange(9).reshape(3,3)
print(array1)
```

輸出

```
[[0 1 2]
 [3 4 5]
 [6 7 8]]
```

如果想從矩陣當中只取出列或行，可如「[列範圍,行範圍]」的方式來表記。各自的範圍如同「開始索引:結束索引」的形式，以冒號區隔來指定。當省略了開始索引或結束索引時，分別意指「從頭開始」或「到尾端為止」。

舉例來說，如下指定「[0,:]」便表示「第1列」「全部的行」，因此能取出第1列的全部行元素。不過請留意索引是從0開始，但對象的列或行是從1開始。

輸入

```
# 第1列
array1[0,:]
```

輸出

```
array([0, 1, 2])
```

若要取出第1行的全部列，可指定「[:,0]」。這意指「第1行」「全部的列」。

輸入

```
# 第1列
array1[:,0]
```

輸出

```
array([0, 3, 6])
```

2-2- 4-1 矩陣的運算

來試試矩陣的乘法吧。如果不了解這裡的計算方法，請複習線性代數。

首先，準備作為乘法對象的矩陣。在下面的例子裡，製作3×3的矩陣，代入變數array2。

輸入

```
array2 = np.arange(9,18).reshape(3,3)
print(array2)
```

輸出

```
[[ 9 10 11]
 [12 13 14]
 [15 16 17]]
```

　　將這個矩陣與先前的array1矩陣進行乘法運算吧。對於矩陣乘法，使用dot函式。請留意如果誤用了「＊」，將不會是矩陣乘法，而是將各自的元素進行乘法。

輸入

```
# 矩陣之積
np.dot(array1, array2)
```

輸出

```
array([[ 42,  45,  48],
       [150, 162, 174],
       [258, 279, 300]])
```

輸入

```
# 元素各自之積
array1 * array2
```

輸出

```
array([[  0,  10,  22],
       [ 36,  52,  70],
       [ 90, 112, 136]])
```

2-2- 4-2 製作元素為0或1的矩陣

　　在資料分析裡，有時需要製作元素為0或1的矩陣。這時如同「0, 0, 0, 0, 0…」這樣逐一寫出元素相當辛苦，所以提供了專用的語法。

　　如下所示，指定「np.zeros」，便能產生所有元素均為0的矩陣。同樣地，「np.ones」可以製作所有元素均為1的矩陣。dtype參數可用來指定資料型別。int64為64位元整數，float64則為64位元浮點數。下面的程式碼分別是產生所有元素為0（int64）的2列3行矩陣，以及所有元素為1（float64）的2列3行矩陣。

輸入

```
print(np.zeros((2, 3), dtype = np.int64))
print(np.ones((2, 3), dtype = np.float64))
```

輸出

```
[[0 0 0]
 [0 0 0]]
[[1. 1. 1.]
 [1. 1. 1.]]
```

Practice

【練習問題2-1】

請撰寫計算從1到50的自然數總和,並顯示最後的計算結果的程式。不過,請使用np.array來製作1到50的陣列再求得總和的方法。

【練習問題2-2】

請依標準常態分布生成10個亂數並製作陣列。此外,請撰寫求得其中的最小值、最大值、總和的程式。

【練習問題2-3】

製作所有元素均為3的5列5行矩陣,並試著計算該矩陣的平方。

答案在Appendix 2

Chapter 2-3

Scipy的基礎

Keyword 反矩陣、特徵值、特徵向量、最佳化

Scipy是用於科學計算的函式庫，能進行多樣的數學處理（線性代數的運算、傅立葉轉換等）。這裡來試著求得線性代數矩陣的特徵值，以及方程式之解吧。不了解這些詞彙的讀者，請在網路上搜尋，或是利用第1章介紹的線性代數參考書籍（參考文獻「A-6」）等來學習。

2-3-1 Scipy的函式庫匯入

這裡匯入在Scipy裡用於線性代數的函式庫。

在前述的「2-1-3 匯入用於本章的函式庫」一節，已經使用「import scipy as sp」來匯入Scipy函式庫，由於是「as sp」，可以撰寫「sp.功能名稱」來使用Scipy函式庫。

下面進一步讓用於線性代數的函式庫與用於最佳化計算（最小值）的函式，能分別以更簡短的名稱linalg、minimize_scalar來使用。

輸入

```
# 用於線性代數的函式庫
import scipy.linalg as linalg

# 用於最佳化計算（最小值）的函式
from scipy.optimize import minimize_scalar
```

2-3-2 矩陣運算

2-3-2-1 行列式與反矩陣的計算

首先是行列式計算的例子。如下所示，使用det函式。

輸入

```
matrix = np.array([[1,-1,-1], [-1,1,-1], [-1,-1,1]])

# 行列式
print('行列式')
print(linalg.det(matrix))
```

輸出

```
行列式
-4.0
```

若要計算反矩陣，使用 inv 函式。

輸入

```
# 反矩陣
print('反矩陣')
print(linalg.inv(matrix))
```

輸出

```
反矩陣
[[ 0.  -0.5 -0.5]
 [-0.5 -0.  -0.5]
 [-0.5 -0.5  0. ]]
```

來確認值是否正確吧。原始矩陣與反矩陣的乘積，應該會是單位矩陣。如下計算它們的乘積，便能知道是否為單位矩陣。

輸入

```
print(matrix.dot(linalg.inv(matrix)))
```

輸出

```
[[1. 0. 0.]
 [0. 1. 0.]
 [0. 0. 1.]]
```

2-3- 2-2 特徵值與特徵向量

接著，來計算特徵值與特徵向量吧。執行 linalg 的 eig 函式便能求得。

輸入

```
# 特徵值與特徵向量
eig_value, eig_vector = linalg.eig(matrix)

# 特徵值與特徵向量
print('特徵值 ')
print(eig_value)
print('特徵向量')
print(eig_vector)
```

輸出

```
特徵值
[-1.+0.j  2.+0.j  2.+0.j]
特徵向量
[[ 0.577 -0.816  0.428]
 [ 0.577  0.408 -0.816]
 [ 0.577  0.408  0.389]]
```

2-3- 3 牛頓法

最後，說明最佳化計算的使用方法。

2-3- 3-1 方程式求解

首先，來試著求得方程式之解吧。這裡考慮對如下的二次函數求解。

$$f(x) = x^2 + 2x + 1 \qquad\qquad （式2-3-1）$$

它的解也能使用紙筆來計算，得出-1，不過這裡嘗試使用近似計算常用的牛頓法來求解吧。首先，將上述函數以如下的函式定義。

輸入

```
# 函數的定義
def my_function(x):
    return (x**2 + 2*x + 1)
```

接下來，為了求得 $f(x) = 0$ 的 x，如下使用newton函式。將準備好的my_function函式設定為第1個引數，並將求解的條件式 $f(x) = 0$ 當中的0設定為第2個引數。

輸入

```
# 匯入牛頓法
from scipy.optimize import newton

# 執行計算
print(newton(my_function,0))
```

輸出

```
-0.9999999852953547
```

結果如上所示，可發現非常接近-1（因為是進行數值運算）。

第一次聽到牛頓法的讀者，請試著搜尋，或是找數學專門書籍、說明最佳化與數值運算的書籍來閱讀。

2-3- 3-2 求得最小值

接下來，一樣對於 $f(x)$ 這個函數，考慮求得最小值。

這裡如下使用minimize_scalar函式。指定method這個參數為「Brent」，表示使用Brent法。所謂Brent法，是將拋物線內插法與黃金分割法（單峰函數的極值，亦即求得極大值或極小值的方法）組合的方法，特徵是收斂比黃金分割法來得更快速。

本書裡不常使用這個方法，不記得相關詞彙無妨。除此之外還有很多種手法，若有時間，請試著進一步了解。

輸入

```
# 執行計算
print(minimize_scalar(my_function, method = 'Brent'))
```

輸出

```
    fun: 0.0
   nfev: 9
    nit: 4
success: True
      x: -1.0000000000000002
```

　　雖然Scipy還可用於積分與微分方程式等，但相關說明至此先告一段落。關於使用Scipy能做到的各種科學計算，後續章節會再說明。

Let's Try

將my_function函式的計算式從 $f(x) = 0$ 改為各種函數，試著執行最小值等的計算吧。

Practice

【練習問題2-4】

請對下面的矩陣計算行列式。

$$A = \begin{pmatrix} 1 & 2 & 3 \\ 1 & 3 & 2 \\ 3 & 1 & 2 \end{pmatrix}$$

（式2-3-2）

【練習問題2-5】

請對練習問題2-4裡的矩陣，計算反矩陣、特徵值和特徵向量。

【練習問題2-6】

請使用牛頓法，求得能讓下面函數為0的解。

$$f(x) = x^3 + 2x + 1$$

（式2-3-3）

答案在Appendix 2

Chapter 2-4

Pandas 的基礎

Keyword 索引、Series、DataFrame、資料操作、資料結合、排序

Pandas是在用Python模型化（使用機器學習等）之前進行所謂預處理的便利函式庫。這個函式庫能對各式各樣的資料有彈性地進行各種加工處理，執行表格試算與資料抽出、搜尋等操作。舉個具體的例子，像是從資料當中找出符合某個條件（只限男性）的列，設定某個基準（如男女分別來看）來算出各自的平均值（身高、體重等），或是進行資料的結合等操作。對於熟悉DB（資料庫）SQL的讀者來說，應該很容易使用。

2-4- 1 Pandas 的函式庫匯入

這裡匯入 Pandas 的函式庫。

在前述的「2-1-3 匯入用於本章的函式庫」一節，已經使用「import pandas as pd」來匯入 Pandas 函式庫，可以撰寫「pd.功能名稱」來使用 Pandas 函式庫。

下面更進一步匯入處理1維陣列的 Series 函式庫，以及處理2維陣列的 DataFrame 函式庫。

輸入

```
from pandas import Series, DataFrame
```

2-4- 2 Series 的使用方法

Series 是類似1維陣列的物件。Pandas 的基礎為 Numpy 的 array。下面對 Series 物件設定10個元素，示範簡單的例子。

如同觀察結果所知，將 Series 物件 print，會顯示2組的值。前面10列是各元素的索引與值。dtype 是資料的型別。

輸入

```
# Series
sample_pandas_data = pd.Series([0,10,20,30,40,50,60,70,80,90])
print(sample_pandas_data)
```

輸出

```
0      0
1     10
2     20
3     30
4     40
5     50
6     60
7     70
8     80
9     90
dtype: int64
```

　　索引是指能用來指定元素的鍵。在這個例子裡，如同 [0, 10, 20, 30, 40,…] 一般，對於 Series 物件如果僅指定值，索引將會是從頭開始 0、1、2…的方式編號。

　　對於資料的值與索引的值，也能夠分別如下指定 values 屬性與 index 屬性來各自取出。

輸入

```
# 將索引（index）設定為英文字母
sample_pandas_index_data = pd.Series(
    [0, 10,20,30,40,50,60,70,80,90],
    index=['a', 'b', 'c', 'd', 'e', 'f', 'g', 'h', 'i', 'j'])
print(sample_pandas_index_data)
```

輸出

```
a      0
b     10
c     20
d     30
e     40
f     50
g     60
h     70
i     80
j     90
dtype: int64
```

輸入

```
print('資料之值:', sample_pandas_index_data.values)
print('索引之值:', sample_pandas_index_data.index)
```

輸出

```
資料之值: [ 0 10 20 30 40 50 60 70 80 90]
索引之值: Index(['a', 'b', 'c', 'd', 'e', 'f', 'g', 'h', 'i', 'j'], dtype='object')
```

2-4- 3 DataFrame 的使用方法

DataFrame 物件是 2 維陣列。對於各個行，也能設定不同的 dtype（資料型別）。

下面是示範持有 ID、City、Birth_year、Name 這 4 個列資料結構的例子。如果以 print 函式來顯示，會以表格形式顯示。

輸入

```
attri_data1 = {'ID':['100','101','102','103','104'],
               'City':['Tokyo','Osaka','Kyoto','Hokkaido','Tokyo'],
               'Birth year':[1990,1989,1992,1997,1982],
               'Name':['Hiroshi','Akiko','Yuki','Satoru','Steve']}

attri_data_frame1 = DataFrame(attri_data1)

print(attri_data_frame1)
```

輸出

```
    ID       City Birth_year     Name
0  100      Tokyo       1990  Hiroshi
1  101      Osaka       1989    Akiko
2  102      Kyoto       1992     Yuki
3  103   Hokkaido       1997   Satoru
4  104      Tokyo       1982    Steve
```

最左邊 1 行顯示的 0, 1, 2, 3, 4 之值，是索引值。DataFrame 物件也如同 Series 物件，可變更索引值、設定文字為索引值。

如下所示指定索引，便能藉由對 attri_data_1 的值指定新的索引來生成 attri_data_frame_index1 這個 DataFrame 物件（雖然這裡是對 DataFrame 物件進行操作，但對於 Series 也能如此，藉由對其他 Series 物件改變索引來生成 Series 物件）。

輸入

```
attri_data_frame_index1 = DataFrame(attri_data1,index=['a','b','c','d','e'])
print(attri_data_frame_index1)
```

輸出

```
    ID       City Birth_year     Name
a  100      Tokyo       1990  Hiroshi
b  101      Osaka       1989    Akiko
c  102      Kyoto       1992     Yuki
d  103   Hokkaido       1997   Satoru
e  104      Tokyo       1982    Steve
```

2-4- 3-1 在Jupyter環境裡的資料顯示

　　截至目前為止，顯示Series物件與DataFrame物件時，如print(attri_data_frame_index1)的方式，使用了print函式。但對於資料的變數，像下面直接寫出，也能顯示出來。

　　這時在Jupyter環境裡，可被辨識為Series物件或DataFrame物件，附加上格線等更容易閱讀。

　　下面便是以這樣的方法顯示。

輸入

```
attri_data_frame_index1
```

輸出

	ID	City	Birth_year	Name
a	100	Tokyo	1990	Hiroshi
b	101	Osaka	1989	Akiko
c	102	Kyoto	1992	Yuki
d	103	Hokkaido	1997	Satoru
e	104	Tokyo	1982	Steve

2-4- 4 行列的操作

　　DataFrame可進行各式各樣的行列操作。

2-4- 4-1 轉置

　　如同矩陣的轉置，想將列與行交換時，可使用.T方法。

輸入

```
# 轉置
attri_data_frame1.T
```

輸出

	0	1	2	3	4
ID	100	101	102	103	104
City	Tokyo	Osaka	Kyoto	Hokkaido	Tokyo
Birth_year	1990	1989	1992	1997	1982
Name	Hiroshi	Akiko	Yuki	Satoru	Steve

2-4- 4-2 只取出特定行

　　若想只取出特定行，可在資料之後指定該行的名字。若想指定多個行，將它們以Python的串列形式指定。

輸入

```
# 指定行名（1個的情況）
attri_data_frame1.Birth_year
```

輸出

```
0    1990
1    1989
2    1992
3    1997
4    1982
Name: Birth_year, dtype: int64
```

輸入

```
# 指定行名（多個的情況）
attri_data_frame1[['ID', 'Birth_year']]
```

輸出

	ID	Birth_year
0	100	1990
1	101	1989
2	102	1992
3	103	1997
4	104	1982

2-4- 5 資料的抽出

對於 DataFrame 物件，也能只取出滿足特定條件的資料，或是結合多筆資料。

下面的例子是從資料當中只取出 City 為 Tokyo 的資料之範例。這裡指定的條件 attri_data_frame1['City'] == 'Tokyo'，是 dtype 為 bool 的 Series 物件。這個處理會將 attri_data_frame1['City'] == 'Tokyo' 為 True 的資料全部從 attri_data_frame1 取出，達到過濾器的效果。

輸入

```
#   條件（過濾器）
attri_data_frame1[attri_data_frame1['City'] == 'Tokyo']
```

輸出

	ID	City	Birth_year	Name
0	100	Tokyo	1990	Hiroshi
4	104	Tokyo	1982	Steve

順帶一提，條件部分的表示式，是將 City 行的元素逐一與 Tokyo 進行比較，如下將它單獨取出顯示，便能看出是 True 或 False。

輸入

```
attri_data_frame1['City'] == 'Tokyo'
```

輸出

```
0    True
1    False
2    False
3    False
4    True
Name: City, dtype: bool
```

想指定多個條件時，可如下使用isin（串列）。下面會抽出City為Tokyo或Osaka的資料。後續章節也會用到這樣的使用方式。

輸入

```
# 條件（過濾器、多個值）
attri_data_frame1[attri_data_frame1['City'].isin(['Tokyo','Osaka'])]
```

輸出

```
     ID   City   Birth_year    Name
0   100   Tokyo        1990   Hiroshi
1   101   Osaka        1989    Akiko
4   104   Tokyo        1982    Steve
```

Let's Try

更改為其他條件（如Birth_year為低於1990等），試著執行過濾吧。

2-4- 6 資料的刪除與結合

對於DataFrame物件，也能刪除不需要的行或列，或者與其他的DataFrame物件結合。

2 4 6 1 行或列的刪除

若要刪除某個特定的行或列，可以執行drop方法。以axis參數來指定軸。「axis=0」意指列，「axis=1」意指行。這個axis參數在其他地方也會用到，這裡請先記住。

- **刪除列時**：對於第1個引數，將想刪除的列索引以串列指定。對於axis參數，指定為「0」。
- **刪除行時**：對於第1個引數，將想刪除的行索引以串列指定。對於axis參數，指定為「1」。

下面的例子是刪除Birth_year這行的範例。

輸入

```
attri_data_frame1.drop(['Birth_year'], axis = 1)
```

輸出

```
     ID      City      Name
0   100     Tokyo    Hiroshi
1   101     Osaka     Akiko
2   102     Kyoto      Yuki
3   103  Hokkaido    Satoru
4   104     Tokyo     Steve
```

　　然而，請留意即使以上述方式刪除，原本的資料行也不是真的被刪除。如果想置換時，請以如attri_data_frame1 = attri_data_frame1.drop(['Birth_year'],axis=1)的方式設定。或是指定參數的inplace=True，也能置換原本的資料。

2-4- 6-2 資料的結合

　　DataFrame物件之間可以結合。資料分析裡有著各式各樣的資料時，經常會將它們結合進行分析，來學會做到這點吧。首先，來看一個例子，將結合目標的DataFrame物件，如下準備於attri_data_frame2這個變數。

輸入

```
# 準備別的資料
attri_data2 = {'ID':['100','101','102','105','107'],
               'Math':[50,43,33,76,98],
               'English':[90,30,20,50,30],
               'Sex':['M','F','F','M','M']}
attri_data_frame2 = DataFrame(attri_data2)
attri_data_frame2
```

輸出

```
     ID   Math  English   Sex
0   100     50       90     M
1   101     43       30     F
2   102     33       20     F
3   105     76       50     M
4   107     98       30     M
```

　　接著，將截至目前為止使用的attri_data_frame1與attri_data_frame2結合看看。

　　想結合可以使用merge方法。沒有註明鍵時，將自動找出鍵值相同的部分進行結合。在這個例子裡，鍵值為ID。由於100、101、102是共通的部分，將它們一致的資料結合。

輸入

```
# 資料的合併（內部結合，詳見第6章說明）
pd.merge(attri_data_frame1,attri_data_frame2)
```

輸出

```
     ID    City   Birth_year    Name    Math   English   Sex
0    100   Tokyo        1990  Hiroshi     50        90     M
1    101   Osaka        1989    Akiko     43        30     F
2    102   Kyoto        1992     Yuki     33        20     F
```

2-4- 7 統計

　　DataFrame物件也能對資料進行統計。

　　若更進一步使用groupby方法，便能以某個特定的行為基準進行統計。下面是將「Sex的行」設為基準來算出數學平均分數的例子。計算分數的平均使用mean方法。除此之外，還有計算最大值的max方法與計算最小值的min方法等。

輸入

```
# 資料的群組別統計（詳見下一章說明）
attri_data_frame2.groupby('Sex')['Math'].mean()
```

輸出

```
Sex
F    38.000000
M    74.666667
Name: Math, dtype: float64
```

Let's Try

也來試著修改參數，執行看看吧。將統計的對象設定為English結果會如何呢？此外，來求得最大值與最小值吧。

2-4- 8 值的排序

　　對於Series物件與DataFrame物件的資料，還能進行排序。不僅是值而已，可以基於索引排序。首先將作為排序對象的範例資料如下定義。為了明顯看出排序的效果，刻意將資料隨便放置。

輸入

```
# 資料的準備
attri_data2 = {'ID':['100','101','102','103','104'],
               'City':['Tokyo','Osaka','Kyoto','Hokkaido','Tokyo'],
               'Birth_year':[1990,1989,1992,1997,1982],
               'Name':['Hiroshi','Akiko','Yuki','Satoru','Steve']}
attri_data_frame2 = DataFrame(attri_data2)
attri_data_frame_index2 = DataFrame(attri_data2,index=['e','b','a','d','c'])
attri_data_frame_index2
```

輸出

	ID	City	Birth_year	Name
e	100	Tokyo	1990	Hiroshi
b	101	Osaka	1989	Akiko
a	102	Kyoto	1992	Yuki
d	103	Hokkaido	1997	Satoru
c	104	Tokyo	1982	Steve

要以索引排序，如下執行sort_index方法。

輸入

```
# 基於index的排序
attri_data_frame_index2.sort_index()
```

輸出

	ID	City	Birth_year	Name
a	102	Kyoto	1992	Yuki
b	101	Osaka	1989	Akiko
c	104	Tokyo	1982	Steve
d	103	Hokkaido	1997	Satoru
e	100	Tokyo	1990	Hiroshi

若要以值來排序，可如下使用sort_values方法。

輸入

```
# 基於值的排序，預設為從小到大
attri_data_frame_index2.Birth_year.sort_values()
```

輸出

```
c    1982
b    1989
e    1990
a    1992
d    1997
Name: Birth_year, dtype: int64
```

2-4- 9 nan (null) 的判斷

進行資料分析時，會有資料遺漏、不存在該筆資料的情況。如果將它們直接進行平均值等計算，無法獲得正確的數值，因此需要進行將它們排除的操作。對於遺漏值等資料，以nan這個特別的值儲存，這裡說明它的處理。

2-4- 9-1 比較符合條件的資料

首先不是關於nan的部分，而從一般的條件搜尋範例開始說明。

在下面的例子裡，以attri_data_frame_index2的所有元素為對象，用isin來搜尋是否有Tokyo這個字串。它的結果是回傳在各個Cell當中為True或False。如果存在（滿足條件）則為True，不存在（不滿足條件）則為False。這樣的操作是尋找符合

資料時的基本操作。

輸入

```
# 確認是否存在該值
attri_data_frame_index2.isin(['Tokyo'])
```

輸出

	ID	City	Birth_year	Name
e	False	True	False	False
b	False	False	False	False
a	False	False	False	False
d	False	False	False	False
c	False	True	False	False

2-4- 9-2 nan 與 null 的例子

下面是故意將Name行之值設定為nan的範例。判斷是否為nan，可使用isnull方法。

輸入

```
# 處理遺漏值
# 將Name全部設為nan
attri_data_frame_index2['Name'] = np.nan
attri_data_frame_index2.isnull()
```

輸出

	ID	City	Birth_year	Name
e	False	False	False	True
b	False	False	False	True
a	False	False	False	True
d	False	False	False	True
c	False	False	False	True

接著若要計算nan的總數，可如下進行。這裡Name之所以是5，是基於上述的結果，有著5個True的緣故。

輸入

```
# 判斷null，統計
attri_data_frame_index2.isnull().sum()
```

輸出

```
ID              0
City            0
Birth_year      0
Name            5
dtype: int64
```

Pandas的簡單說明至此告一段落。由於第3章將對實際的資料進行加工處理，請確實地學會本節的內容。

Practice

【練習問題2-7】

對於下面的資料，請找出Money為500以上的人，並顯示紀錄。

輸入

```python
from pandas import Series, DataFrame
import pandas as pd

attri_data1 = {'ID':['1','2','3','4','5'],
               'Sex':['F','F','M','M','F'],
               'Money':[1000,2000,500,300,700],
               'Name':['Saito','Horie','Kondo','Kawada','Matsubara']}
attri_data_frame1 = DataFrame(attri_data1)
```

【練習問題2-8】

對於練習問題2-7的資料，請分別計算男女（MF分開看）的平均Money。

【練習問題2-9】

對於練習問題2-7的資料，請將下面的資料裡以有著相同ID的人來作為鍵，合併資料。接著，請計算Money、Math和English的平均。

輸入

```python
attri_data2 = {'ID':['3','4','7'],
               'Math':[60,30,40],
               'English':[80,20,30]}

attri_data_frame2 = DataFrame(attri_data2)
```

答案在Appendix 2

Chapter 2-5

Matplotlib 的基礎

Keyword 資料視覺化、散佈圖、直方圖

進行資料分析時，將對象資料視覺化是非常重要的。如果只是看著數字，不容易看出資料裡潛藏的傾向，藉由將資料視覺化，可讓資料之間的關聯性看得更清楚。特別是近年來稱為「資訊圖表」（infographic）等的視覺化方式，廣受矚目。

這裡主要使用Matplotlib與Seaborn，來學好資料視覺化的基本方法吧。亦可參見書末的參考URL「B-5」。

2-5- 1 使用Matplotlib的準備工作

在前述的「2-1-3 匯入用於本章的函式庫」一節，已經匯入Matplotlib與Seaborn。在Matplotlib裡，關於描繪的大部分功能都以「pyplot.功能名稱」提供。因此，在「2-1-3 匯入用於本章的函式庫」裡以「import matplotlib.pyplot as plt」來匯入，能簡略地寫成「plt.功能名稱」來使用。

Seaborn是讓Matplotlib的圖表變得更美觀的函式庫。只需匯入便能讓圖表變得美觀，還能指定數個增加的樣式。

「%matplotlib inline」是讓圖表顯示於Jupyter Notebook上的Magic Command。由於是Jupyter環境的初學者描繪時容易忘記的部分，請多加留意。

輸入

```
# 匯入Matplotlib與Seaborn
# Seaborn能讓圖表更美觀
import matplotlib as mpl
import seaborn as sns

# 讓pyplot能以plt的別名來執行
import matplotlib.pyplot as plt

# 在Jupyter Notebook上顯示圖表所必需的Magic Command
%matplotlib inline
```

2-5- 2 散佈圖

在Matplotlib裡能描繪出各式各樣的圖表，首先從散佈圖開始吧。散佈圖是對於2個組合成的資料，在x-y座標上描繪的圖形。藉由plt.plot(x, y, 'o')便能描繪，其

中最後的引數是用來指定描繪的形狀，這裡使用 'o' 意指描點。關於其他的操作，請參考程式碼裡的註解。

描繪出散佈圖之後，便能看出 2 個變數之間的關聯性。

輸入

```python
# 散佈圖

# 固定種子值
random.seed(0)

# x軸的資料
x = np.random.randn(30)

# y軸的資料
y = np.sin(x) + np.random.randn(30)

# 指定圖形的大小（請試著修改20或6）
plt.figure(figsize=(20, 6))

# 描繪圖形
plt.plot(x, y, 'o')

# 也能如下描繪散佈圖
plt.scatter(x, y)

# 標題
plt.title('Title Name')
# X軸標籤
plt.xlabel('X')
# Y軸標籤
plt.ylabel('Y')

# 顯示grid（圖形中的格線）
plt.grid(True)
```

輸出

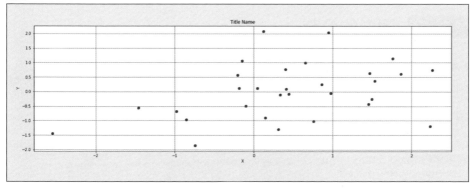

如果給予連續的值，plot描繪出的便像是曲線而非點。舉例來說，在下面的例子裡，描繪著連續時間序列（嚴格來說是視為連續）的曲線。

輸入

```
# 連續曲線

# 指定種子值
np.random.seed(0)

# 資料的範圍
numpy_data_x = np.arange(1000)

# 生成亂數與累積和
numpy_random_data_y = np.random.randn(1000).cumsum()

# 指定圖形的大小
plt.figure(figsize=(20, 6))

# 可藉由label=與legend來加上標籤
plt.plot(numpy_data_x, numpy_random_data_y, label='Label')
plt.legend()

plt.xlabel('X')
plt.ylabel('Y')
plt.grid(True)
```

輸出

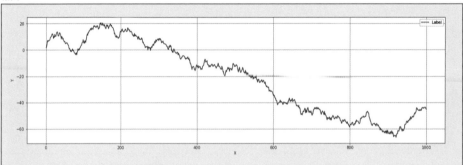

2-5-3 圖形的分割

　　如果使用subplot，可以將圖形分割為多個。下面是製作2列1行的圖形，將第1個與第2個以號碼指定的例子。此外，linspace(-10, 10, 100)是從-10到10之間的數分割出100個數字之串列並取出。

輸入

```
# 指定圖形的大小
plt.figure(figsize=(20, 6))

# 2列1行圖形的第1個
plt.subplot(2,1,1)
```

```
x = np.linspace(-10, 10,100)
plt.plot(x, np.sin(x))

# 2列1行圖形的第2個
plt.subplot(2,1,2)
y = np.linspace(-10, 10,100)
plt.plot(y, np.sin(2*y))

plt.grid(True)
```

輸出

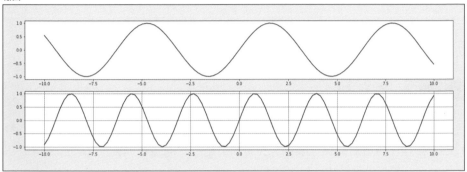

<h2>2-5-4　函數圖形的描繪</h2>

....

接著，以圖形顯示「2-3-3 牛頓法」一節處理的如下二次函數的例子。

$$f(x) = x^2 + 2x + 1 \qquad （式 2-5-1）$$

像這樣描繪出來，由於和 $y = 0$ 相交的附近是 -2.5 ～ 0 之間的範圍，即使不進行數值運算，也大概能得知解落在這個區間裡。

輸入

```
# 函數的定義（和使用 Scipy 的二次函數範例相同）
def my_function(x):
    return x ** 2 + 2 * x + 1

x = np.arange(-10, 10)
plt.figure(figsize = (20, 6))
plt.plot(x, my_function(x))
plt.grid(True)
```

輸出

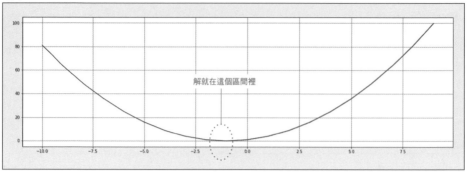

解就在這個區間裡

2-5- 5 直方圖

　　接下來的圖形稱為「直方圖」，顯示了各個值的**度數**（值出現的次數）。觀察資料的全體樣貌時會用到這種圖形。在資料分析裡，看這樣的圖形，便能了解哪個數值較多、哪個數值較少、是否有偏差。

　　如下使用 hist 方法，便能描繪直方圖。至於括號裡面指定的參數，從前頭開始依序為「對象資料」、「直條的個數」、「範圍」。

輸入

```
# 固定種子值
random.seed(0)

# 指定圖形的大小
plt.figure(figsize = (20, 6))

# 描繪直方圖
plt.hist(np.random.randn(10 ** 5) * 10 + 50, bins = 60, range = (20, 80))

plt.grid(True)
```

輸出

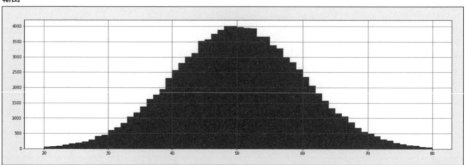

除此之外，在hist方法裡還有各式各樣的參數。如下使用「?」，便能確認可用的參數。

輸入

```
?plt.hist
```

Matplotlib的基礎說明至此告一段落。

關於圖表的視覺化，除了Matplotlib之外，也能使用Pandas描繪。第7章資料視覺化的章節會稍微說明這一點。

資料分析會用到的Python函式庫（Numpy、Scipy、Pandas、Matplotlib）基本介紹，說明至此。辛苦了！本章學習到的技巧，會在接下來第3章的敘述統計裡用到，也會運用於其他章節。

Column

各種資料的視覺化

關於資料的視覺化，除了Python之外，各種程式語言與函式庫也能用以實現，可作為使用Python進行視覺化時的參考。

例如在JavaScript裡，能描繪出各種圖形的「D3.js」（https://d3js.org）相當受歡迎。雖然與Python無關，而是用於JavaScript，但以如何從多個面向來看資料進行視覺化來說，值得參考。

圖2-5-1

Practice

【練習問題2-10】

來試著描繪 $y = 5x + 3$（x為-10到10的值）的圖形吧。

【練習問題2-11】

請將「$y = sin(x)$」與「$y = cos(x)$」的圖形重疊地描繪出來（x為-10到10的值）。

【練習問題2-12】

來產生2組從0到1之間的均勻亂數1000個，分別描繪直方圖吧。

但為了將各自的直方圖分開顯示，請使用plt.subplot。這裡所謂的均勻亂數，是指從某數到另一數之間等機率產生的亂數，使用np.random.uniform。比如說，要產生10個從0到1之間的數字時，寫成np.random.uniform(0.0, 1.0, 10)。

此外，除了1000個，也試試100個與10,000個吧。是否有什麼發現呢？

答案在Appendix 2

Practice

第2章 綜合問題

【綜合問題2-1 蒙地卡羅法】

使用產生亂數的方法，來撰寫求得圓周率的程式吧。順帶一提，這個手法稱為**蒙地卡羅法**。

1. 產生2組遵循在區間[0, 1]上的均勻分布之亂數，分別製作10,000個均勻亂數吧。所謂均勻亂數，是指從某數到另一數之間等機率產生的亂數。使用np.random.uniform。舉例來說，如果寫成np.random.uniform(0.0, 1.0, 10)，便能產生10個0 ～ 1範圍的均勻亂數。

2. 考慮 $x-y$ 軸中心為(0, 0)、半徑為1的圓，以及長度為1的正方形。此時圓的面積為 π，正方形的面積為1。在這裡，先前 x 與 y 組合起來的10,000個亂數當中，有幾組在圓的內部呢？
   這裡所謂在圓的內部，是計算從 $x-y$ 座標的原點到點(x, y)的向量長度，以它是否小於1作為判斷標準。為了計算它的長度，使用歐幾里得範數（$\sqrt{x^2 + y^2}$）。在Python裡，可使用math.hypot(x,y)計算。如果有餘力，也試著將在圓的內部當中的 x 與 y 組合，以及在外部的 x 與 y 組合，描繪為圖形吧。

3. 半徑為1的圓形之1/4面積，與長度為1的正方形面積之比，為 $\pi/4 : 1$。利用這點與先前的結果，來求得圓周率吧。

答案在Appendix 2

Chapter 3

敘述統計與
簡單迴歸分析

本章將學習統計分析的基礎知識，來客觀地分析資料，了解資料的傾向。統計分析大致分為「敘述統計」和「推論統計」，本章主要說明「敘述統計」與「推論統計」當中的迴歸。

作為解說使用的資料，將下載加州大學的學生屬性資料，一邊使用第 2 章學到的各種 Python 函式庫來逐步學習。

Goal 能讀取 CSV 檔案的資料，得到基礎的統計量與視覺化，進行簡單迴歸分析。

Chapter 3-1

統計分析的種類

> **Keyword** 敘述統計、推論統計、平均、標準差、簡單迴歸分析、Numpy、Scipy、Pandas、Matplotlib、Scikit-learn

　　第2章已經說明了Python與數個函式庫的基本使用方法。本章開始會運用這些方法，與實際的資料進行對話。

3-1-1 敘述統計與推論統計

　　統計分析是客觀地分析資料，來找出該資料所含有的傾向之方法。在這樣的手法裡，大致分為「敘述統計」和「推論統計」。

3-1-1-1 敘述統計

　　敘述統計是掌握收集到的資料之特徵，進行整理，使得它們容易了解與觀察的方法。舉例來說，計算平均與標準差等資料的特徵，將資料分類，描繪圖表來表現，便是敘述統計。本章將詳細說明。

3-1-1-2 推論統計

　　從收集到的資料來進行推論的方法。舉例來說，假設要調查日本全國人口的各年齡層之身高。要測量所有人的身高非常困難，因此隨機挑選出一部分的人，只調查他們的身高，藉此來推論母體的日本人之身高。像這樣使用基於機率分布的模型，只從一部分的資料精密地解析，推論出全體來進行統計，便是推論統計的思考方式。

　　推論統計也用於從過去的資料來預測未來。本章說明推論統計的基礎，也就是簡單迴歸分析。關於更複雜的推論統計，將於第4章說明。

3-1-2 匯入用於本章的函式庫

　　本章將使用第2章介紹過的各種函式庫。以如下的匯入方式作為前提，來進行說明。

輸入

```
# 為了使用下面的函式庫，請預先匯入
import numpy as np
import scipy as sp
import pandas as pd
from pandas import Series, DataFrame

# 視覺化函式庫
import matplotlib.pyplot as plt
import matplotlib as mpl
import seaborn as sns
sns.set()
%matplotlib inline

# 顯示到小數點後第3位
%precision 3
```

輸出

```
'%.3f'
```

　　此外，在「3-4 簡單迴歸分析」一節，需要用到Scikit-learn的線性迴歸分析用函式庫sklearn.linear_model。Scikit-learn是機器學習的基本函式庫，「3-4」將會再次說明，這裡先如下匯入。

輸入

```
from sklearn import linear_model
```

Chapter 3-2

資料的讀取與對話

Keyword 目錄（資料夾）操作、CSV、定量資料、定性資料、平均

若要對資料進行解析，需要讀取對象資料，讓它們能用Python處理。

資料一般是使用CSV格式資料或資料庫來處理。此外，網路上常見研究用的資料以壓縮的ZIP格式提供。

首先，來學習如何讀取這些資料吧。

3-2- 1 讀取網路等處公開的對象資料

這裡假設對象資料是以ZIP格式檔案公開於Web上，將它們下載來使用。雖然也能用瀏覽器預先下載，但由於在Python裡能直接讀取資料並儲存，本書說明使用Python程式來下載的方法。

3-2- 1-1 確認當前目錄

首先，準備用來放置下載檔案的目錄（資料夾）。在Jupyter環境裡輸入「pwd」並執行，便能確認目前是在哪一個目錄進行操作。目前操作的對象目錄稱為「當前目錄」（不只是在Jupyter環境裡，在命令提示字元或Shell等，對於這個操作目錄一樣稱為當前目錄）。

此外，顯示的目錄名稱會依環境而異。也就是說，執行例子之後，也許會顯示出不同於這裡列出的結果，但只要顯示了結果，便不成問題。

這裡的「pwd」並非Python的程式，而是Shell的指令。請留意在Jupyter環境當中，不能在一個Cell裡混合撰寫「pwd等Shell的指令」與「Python的指令」，否則會造成錯誤。

輸入

```
pwd
```

輸出

```
/Users/＜使用者名稱＞/gci/chapters ── 會輸出讀者環境的當前目錄之路徑
```

3-2- 1-2 目錄的建立與移動

確認之後，來建立下載用的目錄。在Jupyter環境的Cell裡如下輸入執行，便能在上述確認的目錄下面建立chap3這個資料夾。

輸入

```
mkdir chap3
```

輸出

```
mkdir: chap3: File exists
```

建立好目錄之後，移動到裡面吧。在Cell裡輸入如下cd指令並執行，便能移動到先前建立的chap3目錄。

輸入

```
cd ./chap3
```

輸出

```
/Users/＜使用者名稱＞/gci/chapters/chap3…依環境輸出內容會有所不同
```

3-2- 1-3 關於範例資料的下載

接下來，在該目錄裡下載範例資料。這裡使用加州大學爾灣分校（UCI）提供的範例資料。

用Python程式下載檔案。將下面示範的程式碼依序輸入至Jupyter環境的Cell裡並執行，便會在先前建立的chap3目錄裡存放下載好的資料。

3-2- 1-4 用來下載ZIP等檔案的函式庫

首先，匯入用來下載ZIP等檔案的函式庫。要讀取ZIP檔案，或是從Web直接下載，可如下使用「requests」、「zipfile」、「io」這三個函式庫。

- ● **requests**：接收與傳送Web的資料
- ● **zipfile**：讀取ZIP格式的檔案
- ● **io**：讀取檔案

輸入

```
# 用來從Web取得資料、處理ZIP檔案的函式庫
import requests, zipfile
from io import StringIO
import io
```

3-2- 1-5 下載 ZIP 檔案並解壓縮

這裡使用的是下面這個檔案。它整理為 ZIP 格式。

https://archive.ics.uci.edu/ml/machine-learning-databases/00356/student.zip

若要下載並解壓縮該檔案，在 Jupyter 環境的 Cell 裡輸入下面的 Python 程式並執行。如此一來，便會在當前目錄裡解壓縮。由於截至目前為止的操作，已經移動到 chap3 目錄當中，應該會在該目錄裡解開檔案。此外，使用 Linux 或 Mac 終端機的讀者，也可以用 wget 指令來下載資料。

輸入

```
# 指定有著資料的url
url = 'https://archive.ics.uci.edu/ml/machine-learning-databases/00356/student.zip'

# 從url取得資料
r = requests.get(url, stream=True)

# 讀取zipfile並展開
z = zipfile.ZipFile(io.BytesIO(r.content))
z.extractall()
```

要從 Web 下載資料，使用 requests.get。用 io.BytesIO 將此下載資料視為二進位串流給予 ZipFile 物件，之後執行 extractall()，便能將下載的 ZIP 資料解壓縮。

結束下載之後，確認資料是否正確地下載並解壓縮吧。如下執行 ls 指令，便會顯示當前目錄裡的檔案列表。

輸入

```
ls
```

輸出

```
chap3/            student-merge.R  student.txt
student-mat.csv  student-por.csv
```

如果正常地解壓縮，會看到「student.txt」、「student-mat.csv」、「student-merge.R」、「student-por.csv」這四個檔案。本書使用其中兩個資料「student-mat.csv」和「student-por.csv」。

3-2- 2 資料的讀取與確認

先觀察下載資料當中的「student-mat.csv」，看看究竟是什麼樣的資料（在之後的練習問題裡將與「student-por.csv」一起使用）。

3-2- **2-1** 將資料讀取為DataFrame

首先，讀取對象資料，將其作為Pandas的DataFrame處理。如下所示，在pd.read_csv的引數裡寫上student-mat.csv檔案並執行，便能將該檔案讀取成為DataFrame物件。

輸入

```
student_data_math = pd.read_csv('student-mat.csv')
```

3-2- **2-2** 確認資料

讀取資料之後，來實際看看資料的內容吧。使用head，便能取得資料的前面一部分樣本。如果在括號當中沒有指定任何東西，將會顯示開頭的5列；如果在括號內指定列數，將顯示指定的列數。比如說，head(10)便能顯示10列的內容。

輸入

```
student_data_math.head()
```

輸出

```
     school;sex;age;address;famsize;Pstatus;Medu;Fedu;Mjob;Fjob;reason;guardian;traveltime;studyt
ime;failures;schoolsup;famsup;paid;activities;nursery;higher;internet;romantic;famrel;freetime;goo
ut;Dalc;Walc;health;absences;G1;G2;G3
0                                     GP;"F";18;"U";"GT3";"A";4;4;"at_home";"teacher...
1                                     GP;"F";17;"U";"GT3";"T";1;1;"at_home";"other";...
2                                     GP;"F";15;"U";"LE3";"T";1;1;"at_home";"other";...
3                                     GP;"F";15;"U";"GT3";"T";4;2;"health";"services...
4                                     GP;"F";16;"U";"GT3";"T";3;3;"other";"other";"h...
```

3-2- **2-3** 使用逗點來區隔並讀取資料

雖然能看出裡面有著資料，但如果直接這樣處理資料會很辛苦。仔細觀察可以發現，下載的資料裡用來區隔的字元是「;」（分號）。大部分的CSV格式檔案習慣上會使用「,」（逗點）來作為區隔字元，但由於下載資料是使用「;」來區隔，資料沒有被正確地識別，導致資料像這樣相連在一起。

要更改區隔字元，可在read_csv的參數裡指定「sep='區隔字元'」。為了讓「;」成為區隔字元，如下所示，再次讀取資料吧。

輸入

```
# 讀取資料
# 請留意使用;區隔
student_data_math = pd.read_csv('student-mat.csv', sep=';')
```

再次確認資料。

輸入

```
# 稍微看一下是什麼樣的資料
student_data_math.head()
```

輸出

	school	sex	age	address	famsize	Pstatus	Medu	Fedu	Mjob	Fjob	...
0	GP	F	18	U	GT3	A	4	4	at_home	teacher	...
1	GP	F	17	U	GT3	T	1	1	at_home	other	...
2	GP	F	15	U	LE3	T	1	1	at_home	other	...
3	GP	F	15	U	GT3	T	4	2	health	services	...
4	GP	F	16	U	GT3	T	3	3	other	other	...

5 rows × 33 columns

famrel	freetime	goout	Dalc	Walc	health	absences	G1	G2	G3
4	3	4	1	1	3	6	5	6	6
5	3	3	1	1	3	4	5	5	6
4	3	2	2	3	3	10	7	8	10
3	2	2	1	1	5	2	15	14	15
4	3	2	1	2	5	4	6	10	10

資料被正確地區隔開了。

順帶一提，雖然看了 rcad_csv 的解說，設定為「;」的情況還不少，但對於沒看過、一無所知的資料，究竟是否該使用「;」為區隔字元，不知道是很正常的。在資料分析的實務裡，經常需要一邊試行錯誤，一邊找出區隔字元，這裡正是以這樣的流程試著走過了一遍。

除了區隔字元的 sep 之外，read_csv 還有許多參數可以設定，例如指定資料名稱（包含位址）、是否有標頭等。想知道有哪些參數可以設定，可如下執行來確認。

輸入

```
?pd.read_csv
```

3-2- 3 確認資料的性質

看了先前讀取的資料，會發現裡面有 school 與 age 等學生的屬性資訊。不過，還不了解有著多少筆資料、有什麼樣的資料種類。

3-2- 3-1 確認資料的個數與型別

如下使用info，可對於所有變數，查看不為null的資料個數及變數的型別。

輸入

```
# 確認所有行資訊等
student_data_math.info()
```

輸出

```
<class 'pandas.core.frame.DataFrame'>
RangeIndex: 395 entries, 0 to 394
Data columns (total 33 columns):
school        395 non-null object
sex           395 non-null object
age           395 non-null int64
address       395 non-null object
famsize       395 non-null object
Pstatus       395 non-null object
Medu          395 non-null int64
Fedu          395 non-null int64
Mjob          395 non-null object
Fjob          395 non-null object
reason        395 non-null object
guardian      395 non-null object
traveltime    395 non-null int64
studytime     395 non-null int64
failures      395 non-null int64
schoolsup     395 non-null object
famsup        395 non-null object
paid          395 non-null object
activities    395 non-null object
nursery       395 non-null object
higher        395 non-null object
internet      395 non-null object
romantic      395 non-null object
famrel        395 non-null int64
freetime      395 non-null int64
goout         395 non-null int64
Dalc          395 non-null int64
Walc          395 non-null int64
health        395 non-null int64
absences      395 non-null int64
G1            395 non-null int64
G2            395 non-null int64
G3            395 non-null int64
dtypes: int64(16), object(17)
memory usage: 101.9+ KB
```

　　首先是「RangeIndex: 395 entries, 0 to 394」，可發現有395筆資料。

　　non-null意指不為null的資料。由於對所有的變數來說，「395 non-null」的緣故，看起來這裡不存在null的資料。

關於「變數」這個術語

無論在Python的程式設計世界或資料分析的數學世界，都會使用「變數」這個詞彙。因此，根據上下文的不同，會有不同的意義，請避免混淆兩者。

- **Python的變數**：指儲存資料的功能。比如説，用於「代入變數a裡」這類情況。
- **資料分析裡的變數**：用來表示依對象資料而有值的變化。可能是實際的資料，或是預測資料。本章後面也會出現稱為「目標變數」和「解釋變數」等的特殊術語。

前面提到的「可對於所有變數，查看不為null的資料個數及變數的型別」，從上下文的涵義來説，指的是「資料分析裡的變數」。也就是説，這是指「school」、「sex」、「age」等附加標籤的資料行。

3-2- 3-2 以文件來確認資料項目

那麼，為了繼續進一步了解資料，來掌握其中的各行究竟是些什麼樣的資料吧。

事實上，下載的資料當中有個student.txt檔案，裡面寫有關於變數的詳細資訊。如果熟悉Shell或命令列，可在此使用**less檔案名稱**或**cat檔案名稱**來看看它的內容。如果不熟悉，也可以用文字編輯器等直接打開確認無妨。

下面整理列出記載於student.txt的內容資訊。

這裡是藉由student.txt來了解資料的意義，在實際的商業實務現場則是從了解資料的人那裡獲得資訊，或是藉由詳讀資料的規格書來進行資料項目的確認工作。

資料的屬性說明

1	school	學校（binary: "GP" - Gabriel Pereira or "MS" - Mousinho da Silveira）
2	sex	性別（binary: "F" - female or "M" - male）
3	age	年齡（numeric: from 15 to 22）
4	address	住居類型（binary: "U" - urban or "R" - rural）
5	famsize	家庭成員數（binary: "LE3" - less or equal to 3 or "GT3" - greater than 3）
6	Pstatus	是否與父母同住（binary: "T" - living together or "A" - apart）
7	Medu	母親的學歷（numeric: 0 - none, 1 - primary education (4th grade), 2 ? 5th to 9th grade, 3 ? secondary education or 4 ? higher education）
8	Fedu	父親的學歷（numeric: 0 - none, 1 - primary education (4th grade), 2 ? 5th to 9th grade, 3 ? secondary education or 4 ? higher education）
9	Mjob	母親的工作（nominal: "teacher", "health" care related, civil "services" (e.g. administrative or police), "at_home" or "other"）
10	Fjob	父親的工作（nominal: "teacher", "health" care related, civil "services" (e.g. administrative or police), "at_home" or "other"）

11	reason	選擇本校的理由（nominal: close to "home", school "reputation", "course" preference or "other"）
12	guardian	學生的監護人（nominal: "mother", "father" or "other"）
13	traveltime	通學時間（numeric: 1 - <15 min., 2 - 15 to 30 min., 3 - 30 min. to 1 hour, or 4 - >1 hour）
14	studytime	每週學習時數（numeric: 1 - <2 hours, 2 - 2 to 5 hours, 3 - 5 to 10 hours, or 4 - >10 hours）
15	failures	過去落榜次數（numeric: n if 1<=n<3, else 4）
16	schoolsup	額外的教育支援（binary: yes or no）
17	famsup	家庭的教育支援（binary: yes or no）
18	paid	額外的付費課程（Math or Portuguese）（binary: yes or no）
19	activities	校外活動（binary: yes or no）
20	nursery	是否上過幼稚園（binary: yes or no）
21	higher	是否想接受更高的教育（binary: yes or no）
22	internet	家裡是否能存取網際網路（binary: yes or no）
23	romantic	戀愛關係（binary: yes or no）
24	famrel	與家庭成員的關係性（numeric: from 1 - very bad to 5 - excellent）
25	freetime	課後的自由時間（numeric: from 1 - very low to 5 - very high）
26	goout	是否會和朋友遊玩（numeric: from 1 - very low to 5 - very high）
27	Dalc	平日的酒精攝取量（numeric: from 1 - very low to 5 - very high）
28	Walc	週末的酒精攝取量（numeric: from 1 - very low to 5 - very high）
29	health	目前健康狀態（numeric: from 1 - very bad to 5 - very good）
30	absences	在校的缺席次數（numeric: from 0 to 93）
31	G1	第一學期成績（numeric: from 0 to 20）
32	G2	第二學期成績（numeric: from 0 to 20）
33	G3	最終成績（numeric: from 0 to 20, output target）

3-2-4 量的資料與質的資料

看了上述資料，可發現有數字的資料，也有男女等屬性資料。

基本上，資料可以分為量的資料與質的資料兩類。進行統計與建立模型時請多留意。

- **量的資料**：能適用四則運算、以連續值來表現的資料，在比例上有著意義。範例：人數與金額等資料。
- **質的資料**：無法適用四則運算、不連續的資料，用來表現狀態。範例：順位與類別等資料。

3-2- 4-1 量的資料與質的資料之範例

下面的程式碼，指定了先前讀取資料裡的「性別」。由於該資料無法數值化，不能進行比較，屬於質的資料。

輸入

```
student_data_math['sex'].head()
```

輸出

```
0    F
1    F
2    F
3    F
4    F
Name: sex, dtype: object
```

在下面的程式碼當中，指定了資料的行「缺席次數」。該資料為量的資料。

輸入

```
student_data_math['absences'].head()
```

輸出

```
0     6
1     4
2    10
3     2
4     4
Name: absences, dtype: int64
```

3-2- 4-2 依基準分別求取平均值

這裡使用前面學過的Pandas技巧，以性別為基準，試著分別計算年齡的平均值。如下進行便能求得。

輸入

```
student_data_math.groupby('sex')['age'].mean()
```

輸出

```
sex
F    16.730769
M    16.657754
Name: age, dtype: float64
```

雖然只是簡單說明，但關於資料已經看過了各行及數字。除此之外，還能以各種角度來統計資料，請試著訂定一些假設（如男性對酒精的攝取量較多），驗證該假設是否正確吧。

Let's Try

使用讀取的資料，從各式各樣的角度來統計資料，試著與資料進行對話吧。可以想出哪些假設呢？而為了確認該假設，要進行哪種實作呢？

Chapter 3-3

敘述統計

Keyword 敘述統計學、量的資料、質的資料、直方圖、四分位距、摘要統計量、平均、變異數、標準差、變異係數、散佈圖、相關係數

了解資料的概要之後,這裡要學習本章的主題**敘述統計**。

3-3-1 直方圖

....

首先,假設要考慮該資料中的缺席次數。使用head來確認樣本時,可發現有著10與2等各種值。能顯示出各值究竟有著多少數量的,便是下面的直方圖。使用在「2-5 Matplotlib的基礎」一節學到的Matplotlib,以hist來顯示該圖(關於直方圖,也請參考「2-5-5 直方圖」)。

輸入

```
# histogram、指定資料
plt.hist(student_data_math['absences'])
# x軸與y軸的標籤
plt.xlabel('absences')
plt.ylabel('count')

# 加上格線
plt.grid(True)
```

輸出

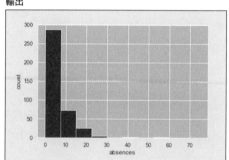

觀察上面的直方圖,可發現資料集中於0到10這附近。另一方面,也有70以上(的數字),有著長尾的分布。所謂長尾,是指分布的後方平緩地減少之分布。此外,這樣的分布容易與所謂「右偏態分布」混淆,但其實看起來不同,請留意使用的詞彙。

3-3-2 平均、中位數、眾數

....

這樣的直方圖,儘管在觀察資料的全貌時不可或缺,但無法讀取究竟可說在何種情況下資料是偏的,稍微缺少客觀性。因此,藉由計算如下的摘要統計量(中位數、平均、眾數等),將資料的傾向數值化,可以更客觀地表現資料。

輸入

```
# 平均值
print('平均值：', student_data_math['absences'].mean())
# 中位數：如果以中位數切開，則中位數前後的資料數量相同（資料正中的值），不容易受到離群值影響
print('中位數：', student_data_math['absences'].median())
# 眾數：出現頻率最高的值
print('眾數：', student_data_math['absences'].mode())
```

輸出

```
平均值：5.708860759493671
中位數：4.0
眾數：0    0
dtype: int64
```

平均值 $\overline{x}$ 的計算式子如下所示。這裡的 x_i 是第 i 個資料（值）。

$$\overline{x} = \frac{1}{n}\sum_{i=1}^{n} x_i \qquad （式3-3-1）$$

3-3-3 變異數、標準差

接下來，說明用來判斷該資料究竟是較為分散或相當接近（聚集在平均附近）的變異數。變異數的計算式子如下所示。變異數一般使用 σ^2 來表示。

$$\sigma^2 = \frac{1}{n}\sum_{i=1}^{n}(x_i - \overline{x})^2 \qquad （式3-3-2）$$

指定該變數之後，可使用 var() 來計算。當值越小，表示資料的分散程度越低。

輸入

```
# 變異數
student_data_math['absences'].var(ddof=0)
```

輸出

```
63.887
```

標準差為變異數的平方根，如下所示。標準差一般使用 σ 來表示。

$$\sigma = \sqrt{\frac{1}{n}\sum_{i=1}^{n}(x_i - \overline{x})^2} \qquad （式3-3-3）$$

變異數無法讓我們了解實際的資料有多大的偏差程度。從上面的變異數定義式可以得知這點，因為在計算式子裡進行了平方的緣故。如果使用標準差，由於單位的維度與實際的資料相同，從下面的結果能得知有著 ±8 日左右的偏差。標準差可使用 std() 進行計算。

輸入

```
# 標準差 σ
student_data_math['absences'].std(ddof=0)
```

輸出

```
7.993
```

此外，由於可利用np.sqrt進行平方根的計算，也能使用下面的方法來求得。

輸入

```
np.sqrt(student_data_math['absences'].var())
```

輸出

```
8.003095687108177
```

3-3- 4 摘要統計量與百分位數

截至目前為止，看了一個個的統計量，不過只要對以Pandas讀取的DataFrame執行describe方法，便能一起確認前述求得的統計量。

藉由describe方法，可依序計算求得資料數量、平均值、標準差、最小值、第25百分位數、第50百分位數、第75百分位數、最大值。

其中「百分位數」是指用來表現當全體為100筆時，從小數來第幾個的數值。舉例來說，第10百分位數是在100筆資料當中從小數來第10個。第50百分位數則為第50個，是正中央的值，亦即中位數（參見圖3-3-1）。第25百分位數與第75百分位數也分別稱為第1四分位數、第3四分位數。

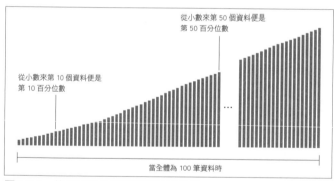

圖3-3-1　第10百分位數與第50百分位數

輸入

```
# 摘要統計量
student_data_math['absences'].describe()
```

輸出

```
count    395.000000
mean       5.708861
std        8.003096
min        0.000000
25%        0.000000
50%        4.000000
75%        8.000000
max       75.000000
Name: absences, dtype: float64
```

3-3- 4-1 求得四分位距

使用describe方法的結果，放於Series物件當中。

對於個別的元素，可使用describe()[索引號碼]來取得。比如說，表示平均值的mean之值為describe()[1]，表示標準差的std之值為describe()[2]。

只要參照各自的元素，便能使用該值進行計算。舉例來說，如果想計算稱為**四分位距**的第75百分位數與第25百分位數之差，由於它們是從上數來第5個與第7個元素，可如下進行計算。

輸入

```
# 四分位距（第75百分位數 – 第25百分位數）
student_data_math['absences'].describe()[6] - student_data_math['absences'].describe()[4]
```

輸出

```
8.0
```

3-3- 4-2 將全部的行視為對象

使用describe方法時，如果不指定行名或元素來執行，便能對所有量的資料求得摘要統計量。統整地進行計算時，這種方式非常方便。除此之外，也能挑選行來進行計算。

輸入

```
# 統整地計算摘要統計量
student_data_math.describe()
```

輸出

	age	Medu	Fedu	traveltime	studytime	failures	famrel	freetime
count	395.000000	395.000000	395.000000	395.000000	395.000000	395.000000	395.000000	395.000000
mean	16.696203	2.749367	2.521519	1.448101	2.035443	0.334177	3.944304	3.235443
std	1.276043	1.094735	1.088201	0.697505	0.839240	0.743651	0.896659	0.998862
min	15.000000	0.000000	0.000000	1.000000	1.000000	0.000000	1.000000	1.000000
25%	16.000000	2.000000	2.000000	1.000000	1.000000	0.000000	4.000000	3.000000
50%	17.000000	3.000000	2.000000	1.000000	2.000000	0.000000	4.000000	3.000000
75%	18.000000	4.000000	3.000000	2.000000	2.000000	0.000000	5.000000	4.000000
max	22.000000	4.000000	4.000000	4.000000	4.000000	3.000000	5.000000	5.000000

	goout	Dalc	Walc	health	absences	G1	G2	G3
	395.000000	395.000000	395.000000	395.000000	395.000000	395.000000	395.000000	395.000000
	3.108861	1.481013	2.291139	3.554430	5.708861	10.908861	10.713924	10.415190
	1.113278	0.890741	1.287897	1.390303	8.003096	3.319195	3.761505	4.581443
	1.000000	1.000000	1.000000	1.000000	0.000000	3.000000	0.000000	0.000000
	2.000000	1.000000	1.000000	3.000000	0.000000	8.000000	9.000000	8.000000
	3.000000	1.000000	2.000000	4.000000	4.000000	11.000000	11.000000	11.000000
	4.000000	2.000000	3.000000	5.000000	8.000000	13.000000	13.000000	14.000000
	5.000000	5.000000	5.000000	5.000000	75.000000	19.000000	19.000000	20.000000

3-3- 5 箱型圖

截至目前為止，已經算出了最大值、最小值、中位數、四分位距等，但只是觀察數字，比較不容易進行比較，來試著將它們圖形化吧。這時可使用的是「箱型圖」。

下面兩個例子分別是描繪「第一學期成績G1」和「缺席次數」的箱型圖，可以發現它們的特徵非常不同。

在箱型圖裡，箱子本身的上方為第3四分位數，下方為第1四分位數，中央的線則為中位數。突出的上端為最大值，下端為最小值，藉此可以了解資料的範圍等資訊。

輸入

```
# 箱型圖：G1
plt.boxplot(student_data_math['G1'])
plt.grid(True)
```

輸入

```
# 箱型圖：缺席次數
plt.boxplot(student_data_math['absences'])
plt.grid(True)
```

輸出

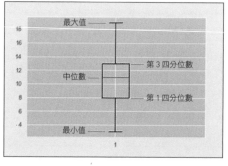

輸出

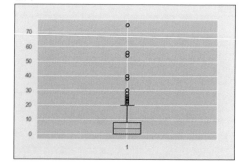

然而，請留意當資料裡有離群值時，顯示箱型圖會把它們忽略。觀察先前的缺席次數absences，也許有讀者發現，最大值應該是75，卻沒有出現在圖形裡。離群值的指定是預設的，顯示的圖形是將它們去除的結果。

再者，離群值也是所謂異常值，並沒有嚴密的定義。有時視各業界的慣例而定。

雖然上面的圖形省略了離群值，但也有不忽略的情況。關於離群值與異常值，由於內容超出本書的範圍，不在此詳述。

也能對其他變數描繪箱型圖，來試試吧。

對於其他變數，也用箱型圖來表現吧。會變成什麼樣的圖呢？來思考從該圖能了解哪些事情。

此外，也能如下同時顯示多個箱型圖。

輸入

```
# 箱型圖：G1,G2,G3
plt.boxplot([student_data_math['G1'], student_data_math['G2'], student_data_math['G3']])
plt.grid(True)
```

輸出

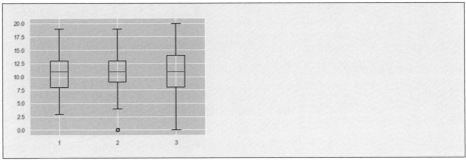

3-3-6 變異係數

接下來，說明**變異係數**。

前面已經說明變異數與標準差，不過在不同種類的資料之間，無法如此單純地比較。這是因為資料的大小本來就不同，具有較大值的資料也有著較大偏差的傾向。舉例來說，假設分別計算股價（日經平均指數等）的標準差與匯率（美元對日圓等）的標準差吧。直接對這兩個標準差進行比較是不具意義的。因為在2萬日圓上下變動的日經平均指數與100日圓上下變動的匯率之標準差，它們的數量級不同。

這時需要的便是變異係數。變異係數是將標準差除以平均值而得的值。如果使用該值，就能不依存於數量級，得以進行比較。變異係數一般使用 CV 來表示。

$$CV = \frac{\sigma}{\bar{x}}$$

（式3-3-4）

輸入

```
# 變異係數：缺席次數
student_data_math['absences'].std() / student_data_math['absences'].mean()
```

輸出

```
1.402
```

雖然describe()的結果裡不包含變異係數的輸出，但以如下方式就能一口氣算出。Pandas（以及Numpy）的DataFrame之特徵，便是能依據各自的元素分別計算。從這個結果，可看出落榜次數（failures）與缺席次數（absences）的資料間差異較大。

輸入

```
student_data_math.std() / student_data_math.mean()
```

輸出

```
age          0.076427
Medu         0.398177
Fedu         0.431565
traveltime   0.481668
studytime    0.412313
failures     2.225319
famrel       0.227330
freetime     0.308725
goout        0.358098
Dalc         0.601441
Walc         0.562121
health       0.391147
absences     1.401873
G1           0.304266
G2           0.351086
G3           0.439881
dtype: float64
```

3-3-7 散佈圖與相關係數

截至目前為止，基本上著眼於單一變數，算出圖表與摘要統計量。接下來，為了逐步觀察變數之間的關聯性，來學習散佈圖與相關係數吧。

下面的散佈圖表示第一學期成績G1與最終成績G3之間的關係。

輸入

```
# 散佈圖
plt.plot(student_data_math['G1'], student_data_math['G3'], 'o')

# 標籤
plt.ylabel('G3 grade')
plt.xlabel('G1 grade')
plt.grid(True)
```

一開始成績越好（G1的值較大）的人，之後的成績也越好（G3的值較大），雖然這是很自然的結果，不過從圖形可以清楚看出這樣的傾向。補充說明，仔細觀察該圖形，可以發現有人最終成績（G3）為0。但沒有人的第一學期成績為0，因此這是異常值還是正常的值，只看資料無法判斷，不過由於資料的G3

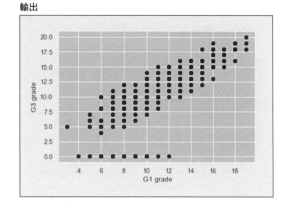

輸出

成績當中存在著從0到20之間的分數，所以能判斷是正常的值，維持原樣繼續處理（G3的成績分數，可從前述 student_data_math.describe() 的結果來確認「G3」的行）。在商業實務現場，為了找出造成該值的原因，需要一邊詢問非常了解該資料的人或系統相關人士，一邊理解。如果有遺漏值，應對的方法很多，後續章節將會學到。

3-3- 7-1 共變異數

接下來，對於2個變數之間的關聯性，思考如何將它數值化。用來觀察2個變數之間關聯性的指標為**共變異數**，其定義如下。共變異數為 S_{xy}，表示 x 與 y 這2個變數的關聯性。

$$S_{xy} = \frac{1}{n} \sum_{i=1}^{n} (x_i - \overline{x})(y_i - \overline{y})$$

（式3-3-5）

共變異數是2組變數偏差之積的平均值。使用於考慮2組以上變數的變異數時。Numpy提供了計算共變異數的矩陣（共變異數矩陣）功能，可如下使用cov函式來求得。下面計算G1與G3的共變異數。

輸入

```
# 共變異數矩陣
np.cov(student_data_math['G1'], student_data_math['G3'])
```

輸出

```
array([[11.017, 12.188],
       [12.188, 20.99 ]])
```

結果矩陣的意義，如下所示。

● **G1與G3的共變異數**：共變異數矩陣的(1, 2)與(2, 1)之元素。在上面的例子裡是12.188這個值。

- **G1的變異數**：共變異數矩陣的(1, 1)之元素。在上面的例子裡是11.017。
- **G3的變異數**：共變異數矩陣的(2, 2)之元素。在上面的例子裡是20.99。

G1與G3的變異數也可分別用已經說明過的var函式進行計算。實際試著算出，可了解值是否一致。

輸入

```
# 變異數
print('G1的變異數:',student_data_math['G1'].var())
print('G3的變異數:',student_data_math['G3'].var())
```

輸出

```
G1的變異數：11.017053267364899
G3的變異數：20.989616397866737
```

3-3- 7-2 相關係數

從共變異數的定義式子裡，可以發現依存於各變數的數量級與單位。為了避免受到該數量級的影響，將2個變數關係數值化的，便是相關係數。將共變異數除以每個變數（這裡為 x 與 y ）的標準差之數學式子，即為相關係數，其定義如下。相關係數一般以 r_{xy} 表示。

$$r_{xy} = \frac{\sum_{i=1}^{n}(x_i - \overline{x})(y_i - \overline{y})}{\sqrt{\sum_{i=1}^{n}(x_i - \overline{x})^2}\sqrt{\sum_{i=1}^{n}(y_i - \overline{y})^2}}$$

（式3-3-6）

此相關係數之值介於-1到1之間，越接近1，稱為越有著**正相關**；越接近-1，稱為越有著**負相關**；接近0時，稱為**無相關**。

在Python裡，可使用能計算皮爾遜（Pearson）函數的Scipy之pearsonr，算出2個變數之相關係數。舉例來說，如下所示進行，可以求得G1與G3的相關係數。在資料分析的現場，如果只說是相關係數，指的便是皮爾遜函數。

輸入

```
sp.stats.pearsonr(student_data_math['G1'], student_data_math['G3'])
```

輸出

```
(0.8014679320174141, 9.001430312276602e-90)
```

結果出現了「0.8」這個表示相關性很高的數字。此外，計算結果裡的第2個值稱為「p值」，詳見「4-7-1 檢驗」一節。

關於這個數字，請留意嚴格來說並非說是高或低，也不能因為該值較高即說有**因果關係**（此外，雖然本書並未詳細說明，如果想掌握因果關係，可使用稱為**實驗計畫法**的手法。具體來說，對於某個市場行銷策略，想了解看到某個廣告究竟

是否有效果的因果關係時，分為看廣告的實驗組與不看廣告的控制組，計算它們的比例等）。

下面的計算是算出相關矩陣。對於各個變數，計算所有組合的相關係數。由於先前G1與G3的相關係數為0.801，而自己對自己的相關係數當然為1，自然會得到這樣的結果。

輸入

```
# 相關矩陣
np.corrcoef([student_data_math['G1'], student_data_math['G3']])
```

輸出

```
array([[1.   , 0.801],
       [0.801, 1.   ]])
```

3-3-8 描繪所有變數的直方圖與散佈圖

最後，介紹如何顯示全部的變數直方圖，以及描繪散佈圖的方法。

對於這樣的處理，使用Seaborn這個函式庫會很方便，它提供了統計的資料分析與視覺化相關的豐富功能。只要使用seaborn套件的pairplot，便能一次確認很多變數的關聯性，非常方便。只不過，當變數多時需要花時間計算，也有些不容易查看。這時使用「2-4-5 資料的抽出」一節說明過的方法來過濾出該資料比較好。

作為範例，假設從先前的資料裡，觀察酒精攝取量與成績分數是否有關係。Dalc為平日的酒精攝取量，Walc為週末的酒精攝取量。來看它們與第一學期成績（G1）、最終成績（G3）的關係。究竟是否能說因為喝了酒，成績就不好呢？還是說沒有關係呢？

輸入

```
sns.pairplot(student_data_math[['Dalc', 'Walc', 'G1', 'G3']])
plt.grid(True)
```

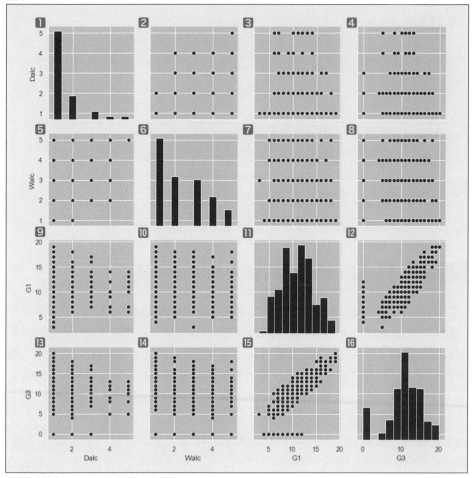

※實際的輸出裡不會顯示各圖左上角的編號

輸入

```
# 例子：週末喝酒的人第一學期成績平均值
student_data_math.groupby('Walc')['G1'].mean()
```

輸出

```
Walc
1    11.178808
2    11.270588
3    10.937500
4     9.980392
5     9.964286
Name: G1, dtype: float64
```

　　從圖形可以發現，平日頻繁喝酒的人（4或5的人）當中，雖然沒有人在G3取得好成績，倒也沒有極端地成績非常差（輸出的 4）。此外，週末不喝酒的人當中，看起來第一學期成績好像好一些（輸出的 7），是否可做這樣的結論呢？只靠這些圖形與數值，有些不容易判斷，在後續的統計章節與機器學習章節會試著繼

續進行判斷。

　　關於敘述統計的基礎事項說明至此告一段落。

　　雖然是非常基本的內容，但無論做何種資料分析，為了掌握資料全貌都必須了解這些作業。

　　本書除了使用機器學習的函式庫等，簡單地逐步介紹機器學習的計算能做到的事，也強調目前為止所做的觀察基礎統計量同樣至關重要。有時只描繪出簡單的散佈圖也能了解傾向。此外，截至目前為止的內容，對沒有數學背景的人來說大概也能跟上，應該容易了解。

　　當然，如果只靠這些便能完成作業，就不需要機器學習了；套用機器學習之前，如果能和資料進行對話，確認不明事項與異常值等，與相關人士緊密合作，可以做到更好的資料分析。

Point

進行資料分析時，首先觀察基本的統計量、直方圖、散佈圖等，掌握資料的全貌吧。

Practice

【練習問題 3-1】

請讀取本章裡下載的葡萄牙語成績資料 student-por.csv，顯示摘要統計量。

....

【練習問題 3-2】

請將下面的變數視為鍵，把數學的資料與葡萄牙語的資料進行合併。進行合併時，請以在兩邊均包含的資料為對象（稱為「內部結合」）。
接著，請計算摘要統計量。
不過，下述以外的變數名稱，由於在各自的資料裡有著相同名稱的變數，會造成重複，請追加 suffixes=('_math', '_por') 的參數，使其能看出資料是來自哪一邊。

['school','sex','age','address','famsize','Pstatus','Medu','Fedu','Mjob','Fjob','reason','nursery','internet']

....

【練習問題 3-3】

對於練習問題 3-2 裡合併的資料，挑選 Medu、Fedu、G3_math 等變數，來製作散佈圖與直方圖吧。有什麼樣的傾向呢？此外，和只從數學資料得來的結果相比，是否有什麼不同？來試著想想吧。

答案在 Appendix 2

Chapter 3-4

簡單迴歸分析

Keyword Scikit-learn、目標變數、解釋變數、簡單迴歸分析、最小平方法、決定係數

說明完敘述統計之後,來學習迴歸分析的基礎吧。

所謂迴歸分析,是預測數值的分析。機器學習裡會預測資料,而成為其基礎的,就是本節說明的簡單迴歸分析。

關於學生的資料,前面已經試著將第一學期的數學成績與最後一學期的數學成績圖形化(散佈圖)。從這個散佈圖裡,可以了解 G1 與 G3 似乎有著關係。

輸入

```
# 散佈圖
plt.plot(student_data_math['G1'], student_data_math['G3'], 'o')
plt.xlabel('G1 grade')
plt.ylabel('G3 grade')
plt.grid(True)
```

輸出

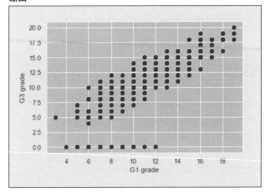

在迴歸問題裡,從給予的資料來假設關係式,逐步求取最適合資料的係數。具體來說,基於已經知道的 G1 成績,來預測 G3 成績。也就是說,將變數 G3 視為目標(稱為**目標變數**),使用對其解釋的變數 G1(稱為**解釋變數**)來進行預測。這也是後文機器學習章節學習的「監督式學習」之一,在學習時的資料逐一給予正確解答,作為計算其關聯性的基礎。

迴歸分析的手法,對於輸出(目標變數)與輸入(解釋變數)的關係,以輸入為 1 個變數或 2 個以上的變數,來大致區分。前者稱為「簡單迴歸分析」,後者稱為「多元迴歸分析」。本節說明單純的簡單迴歸分析,後續機器學習章節說明多元

迴歸分析。

　然而，為了能正確理解本節的學習內容，需要了解下一章將學習的統計、推論、檢驗等知識。事實上，很多統計教科書先學習這些知識之後，再解說迴歸分析。

　但若使用 Python 進行迴歸分析，即使沒有這些知識，也能用 Scikit-learn 這個抽象度很高的函式庫來進行計算，因此這裡先說明實際的計算方法。關於本章的內容，稍微前進閱讀之後再回過頭來複習，應該更能加深理解。

3-4- 1 簡單線性迴歸分析

　本節要說明的是簡單迴歸分析當中，輸出與輸入之間成立線性關係（$y = ax + b$）為前提的簡單線性迴歸分析這個手法，用以解決迴歸問題。

　對於簡單線性迴歸，如果使用 Scikit-learn 這個函式庫裡提供的 sklearn.linear_model，可以簡單地進行計算。Scikit-learn 是用於機器學習的套件。在後續的機器學習章節裡，這個套件也會用於各式各樣的計算情況。首先，如下所示將 linear_model 匯入之後，生成實例。

輸入

```
from sklearn import linear_model

# 生成線性迴歸的實例
reg = linear_model.LinearRegression()
```

　下面設定解釋變數（定為 X）與目標變數（定為 Y）資料，使用線性迴歸的 fit 功能，計算預測模型。

　此時 fit 函式使用**最小平方法**這個手法來計算迴歸係數 a 與截距 b。該方法取實際的目標變數資料與預測資料之差的平方和，求得其值為最小時之係數與截距。如果以式子表現，y 為實測值，$f(x) = ax + b$ 為預測值，以讓下面式子最小化的方式來計算（關於計算方式，是將該式進行微分，但由於執行 fit 函式便能進行該計算，這裡省略詳細的說明）。

$$\sum_{i=1}^{n}(y_i - f(x_i))^2$$

（式3-4-1）

輸入

```
# 解釋變數使用第一學期的數學成績
# loc從DataFrame取出指定的列與行。loc[:,
['G1']] 會取出G1行的所有行
# 請留意使用values
X = student_data_math.loc[:, ['G1']].values

# 目標變數使用最後一學期的數學成績
Y = student_data_math['G3'].values

# 計算預測模型，在此算出a, b
reg.fit(X, Y)

# 迴歸係數
print('迴歸係數:', reg.coef_)

# 截距
print('截距:', reg.intercept_)
```

輸出

```
迴歸係數: [1.106]
截距: -1.6528038288004616
```

上述的迴歸係數相當於線性之迴歸式子裡的 a，而截距相當於 b。與先前的散佈圖重疊，試著描繪預測的線性迴歸式子吧。Y，亦即想預測的最後一學期之數學成績 G3，可使用 predict，在括號當中放入解釋變數來進行計算。

輸入

```
# 與先前相同的散佈圖
plt.scatter(X, Y)
plt.xlabel('G1 grade')
plt.ylabel('G3 grade')

# 在其上拉出線性迴歸直線
plt.plot(X, reg.predict(X))
plt.grid(True)
```

輸出

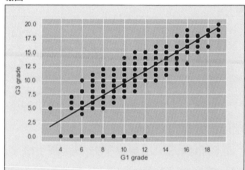

3-4- 2 決定係數

雖然從上面的圖形來看，預測式子似乎能很好地預測出實測值，但這是否客觀卻無從判斷。在此，將此數值化的便是**決定係數**。決定係數亦稱貢獻度，其定義如下。決定係數一般以 R^2 表示。

$$R^2 = 1 - \frac{\sum_{i=1}^{n}(y_i - f(x_i))^2}{\sum_{i=1}^{n}(y_i - \bar{y})^2}$$

（式3-4-2）

R^2最大值為1，越接近1時是越好的模型。$\bar{y}$為目標變數的平均值。不使用解釋變數而總是以$\bar{y}$（常數）來進行預測時與平方誤差相等的情況，$R^2 = 0$。要使用Python來求得決定係數時，用score如下進行。

輸入

```
# 決定係數亦稱貢獻度
print('決定係數:', reg.score(X, Y))
```

輸出

```
決定係數: 0.64235084605227
```

問題是，這個決定係數的數值，究竟多高才稱得上好。雖然教科書的資料和習題常說是0.9以上，但實務上通常不太容易達到，視情況來判斷。順帶一提，上述的0.64雖然不算高，但從實務現場的角度來看，並非不堪用的程度。

簡單迴歸分析與本章的說明至此告一段落。辛苦了。最後是練習問題與綜合練習問題，請務必挑戰看看。

Practice

【練習問題3-4】
請使用葡萄牙語的成績資料student-por.csv，以G3為目標變數、G1為解釋變數來實施簡單迴歸分析，求得迴歸係數、截距及決定係數。

【練習問題3-5】
請將練習問題3-4裡資料的實際散佈圖與迴歸直線疊合描繪圖形。

【練習問題3-6】
使用student-por.csv的資料，以G3為目標變數、absences（缺席次數）為解釋變數來實施簡單迴歸分析，求得迴歸係數、截距及決定係數，並試著描繪散佈圖與迴歸直線。接著，觀察該結果，試著思考吧。

答案在Appendix 2

第3章 綜合問題

【綜合問題3-1 統計的基礎與視覺化】

請讀取下面網站裡的資料，回答以下問題。

http://archive.ics.uci.edu/ml/machine-learning-databases/wine-quality/winequality-red.csv

1. 請算出摘要統計量（平均、最大值、最小值、標準差等）。此外，在Pandas裡有著將資料輸出的方法（to_csv），若有餘力，請試著做到將求得的基本統計量結果儲存於CSV檔案裡吧。

2. 請試著描繪圖形，以便看出各個變數的分布與變數之間的關聯性（只看2變數之間）。請留意使用所有的變數來執行相當花時間。是否能看出什麼樣的傾向呢？

- -

【綜合問題3-2 勞倫茨曲線與吉尼係數化】

使用本章利用的範例資料 student_data_math 資料，回答下面的問題。這裡處理的勞倫茨曲線與吉尼係數，是觀察貧富差距（依區域來看、依國家來看等等）的指標（本題難度稍高，請作為參考閱讀即可。詳見統計學入門相關參考文獻，或在網路上搜尋）。

1. 關於第一學期的數學資料，請依男女別從小到大排序。接下來，請讓橫軸為人數的累積比率、縱軸為第一學期的值之累積比率。這個曲線稱為「勞倫茨曲線」。請將該勞倫茨曲線依男女別把第一學期的數學成績描繪為圖形。

2. 用來表現不平等程度的數值稱為「吉尼係數」。該值被定義為勞倫茨曲線與45度線圍住部分的面積之2倍，介於0到1之間的數值。當該值越大，表示不平等的程度越大。可如下定義吉尼係數。$\overline{x}$為平均值。

$$GI = \sum_{i} \sum_{j} \left| \frac{x_i - x_j}{2n^2 \overline{x}} \right|$$ （式3-4-3）

請利用範例資料，分別求得男女別第一學期成績的吉尼係數。

答案在 Appendix 2

Chapter 4

機率與統計的基礎

本章來學好使用機率與統計的思考方式及計算技巧吧。這一章也會解說機率與統計的數學式子，對於沒有數學基礎的讀者來說或許有些困難。此時，請先大致掌握個別的基本概念與計算方法的特徵。

對於世界上的各種現象，可藉由假設依循機率發生，將這些現象以數學式子表現。具體來說，本章將學習機率變數與機率分布，以及機率論三神器其中兩項：大數法則和中央極限定理。順帶一提，第三項是大離差理論，這是處理機率上很難發生的罕見情況、表現偏差較大部分的舉動之原理，由於大幅超出本書的範圍，僅在此帶過略述。此外，也會學習統計的推論與驗證。第 8 章和第 9 章將學習的機器學習，奠基於這些機率論與統計學的概念。尚未學過機率統計的讀者，請一邊使用參考文獻，一邊確實地進行學習吧。

Goal 對機率與統計有基本的理解並能進行計算。

Chapter 4-1

學習機率與統計的準備工作

Keyword Numpy、Scipy、Pandas、Matplotlib、亂數種子

本章將學習機率與統計。首先解釋概念，之後再開始稍微說明理論部分。

4-1- 1 本章的背景知識

這一章數學式子變得稍多，一開始或許會覺得難以親近，不過應該能慢慢地熟悉吧。初學者可參考書末的參考文獻「A-5」、參考URL「B-6」。一併學習這些參考資料，可以更了解機率與統計的基礎知識。

接下來，以了解基礎知識為前提來進行解說。

4-1- 2 匯入用於本章的函式庫

本章將使用第2章介紹過的各種函式庫。以如下的匯入方式作為前提，來進行說明。

在下面的程式裡，最後一行以「np.random.seed(0)」將亂數種子（產生亂數時的基準值）設定為0。由於產生的亂數序列以0來設定，不至於因為電腦環境的差異而有不同的亂數序列，能產生相同的亂數。

輸入

```
# 為了使用下面的函式庫，請預先匯入
import numpy as np
import scipy as sp
import pandas as pd
from pandas import Series, DataFrame

# 視覺化函式庫
import matplotlib.pyplot as plt
import matplotlib as mpl
import seaborn as sns
%matplotlib inline

# 顯示到小數點後第3位
%precision 3

# 固定亂數種子
np.random.seed(0)
```

機率

> **Keyword** 機率、試驗、基本事件、樣本空間、事件、條件機率、貝氏定理、事前機率、事後機率

首先，逐步學習機率。

4-2- **1** 數學機率

這裡先以骰子為題，說明學習機率時需要了解的詞彙與概念。

骰子可能得到的狀態，是從1到6的數值。因此，將骰子資料如下所示，以Numpy的陣列物件來定義。

輸入

```
# 儲存骰子可能得到的值
dice_data = np.array([1, 2, 3, 4, 5, 6])
```

4-2- **1-1** 事件

考慮從該資料裡隨機取出1個。這稱為**試驗**。在Numpy裡，於random.choice的第2個值指定「1」，便能隨機取出1個東西（順帶一提，假如指定「2」，則能取出2個）。這相當於丟擲1次骰子、確認出現結果的動作。

輸入

```
# 這裡的引數意指從對象資料dice_data裡隨機取出1個
print('隨機取出1個:', np.random.choice(dice_data, 1))
```

輸出

```
隨機取出1個：[5]
```

雖然上面顯示結果為取出「5」，但因為執行時會取出不同的值，也可能是「1」或「3」等其他的值。這樣一個個的試驗結果，稱為**基本事件**。而包含所有可能的基本事件之集合，稱為**樣本空間**（下面以 S 來表示），樣本空間裡的任何部分集合則稱為**事件**。比如說，可考慮先前出現5的事件 X，以及如下所示的偶數事件 Y。

$$S = \{1, 2, 3, 4, 5, 6\} \qquad (式 4\text{-}2\text{-}1)$$

$$X = \{5\} \qquad (式 4\text{-}2\text{-}2)$$

$$Y = \{2, 4, 6\} \qquad (式 4\text{-}2\text{-}3)$$

接下來使用這些概念來學習機率。關於機率，它的公理（雖然不是很嚴謹，但請想成假說）如下所列。對於第一次接觸的讀者來說可能很難了解，一開始先如下理解即可：$P(X) =$ 事件 X 發生的情況之數量／所有可能發生的情況數量。

> 如果將某個事件 E (Event) 發生的機率寫為 $P(E)$，則必須滿足下面的公理。
> **公理 1**：關於任意的事件 $0 \leq P(E) \leq 1$
> **公理 2**：$P(S) = 1$（補充說明：這表示全部事件的機率為 1）
> **公理 3**：若 $A \cap B = \Phi$，則 $P(A \cup B) = P(A) + P(B)$

4-2- 1-2 空事件

除此之外，空集合 Φ 也是個事件，稱為**空事件**。空事件是個沒有任何元素的集合。比如說，以骰子為例，出現第 7 面這件事對於一般的骰子來說是不可能的，這便是空事件，其機率為 0。

4-2- 1-3 餘事件

不屬於某事件 E 的結果之集合稱為**餘事件**。這也稱為 E 的**補集合**，如下所示使用 c（complement）來表示。比如說：

$$E = \{2, 4, 6\} \qquad (式 4\text{-}2\text{-}4)$$

此時，餘事件便是：

$$E^c = \{1, 3, 5\} \qquad (式 4\text{-}2\text{-}5)$$

4-2- 1-4 積事件與和事件

$A \cap B$ 稱為「積事件」，意指 2 個事件裡共通的事件。具體來說，考慮下面兩個集合。

$$A = \{1, 2, 3\} \qquad \text{（式4-2-6）}$$

$$B = \{1, 3, 4, 5\} \qquad \text{（式4-2-7）}$$

共通的數字為1與3：

$$A \cap B = \{1, 3\} \qquad \text{（式4-2-8）}$$

$A \cup B$稱為「和事件」，意指2個事件之和。同樣以上述的A與B來考慮，可以得到：

$$A \cup B = \{1, 2, 3, 4, 5\} \qquad \text{（式4-2-9）}$$

4-2- 1-5 機率的計算

截至目前為止已經看過「出現5的事件X」、「空事件」、「A與B的積事件」、「A與B的和事件」，如果將它們進行計算，可得到如下結果。

$$P(X) = \frac{1}{6} \qquad \text{（式4-2-10）}$$

$$P(\phi) = 0 \qquad \text{（式4-2-11）}$$

$$P(A \cap B) = \frac{1}{3} \qquad \text{（式4-2-12）}$$

$$P(A \cup B) = \frac{5}{6} \qquad \text{（式4-2-13）}$$

這裡計算的手法也稱為**數學機率**。

為了理解數學機率，還會接觸集合、拓撲學和勒貝格積分等，由於越往數學的基礎越困難，這裡略過不談。對於接下來打算朝研究等方向發展的讀者，可以閱讀書末的參考文獻「A-9」。特別是《測度と積分—入門から確率論へ》（英文版：*Measure, Integral and Probability,* 2nd Edition, Marek Capinski and Peter E. Kopp, Springer, 2008）一書，目標是讓非數學本科的人也能理解，但寫得相當嚴謹，推薦給想扎實學好測度論的讀者。

4-2- 2 統計機率

接下來，試著進行實驗，模擬將骰子丟擲1000次。實際計算各個基本事件（分別出現1～6的事件），看看究竟是否如同數學機率依1/6發生。

發生的機率是將實際出現該值的次數除以試驗次數（在本例當中為1000次）。對於試驗結果，如果想知道某值i存在的總數時，可使用「len(dice_roless[dice_rolls==i])」來求得。

輸入

```
# 丟擲骰子1000次
calc_steps = 1000

# 從1到6的資料當中，進行1000次的取出
dice_rolls = np.random.choice(dice_data, calc_steps)

# 計算各個數字分別以多少的比例被取出
for i in range(1, 7):
  p = len(dice_rolls[dice_rolls==i]) / calc_steps
  print(i, '出現的機率', p)
```

輸出

```
1 出現的機率 0.171
2 出現的機率 0.158
3 出現的機率 0.157
4 出現的機率 0.103
5 出現的機率 0.16
6 出現的機率 0.171
```

從結果來看，可發現出現1～6的各個機率，都接近1/6 (近似於0.166)。這稱為**統計機率**。關於這個現象，後續會進一步學習。

4-2- 3 條件機率與乘法定理

接著，來學習條件機率與獨立性吧。基於發生事件A的條件下發生事件B的機率，稱為在A的條件下B的條件機率，寫法如下（當$P(A) > 0$時）。

$$P(B|A) = \frac{P(A \cap B)}{P(A)}$$

（式4-2-14）

該式子可進一步如下改寫，這稱為**乘法定理**。

$$P(A \cap B) = P(B|A)P(A)$$

（式4-2-15）

條件機率可想成基於前提資訊的機率。

　　舉例來說，雖然忘了丟擲骰子1次所產生的數字，但記得是個偶數。此時，來試著求得該數字為4以上的機率。該數字為偶數的條件，在此可考慮為：

$$A = \{2, 4, 6\} \qquad\qquad (式 4\text{-}2\text{-}16)$$

而數字為4以上的事件則為：

$$B = \{4, 5, 6\} \qquad\qquad (式 4\text{-}2\text{-}17)$$

由於滿足兩者的積事件為：

$$A \cap B = \{4, 6\} \qquad\qquad (式 4\text{-}2\text{-}18)$$

從上述的條件機率定義，可求得該機率如下。

$$P(B|A) = \frac{P(A \cap B)}{P(A)} = \frac{\frac{2}{6}}{\frac{3}{6}} = \frac{2}{3} \qquad\qquad (式 4\text{-}2\text{-}19)$$

4-2- 4 獨立與相關

　　接下來，說明獨立性的條件。如果說事件 A 與事件 B 互相獨立，意指各自的條件機率與該事件機率相同：

$$P(A|B) = P(A) \qquad\qquad (式 4\text{-}2\text{-}20)$$

　　這可考慮為 B 事件並不影響 A 事件。在此，可由上述的條件機率（雖然式子裡的 A 與 B 顛倒過來）得知如下的式子成立。

$$P(A \cap B) = P(A)P(B) \qquad\qquad (式 4\text{-}2\text{-}21)$$

　　當該式子不成立時，事件 A 與 B 稱為「相關事件」。如果考慮前面所舉的例子，出現偶數之事件 A 與出現4以上的事件 B，則：

$$P(A \cap B) = \frac{2}{6} = \frac{1}{3} \qquad\qquad (式 4\text{-}2\text{-}22)$$

$$P(A)P(B) = \frac{3}{6} \cdot \frac{3}{6} = \frac{1}{4} \qquad \text{（式 4-2-23）}$$

由於兩者並不相等，可知事件 A 與事件 B 並非獨立，而是相關事件。

4-2- 5 貝氏定理

最後，說明貝氏定理。前面考慮了條件機率，在此將 A 視為結果的事件、將 B 視為其原因的事件，可得到如下的**貝氏定理**。這是得知 A 這個結果時，求得該原因的 B 事件之機率。其中，B^c 為 B 的補集合，亦即非 B 之集合。

$$P(B|A) = \frac{P(A|B)P(B)}{P(A|B)P(B) + P(A|B^c)P(B^c)} \qquad \text{（式 4-2-24）}$$

此時的 $P(B)$，是發生事件 A 之前的事件 B 之機率（稱為**事前機率**）；$P(B|A)$ 則是發生事件 A 之後的事件 B 之機率（稱為**事後機率**）；$P(A|B)$ 則為當事件 B 發生時，事件 A 會發生的機率（稱為**似然度**）。

下面是一般的貝氏定理之離散版本。這裡雖然考慮原因為 1 個事件 B，但造成結果的原因有時如 B_1、B_2、…一般有著多個原因。將其擴展為該情況下對於這些原因事件的式子，如下所示（B_j 為互斥，其和集合即為全部的事件）。

$$P(B_i|A) = \frac{P(A|B_i)P(B_i)}{\sum_{j=1}^{k} P(A|B_j)P(B_j)} \qquad \text{（式 4-2-25）}$$

實務上，貝氏定理用於各式各樣的地方。比如說，常用來判斷垃圾信件等。此外，關於貝氏定理，也有原因為連續值而非離散值的情況。那是貝氏定理的連續值版本。有興趣的讀者請試著查詢。

Practice

【練習問題 4-1】

如下準備以 0 表現硬幣正面、以 1 表現反面的陣列。

coin_data = np.array([0, 1])

使用該陣列，進行 1000 次丟擲硬幣的試驗，請求得其結果出現正面（其值為 0）與反面（其值為 1）各自的機率。

【練習問題4-2】

考慮抽籤的問題。假設1000個籤當中有100個中獎。請計算當A與B兩人依序抽籤時，A與B兩人都中獎的機率。不過，抽過的籤不放回，各自只抽1次（這裡可以手算無妨）。

【練習問題4-3】

假設日本國內罹患某種病（X）的人之比率為0.1%。關於發現X的檢查方法，已知如下：

• 如果罹患該疾病的人接受該檢查，會有99%的人顯示陽性反應（顯示為罹患該疾病的反應）。
• 如果沒有罹患該疾病的人接受該檢查，會有3%的人顯示陽性反應（誤診）。

居住在日本的某人接受了該檢查並顯示陽性反應。這個人罹患疾病X的機會是多少％呢（這裡也可手算無妨）？

答案在Appendix 2

機率變數與機率分布

Keyword　機率變數、機率函數、機率密度函數、期望值、均勻分布、伯努利分布、二項分布、常態分布、帕松分布、對數常態分布、核密度估計

接下來，讓我們逐步學習機率變數與機率分布吧。

4-3- 1　機率變數、機率函數、分布函數、期望值

所謂**機率變數**，是指分配給可能值的機率之變數。

如果以骰子為例來考慮，變數可能出現之值為從1到6的任一面，如果不是作弊的骰子，各值出現的機率均相等分配為1/6。像這樣，某個變數依機率取值時，該變數稱為**機率變數**，而機率變數可能出現之值則稱為**實現值**。在骰子的例子裡，實現值為[1, 2, 3, 4, 5, 6]。此外，當實現值可數時，稱為**離散機率變數**，不可數時稱為**連續機率變數**。

所謂可數，意指並不連續，而是跳躍地取值，可以如同骰子[1, 2, 3, 4, 5, 6]一般有限個，也可以是無限個。

將其列表如下所示（大寫 X 為機率變數，小寫 x 為其實現值）。

機率變數

X	1	2	3	4	5	6
$P(X)$	$\dfrac{1}{6}$	$\dfrac{1}{6}$	$\dfrac{1}{6}$	$\dfrac{1}{6}$	$\dfrac{1}{6}$	$\dfrac{1}{6}$

其中，必須滿足如下條件。

$$\sum_{i=1}^{6} p(x_i) = 1$$

（式 4-3-1）

4-3- 1-1　分布函數

分布函數（累積機率分布函數）是指機率變數 X 為實數 x 以下之機率。如果是離散機率變數，可將其定義為 $F(X)$ 如下。

$$F(X) = P(X \leq x) = \sum_{x_i \leq x} p(x_i)$$

（式 4-3-2）

如果是連續機率變數，分布函數的導函數稱為**密度函數（機率密度函數）**，可如下定義（當$-\infty < x < \infty$時）。

$$f(x) = \frac{dF(x)}{dx}$$

（式4-3-3）

4-3- 1-2 期望值（平均）

如上所述，機率變數可能是各種值，而考慮能代表這些值的平均，可稱其為期望值。這與第3章學過的「平均」意義是相同的。如果將機率變數以X表示，期望值$E(X)$的定義式如下所示。

$$E(X) = \sum_{x} x f(x)$$

（式4-3-4）

在上面的例子裡，骰子可能出現的是從1到6的值，各自的機率為1/6，因此它的期望值為$1*\frac{1}{6}+2*\frac{1}{6}+3*\frac{1}{6}+4*\frac{1}{6}+5*\frac{1}{6}+6*\frac{1}{6}=3.5$。

4-3- 2 各種分布函數

下面介紹經常使用的分布函數。

這裡只看看Python的簡單實作。關於詳細的式子及其相關知識（期望值、變異數），請閱讀相關參考文獻和參考URL。

4-3- 2-1 均勻分布

如前述的骰子範例，對於所有的事件均以相同機率發生的，稱為「均勻分布」，可描繪如下。

輸入

```
# 均勻分布
# 丟擲骰子1000次
calc_steps = 1000

# 從1到6的資料當中，進行1000次的取出
dice_rolls = np.random.choice(dice_data, calc_steps)

# 計算各個數字分別以多少的比例被取出
prob_data = np.array([])
for i in range(1, 7):
    p = len(dice_rolls[dice_rolls==i]) / calc_steps
    prob_data = np.append(prob_data, len(dice_rolls[dice_rolls==i]) / calc_steps)
```

```
plt.bar(dice_data, prob_data)
plt.grid(True)
```

輸出

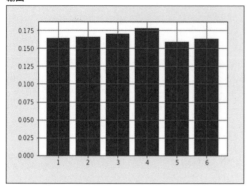

4-3- 2-2 伯努利分布

結果只有2種的試驗稱為「伯努利試驗」。伯努利分布是指對於1次的伯努利試驗，各事件發生的機率分布。

丟擲硬幣8次，如果出現正面則為「0」、反面則為「1」，假設其結果為[0, 0, 0, 0, 0, 1, 1, 1]，其機率分布如下所示。

輸入
```
# 伯努利分布
# 考慮0:head（正面）、1:tail（反面）
# 設定樣本數為8
prob_be_data = np.array([])
coin_data = np.array([0, 0, 0, 0, 0, 1, 1, 1])

# 以unique取出唯一值（在此為0與1）
for i in np.unique(coin_data):
    p = len(coin_data[coin_data==i]) / len(coin_data)
    print(i, '出現的機率', p)
    prob_be_data = np.append(prob_be_data, p)
```

輸出
```
0 出現的機率 0.625
1 出現的機率 0.375
```

這個結果可描繪如下。其中，使用xticks設定標籤。

```
plt.bar([0, 1], prob_be_data, align='center')
plt.xticks([0, 1], ['head', 'tail'])
plt.grid(True)
```

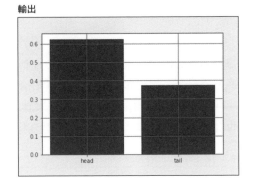

4-3- 2-3 在 Python 取得基於分布之資料

截至目前所說明的均勻分布與伯努利分布範例當中，採取的是從實際的資料來描繪其分布的手法。但在資料分析時，有時需要以計算式子來產生基於特定分布之資料列。舉例來說，將實際資料的分布圖形與計算得來的分布圖形進行比較，確認特定的性質是否相似，或是讓其近似等等。

這時可使用 Numpy 的各種函式進行計算。下面藉由使用這些函式生成分布資料、描繪圖形，來看看有什麼樣的特徵吧。

4-3- 2-4 二項分布

二項分布是指反覆進行 n 次獨立伯努利試驗。在 Python 當中，可使用 random.binomial 進行計算。傳遞給 binomial 的參數，從前方依序為試驗次數（n）、機率（p）、樣本數。random.binomial 將回傳在 n 次的試驗當中，發生機率為 p 之事件的發生次數。

輸入

```
# 二項分布
np.random.seed(0)
x = np.random.binomial(30, 0.5, 1000)
plt.hist(x)
plt.grid(True)
```

輸出

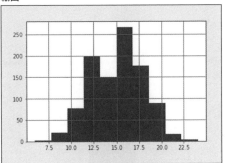

4-3- 2-5 帕松分布

　　帕松分布（Poisson distribution）用於罕見事件發生機率的情況。它是對於一定的時間或面積以一定的比例發生的分布。舉例來說，單位面積裡的雨滴個數或每1平方公尺生長的樹木個數等，遵循帕松分布。

　　可使用Numpy的random.poisson來計算。第1個參數是在該區間裡估計事件發生的次數，這裡設定為7。第2個參數為樣本數。

輸入

```
# 帕松分布
x = np.random.poisson(7, 1000)
plt.hist(x)
plt.grid(True)
```

輸出

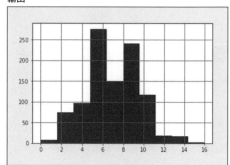

4-3- 2-6 常態分布與對數常態分布

　　接著是常態分布與對數常態分布。常態分布亦稱高斯分布，是典型的連續型機率分布。在我們生活周遭有各式各樣具代表性的現象。對數常態分布則是 $\log x$ 遵循常態分布時的分布。它們分別可使用np.random.normal、np.random.lognormal來求得。

輸入

```
# 常態分布
# np.random.normal(平均、標準差、樣本數 )
x = np.random.normal(5, 10, 10000)
plt.hist(x)
plt.grid(True)
```

輸入

```
# 對數常態分布
x = np.random.lognormal(30, 0.4, 1000)
plt.hist(x)
plt.grid(True)
```

輸出

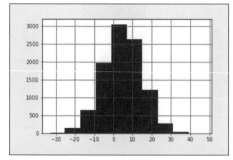

輸出

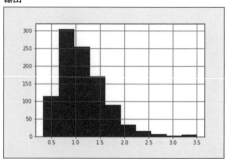

4-3- 3 核密度函數

接著來看看核密度函數吧。這是用給予的資料來推測密度函數。使用第3章處理的學生缺席次數資料，來試著對分布近似吧。由於缺席次數以「absences」記錄，使用該資料。也就是說，如果將資料讀取為student_data_math，student_data_math.absences相當於缺席次數。

下面使用核密度函數，來推測缺席次數的分布。只不過，由於資料的性質，不可能有小於0的狀況，在實務上使用時請多留意。核密度函數的圖形，可如下指定kind='kde'來描繪。

```
student_data_math.absences.plot(kind='kde', style='k--')
```

輸入

```
import requests
import zipfile
from io import StringIO
import io

# 附註：已在第3章取得此資料的讀者，請從下一個註解之後開始執行
zip_file_url = 'http://archive.ics.uci.edu/ml/machine-learning-databases/00356/student.zip'

r = requests.get(zip_file_url, stream=True)
z = zipfile.ZipFile(io.BytesIO(r.content))
z.extractall()

# 讀取資料
student_data_math = pd.read_csv('student-mat.csv', sep=';')

# 核密度函數
student_data_math.absences.plot(kind='kde', style='k--')

# 單純直方圖，設定density=True，以機率顯示
student_data_math.absences.hist(density=True)
plt.grid(True)
```

輸出

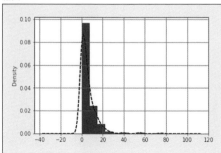

上面描繪了這次基於 student-mat.csv 的 absences 之直方圖。再者，圖形裡以虛線描繪的線條，則是上述製作的核密度函數，描繪著平滑的曲線。藉由觀察這條線，可以推測該資料是從什麼樣的分布產生的。

【練習問題 4-4】

請描繪從平均 0、變異數 1 的常態分布裡反覆取出 10,000 次 $n = 100$ 的樣本、樣本平均 $\overline{X} = \frac{1}{n}\sum_{i=1}^{n} X_i$ 的樣本分布（直方圖）。

【練習問題 4-5】

與練習問題 4-4 相同，請實作對數常態分布的情況。

【練習問題 4-6】

請描繪第 3 章所用的學生數學成績資料（student_data_math）第一學期成績 G1，其直方圖與核密度函數推測。

答案在 Appendix 2

應用：多元機率分布

Keyword 聯合機率分布、邊際機率函數、條件機率函數、條件期望值、變異數共變異數矩陣、多元常態分布

截至目前為止，對於只有1個機率變數的情況進行了操作。接下來，考慮有2個或更多機率變數時的機率分布吧。不過，本節涉及一些應用、進階的範圍，如果覺得困難，瀏覽帶過也不會影響後續章節。本節未提供練習問題。

4-4- 1 聯合機率函數與邊際機率函數

考慮 X 為 $\{x_0, x_1, ...\}$、Y 為 $\{y_0, y_1, ...\}$ 時，取值的離散型機率變數。$X = x_i$ 且 $Y = y_j$ 的機率如下撰寫。

$$P(X = x_i, Y = y_j) = p_{X,Y}(x_i, y_j) \tag{式 4-4-1}$$

這稱為**聯合機率函數**。此外，如下稱為 X 的**邊際機率函數**。

$$p_X(x_i) = \sum_{j=0}^{\infty} p_{X,Y}(x_i, y_j) \tag{式 4-4-2}$$

Y 也可用相同的方式定義。

4-4- 2 條件機率函數與條件期望值

對於1個變數時所定義的條件機率，來考慮2個變數時的情況吧。當給予 $X = x_i$ 時，$Y = y_j$ 的**條件機率函數**如下定義。

$$p_{Y|X}(y_j|x_i) = P(Y = y_j | X = x_i) = \frac{p_{X,Y}(x_i, y_j)}{p_X(x_i)} \tag{式 4-4-3}$$

此外，關於這個條件機率函數，取得其期望值，稱其為「條件期望值」。當給予 $X = x_i$ 時，Y 的**條件期望值（條件平均）**如下定義。

$$E[Y|X = x_i] = \sum_{j=1}^{\infty} y_j p_{Y|X}(y_j|x_i) = \frac{\sum_{j=1}^{\infty} y_j p_{X,Y}(x_i, y_j)}{p_X(x_i)} \qquad \text{（式 4-4-4）}$$

4-4- 3 獨立的定義與連續分布

關於2個變數的獨立之定義，是當對於所有的 x_i 與 y_j 如下成立時，視為獨立。

$$p_{X,Y}(x_i, y_j) = p_X(x_i)p_Y(y_j) \qquad \text{（式 4-4-5）}$$

對於連續分布，也能定義聯合機率函數、邊際機率密度函數、條件機率密度函數、獨立等，而對於3個以上的機率變數之分布也能定義。更進一步，還有多變量常態分布與其中使用的變異數共變異數矩陣等。關於這些概念，請使用參考文獻等來試著學習。

4-4- 3-1 以圖形顯示2元的常態分布

作為參考，如果想示意這樣的多元聯合機率密度函數，可試著如下讓它顯示2元常態分布。下面匯入所需的函式庫。

輸入

```
# 匯入所需的函式庫
import scipy.stats as st
from scipy.stats import multivariate_normal
from mpl_toolkits.mplot3d import Axes3D

# 設定資料
x, y = np.mgrid[10:100:2, 10:100:2]

pos = np.empty(x.shape + (2, ))

pos[:, :, 0] = x
pos[:, :, 1] = y
```

上面的 x 與 y 之資料是從10到100為止，以間隔2生成數字，作為pos統整在一起（這只是為了接下來讓多元常態分布視覺化，將 x 與 y 切割為很細的資料，對於區隔的數字等並無特別意義）。

接下來，讓它遵循2元的常態分布產生資料。對於multivariate_normal，設定各自的平均與變異數共變異數矩陣。

輸入

```
# 多元常態分布
# 設定各變數的平均與變異數共變異數矩陣
# 在下面的例子裡，x 與 y 的平均分別是 50 與 50，[[100, 0], [0, 100]] 則為 x 與 y 的共變異數矩陣
rv = multivariate_normal([50, 50], [[100, 0], [0, 100]])

# 機率密度函數
z = rv.pdf(pos)
```

將上述圖形化將會如下所示。其中，為了 3 維圖形顯示，使用 Axes3D 的 plot_wireframe。

輸入

```
fig = plt.figure(dpi=100)

ax = Axes3D(fig)
ax.plot_wireframe(x, y, z)

# 設定 x, y, z 的標籤等
ax.set_xlabel('x')
ax.set_ylabel('y')
ax.set_zlabel('f(x, y)')

# 修改 z 軸的顯示刻度單位，sci 為指數顯示，以 axis 指定軸，scilimits=(n,m) 是從 n 到 m 之外的部分以指數表示
# scilimits=(0,0) 意指全部以指數表示
ax.ticklabel_format(style='sci', axis='z', scilimits=(0, 0))
```

輸出

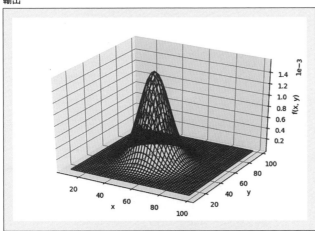

推論統計學

Keyword 樣本、母體、取樣、推論統計學、樣本大小、大數法則、中央極限定理、t分布、卡方分布、F分布

　　截至目前為止，對於實際獲得的資料，已經求得平均與標準差。對於這樣取得的資料稱為**樣本**。然而，對於原本在其後更大的資料，知道全體的性質是很重要的。以該樣本為基礎，進行統計的分析，來推測的對象全體稱為**母體**，這便是**推論統計學**。此外，由於樣本是從母體中取出的，稱為**取樣**。實際上，觀察到的資料 $X_1, ..., X_n$ 是 n 個機率變數 $X_1, ..., X_n$ 的實現值，這裡的 n 稱為樣本的**大小**。此外，母體的平均（母體平均數）與變異數（母體變異數）等，表現母體特性之常數，稱為**母數**。

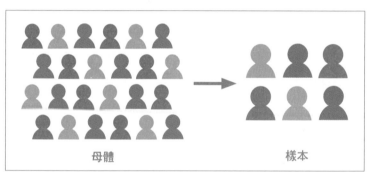

圖4-5-1
母體與樣本

母體　　　　　　　　　　　樣本

4-5-1 大數法則

　　接著，學習機率論裡重要的**大數法則**。這裡再次考慮先前研究丟擲骰子的範例吧。不斷丟擲骰子，找出目前為止的平均值軌跡。具體來說，丟擲第1次時出現1則平均為1，下一次丟擲時出現3則平均為 $\frac{(1+3)}{2}$，亦即2。以這樣的方式，逐步計算平均值。所謂大數法則，

輸入

```
# 大數法則
# 計算次數
calc_times =1000
# 骰子
sample_array = np.array([1, 2, 3, 4, 5, 6])
number_cnt = np.arange(1, calc_times + 1)

# 產生4個回合
for i in range(4):
    p = np.random.choice(sample_array, calc_times).cumsum()
    plt.plot(p / number_cnt)
    plt.grid(True)
```

是當反覆地進行這樣的試驗
（讓試驗次數 N 增大），其平均
將逐漸接近期望值（3.5）的
法則。

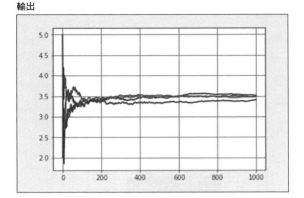

　　將丟擲骰子的次數 N 設定為
1000，進行4個回合。

　　從右邊的結果圖形，可以發
現無論哪一個回合，當 N 越大
則越接近3.5。

4-5- 2 中央極限定理

　　接著是中央極限定理。這個法則是指當骰子丟擲次數 N 越是增加，樣本平均越
接近常態分布。

輸入

```
# 中央極限定理
def function_central_theory(N):

    sample_array = np.array([1, 2, 3, 4, 5, 6])

    mean_array = np.array([])

    for i in range(1000):
        cum_variables = np.random.choice(sample_array, N).cumsum()*1.0
        mean_array = np.append(mean_array, cum_variables[N-1] / N)

    plt.hist(mean_array)
    plt.grid(True)
```

　　那麼，來使用該函式，不斷讓 N 增大，看看它的直方圖吧。

輸入

```
# N=3
function_central_theory(3)
```

輸出

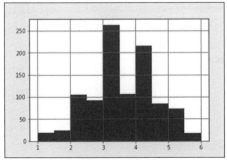

輸入	輸入
| ```
# N=6
function_central_theory(6)
``` | ```
# N= 10^3
function_central_theory(10**3)
``` |

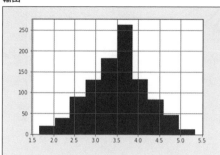

可以發現當 N 逐漸增大，越是接近常態分布的形狀。

4-5- 3 樣本分布

接著，來學習典型的樣本分布吧。

4-5- 3-1 卡方分布

首先是**卡方分布**（chi-square distribution）。假設 m 個機率變數 $Z_1, ..., Z_m$ 互相獨立分布，各 Z_i 遵循標準常態分布（平均0、變異數1的常態分布）。

此時，下面的機率變數平方和稱為遵循自由度 m 的卡方分布。

$$W = \sum_{i=1}^{m} Z_i^2$$

（式4-5-1）

下面是遵循該分布的亂數之直方圖。其中，zip 為第1章介紹過的函式，用來從多個陣列裡產生元組的陣列。這裡是從 [2, 10, 60] 這個陣列及 ["b", "g", "r"] 這個陣列裡，生成 [(2, "b"), (10, "g"), (60, "r")] 這樣的元組陣列。

輸入

```
# 卡方分布
# 遵循自由度2, 10, 60卡方分布所生成亂數之直方圖
for df, c in zip([2, 10, 60], 'bgr'):
    x = np.random.chisquare(df, 1000)
    plt.hist(x, 20, color=c)
    plt.grid(True)
```

輸出

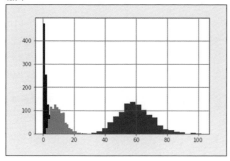

4-5- 3-2 學生 t 分布

接下來是學生**t分布**。Z與W為獨立的機率變數,各自遵循標準常態分布與自由度m的卡方分布時:

$$T = \frac{Z}{\sqrt{\dfrac{W}{m}}}$$

（式 4-5-2）

這時稱T為遵循自由度m之學生 t 分布。下面是 t 分布的範例圖形。

輸入

```
# t分布
x = np.random.standard_t(5, 1000)
plt.hist(x)
plt.grid(True)
```

輸出

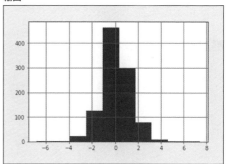

4-5- 3-3 F 分布

最後,介紹**F分布**。W_1與W_2為獨立的機率變數,各自遵循自由度m_1、m_2的卡方分布時:

$$F = \frac{\dfrac{W_1}{m_1}}{\dfrac{W_2}{m_2}}$$

（式 4-5-3）

這時稱F為遵循自由度(m_1, m_2)的史耐德柯 F 分布。

下面是F分布的範例圖形。

輸入

```
# F分布
for df, c in zip([ (6, 7), (10, 10), (20, 25)], 'bgr'):
    x = np.random.f(df[0], df[1], 1000)
    plt.hist(x, 100, color=c)
    plt.grid(True)
```

輸出

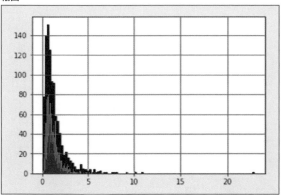

至此已介紹完典型的分布。除此之外還有各式各樣的分布，若需要處理其他各種分布，再視需求查詢吧。

Practice

【練習問題4-7】

請分別從自由度5、25、50的卡方分布來產生1000個亂數，描繪直方圖。

【練習問題4-8】

請從自由度100的t分布來產生1000個亂數，描繪直方圖。

【練習問題4-9】

請從自由度(10, 30)、(20, 25)的F分布來產生1000個亂數，描繪直方圖。

答案在 Appendix 2

統計推論

Keyword 估計量、點估計、無偏性、無偏估計量、一致性、區間估計、信賴區間、信賴係數、最大概似法、似然度、似然函數、貝氏法

這裡來學習**推論**。

4-6- 1 估計量與點估計

推論母體的機率分布、平均、變異數時，從母體取出樣本，使用樣本的平均與變異數來推論。這裡基於大小為 n 的隨機樣本 $\{X_1, ..., X_n\}$，來考慮求得（推論）母體平均 μ 的方法。首先，樣本的平均 $\overline{X}$ 為：

$$\overline{X} = \frac{1}{n} \sum_{i=1}^{n} X_i \qquad （式 4-6-1）$$

將其一般化，可如下敘述為機率變數的函數，這樣的式子稱為**估計量**。這是用來推論母體平均數與母體變異數等母數的式子。基於樣本，將母數視為 1 點的參數值（θ）來猜測，稱為**點估計**。

$$\overline{X} = T(X_1, ..., X_n) \qquad （式 4-6-2）$$

4-6- 2 無偏性與一致性

然而，不是將任何東西作為函數都好，而是希望更正確地推論參數。為此的判斷基準，包含了**無偏性**與**一致性**的性質。

當估計量的期望值與母數 θ 一致時，稱為估計量有著**無偏性**，可如下表現。具備這樣無偏性的估計量，稱為**無偏估計量**。

$$E[T(X_1, ..., X_n)] = \theta \qquad （式 4-6-3）$$

所謂的**一致性**，是當 θ 的估計量 $E[T(X_1, ..., X_n)]$ 隨著觀察個數 n 增大時，逐漸接近 θ 的性質，而對於任意的 $\epsilon > 0$，可如下表現。此時，便將 $T(X_1, ..., X_n)$ 稱為

一致估計量。

$$\lim_{n \to \infty} P[|T(X_1, ..., X_n) - \theta| \geq \epsilon] = 0 \qquad \text{（式 4-6-4）}$$

4-6- 3 區間估計

點估計是對母數以 1 點來求得，而區間估計則是讓它持有某種程度的區間，來推論母數。首先，假設樣本為 $X_1, ..., X_n$，它們是從平均為 μ、變異數為 1 的常態分布 $N(\mu, 1)$ 隨機取樣而來。來考慮從該樣本推論母體平均數 μ 的情況吧。這時，由於樣本平均 $\overline{X}$ 遵循平均為 μ、變異數為 $\frac{1}{n}$ 之常態分布 $N(\mu, \frac{1}{n})$，若常態分布的兩側 α 點為 $z_{\alpha/2}$，則成立：

$$P(-z_{\alpha/2} \leq \sqrt{n}(\overline{X} - \mu) \leq z_{\alpha/2}) = 1 - \alpha \qquad \text{（式 4-6-5）}$$

將該式改寫，可如下所示。

$$P(\overline{X} - \frac{z_{\alpha/2}}{\sqrt{n}} \leq \mu \leq \overline{X} + \frac{z_{\alpha/2}}{\sqrt{n}}) = 1 - \alpha \qquad \text{（式 4-6-6）}$$

這裡能將區間 $[\overline{X} - \frac{z_{\alpha/2}}{\sqrt{n}}, \overline{X} + \frac{z_{\alpha/2}}{\sqrt{n}}]$ 作為用以推論 μ 之區間來使用。此時，區間 $[\overline{X} - \frac{z_{\alpha/2}}{\sqrt{n}}, \overline{X} + \frac{z_{\alpha/2}}{\sqrt{n}}]$ 稱為**信賴區間**。想推論的母數（在此為母體平均數）落在信賴區間的機率稱為**信賴係數**，可以 $1 - \alpha$ 表現。信賴區間的一般定義如下所示。

假設 $X_1, ..., X_n$ 是從母體分布 $f(x; \theta)$ 取出的隨機樣本，θ 為 1 維的母數。若 $\mathbf{X} = (X_1, ..., X_n)$，則 2 個統計量 $L(\mathbf{X}), U(\mathbf{X})$ 對所有的 θ 滿足以下條件時，區間 $[L(\mathbf{X}), U(\mathbf{X})]$ 稱為**信賴係數** $1 - \alpha$ **之信賴區間**。

$$P(L(\mathbf{X}) \leq \theta \leq U(\mathbf{X})) \geq 1 - \alpha \qquad \text{（式 4-6-7）}$$

4-6- 4 計算估計量

計算估計量有許多種手法。這裡簡單解說最大概似法和貝氏法（除此之外還有動差法等等，請試著查詢）。由於是稍微應用的進階內容，瀏覽帶過也無妨。

4-6- 4-1 最大概似法

　　學習聯合機率函數時，已經計算過給予母數，求得發生觀察值的機率，而反過來看，當給予觀察值時，將機率函數視為母數的函數來看的，便是**似然函數**。最大概似法是將使得似然函數最大化的母數作為母數估計值之方法。

　　這裡假設給予機率函數 $f(x; \theta)$。x 是變數，θ 意指常數。

　　假設從母體取得隨機樣本 $X_1, ..., X_n$，$\mathbf{X} = (X_1, ..., X_n)$。將此 $\mathbf{X}$ 的實現值 $\mathbf{x} = (x_1, ..., x_n)$ 之聯合機率函數視為 θ 的函數，如下定義似然函數。

$$L(\theta; \mathbf{x}) = f(x_1; \theta) \cdot ... \cdot f(x_n; \theta)$$

（式 4-6-8）

　　由於似然函數有著積的形式，藉由對數轉換為和的方式較容易計算，如下修改為**對數似然函數**。

$$\log L(\theta; \mathbf{x}) = \sum_{i=1}^{n} \log f(x_i; \theta)$$

（式 4-6-9）

　　為了求得上述的最大值，將其微分計算能得到 0 之解 θ。下面的方程式稱為**概似方程式**，其解 θ 則稱為**最大概似估計量**。

$$\frac{d}{d\theta} \log L(\theta, \mathbf{x}) = 0$$

（式 4-6-10）

4-6- 4-2 貝氏法

　　截至目前為止，對於母數 θ 沒有任何資訊，以次數理論的手法來估計，但這裡對於該 θ 假定事前分布，使用貝氏定理，來逐步更新事後分布這個方法，即為貝氏法。

　　這裡如果從樣本得到的似然函數為 $p(x|\theta)$，假設母數 θ 遵循事前機率 $\pi(\theta)$，則依據貝氏定理，可如下求得事後分布。

$$\pi(\theta|x) = \frac{p(x|\theta)\pi(\theta)}{\int p(x|\theta)\pi(\theta)d\theta}$$

（式 4-6-11）

Practice

【練習問題4-10】

從平均 μ 變異數 σ^2 的常態母體取得大小為 n 的樣本而產生的樣本平均，期望其為母體平均數，請展示這樣的無偏性（可以手算無妨）。

【練習問題4-11】

假設丟擲硬幣5次，出現反、正、反、正、正的結果。如果該硬幣出現正面的機率為 θ，請對它進行估計（可以手算無妨）。

【練習問題4-12】

當母體遵循下面的指數分布時，假設從它取得大小為 n 的樣本 $X_1, ..., X_n$，請對母數 λ 進行最大概似估計。

$$f(x|\lambda) = \lambda e^{-\lambda x}$$

（式4-6-12）

答案在Appendix 2

統計檢驗

Keyword 虛無假設、對立假設、顯著、棄卻、顯著水準、第一型錯誤、第二型錯誤、檢驗力

　　那麼，經過長篇幅的數學式子說明之後，這裡再次回到第3章處理的「學生資料」吧。雖然做過練習問題了，首先還是來試著計算數學與葡萄牙語的成績之平均，如下所示。

　　這裡讀取數學成績資料student-mat.csv及葡萄牙語成績資料student-por.csv，將它們合併。以pandas.merge（下面為pd.merge）的參數「on」來指定的是合併項目，「suffixes」則是合併後在行名末端接續的詞彙。

輸入

```
# 讀取數學的資料
student_data_math = pd.read_csv('student-mat.csv', sep=';')

# 讀取葡萄牙語的資料
student_data_por = pd.read_csv('student-por.csv', sep=';')

# 合併
student_data_merge = pd.merge(student_data_math
                    , student_data_por
                    , on=['school', 'sex', 'age', 'address', 'famsize', 'Pstatus', 'Medu'
                            , 'Fedu', 'Mjob', 'Fjob', 'reason', 'nursery', 'internet']
                    , suffixes=('_math', '_por'))

print('G1數學的成績平均：', student_data_merge.G1_math.mean())
print('G1葡萄牙語的成績平均：', student_data_merge.G1_por.mean())
```

輸出

```
G1數學的成績平均：10.861256544502618
G1葡萄牙語的成績平均：12.112565445026178
```

4-7- 1 檢驗

　　從數字來看，雖然只是約略的程度，但看起來數學成績比較不好。但這真的能說是有差異嗎？這裡要思考的是檢驗的手法。假設母體的成績平均沒有差異吧。如果數學成績的母體平均數為μ_{math}、葡萄牙語成績的母體平均數為μ_{por}，則意指下面的式子成立。

$$\mu_{math} = \mu_{por} \qquad\qquad （式4-7-1）$$

對於檢驗，要驗證是否正確的假設稱為「虛無假設」，以 H_0 表示。另一方面，虛無假設的否定，是兩者之間有著差異的假設。也就是說，意指下面的式子成立。

$$\mu_{math} \neq \mu_{por} \qquad\qquad （式4-7-2）$$

這稱為**對立假設**，以 H_1 表示。接著，如果先前的 H_0 正確，而採用統計的手法，卻可說它是不可能發生的（比如說，$\mu_{math} = \mu_{por}$的機率不到5%）。此時，對於這個 H_0 稱為**棄卻**，採用對立假設，因此可說是有差異。

此外，先前假設不到5%，在檢驗裡棄卻虛無假設的程度，稱為**顯著水準**，亦即將其設定為5%。此外，對於不到顯著水準，稱為存在統計的差異（**顯著**）。顯著水準以 α 表示，經常使用 α =5%或 α =1%。

而所謂**p-value（p值）**，是偶然將與實際相反的數值視為統計量來計算之機率。對於 H_0 正確的情況，p值越低，越可說是發生了不可能的事情（計算得到了 H_0 不正確的統計量）。

那麼，來使用這些概念，試著計算p值吧。想計算p值，可使用stats.ttest_rel。

輸入
```
from scipy import stats
t, p = stats.ttest_rel(student_data_merge.G1_math, student_data_merge.G1_por)
print( 'p值 = ', p)
```

輸出
```
p值 =  1.6536555217100788e-16
```

4-7- 2 第一型錯誤與第二型錯誤

儘管在這裡，當顯著水準為1%則棄卻了虛無假設，但也可能虛無假設是正確的。像這樣，雖然虛無假設是正確的卻被棄卻了，稱為**第一型錯誤**，其機率通常以 α 表示。這種錯誤也稱為陽性判斷錯誤（偽陰性）。另一方面，儘管這個虛無假設是錯誤的卻接受了，稱為**第二型錯誤**，其機率以 β 表示。由於第二型錯誤是看漏了錯誤，也稱為陰性判斷錯誤（偽陽性）。

該 β 的補數 $1 - \beta$ 稱為**檢驗力**，表示當虛無假設錯誤時能正確地棄卻之機率。如果以法庭的判決來舉例，對於實際上有罪的犯人下了無罪的判決即為第一型錯誤，而對於實際上無罪的人下了有罪的判決則是第二型錯誤，參見下圖。

圖 4-7-1

		事實	
		有罪	無罪
法庭的判決	有罪	正解 （真陽性）	第二型錯誤 （偽陽性：β）
	無罪	第一型錯誤 （偽陰性：α）	正解 （真陰性）

一般來說，希望 $1 - \beta$ 能有 0.8 的程度。不過，α 與 β 之間，有著其中一邊減小則另一邊增大的關係。此外，儘管 β 是重要的量值，但計算其數值時需要留意樣本大小與效果量，這裡僅簡單說明。

4-7- 3　檢驗大數據的注意事項

各領域用到的檢驗有需要注意的事項。其實檢驗並不適合大數據的解析（雖然不是特別嚴謹的定義，而是假設樣本大小為數百萬、數千萬以上的情況）。首先，對於樣本與母體的統計量有著嚴密的相等關係這件事，在現實世界裡幾乎是不可能的。

當樣本大小增大，檢驗力 $1 - \beta$ 也隨之增大，即使在實務上可說是相等的極小差異時 p 值也變小，使得虛無假設被棄卻。也就是說，對於大數據進行檢驗時，通常的情況是結果會變成極高的顯著（p 值非常小）。

此外，即使以檢驗得到極高顯著的結果，也無法得到 2 個母數有著極大差異的結論。這是由於無法以檢驗得知這 2 個值究竟有著何種程度的差異。想知道它們有何種程度的差異，可使用前文提到的信賴區間。

截至檢驗為止的說明至此告一段落。這個單元的範疇非常廣泛，本書無法提及所有的內容，如果還沒有機會學習統計與機率，請務必一邊閱讀本章介紹的參考文獻等，一邊試著學習一遍。此外，截至目前使用過的函式庫之函式，有許多的選項參數，有興趣的讀者請試著查詢。

Practice

【練習問題 4-13】

以第 3 章所用的資料（student-mat.csv 與 student-por.csv）來看數學與葡萄牙語的 G2 成績，其各自的平均是否可說是有差異呢？ G3 的成績又是如何呢？

答案在 Appendix 2

Practice

第4章 綜合問題

【綜合問題4-1 檢驗】

請使用「4-7 統計檢驗」一節所用的資料（student_data_merge），來回答下面的問題。

1. 關於各自的缺席次數（absences），是否可説是有差異呢？

2. 關於各自的學習時數（studytime），又是如何呢？

答案在 Appendix 2

Chapter 5

使用Python進行科學計算
（Numpy與Scipy）

本章將針對第 2 章學過的 Numpy 與 Scipy 函式庫，培養進一步運用的能力。這一章和接下來的第 6 章會說明許多操作資料的技巧。或許無法立刻了解這些技巧的重要性，但在綜合問題和後半部章節處理實際的資料時，應該會發現它們的好處。來確實學好這些技巧吧。

具體而言，本章前半部是關於 Numpy 的陣列操作技巧，後半部是使用 Scipy 的科學計算應用，處理矩陣分解、積分微分方程式和最佳化運算。

Goal 強化使用 Numpy 與 Scipy 來生成資料和科學計算方法的知識。

概要與事前準備

5-1- 1 本章的概要

　　截至目前為止，已經學過Python的基本語法，以及具代表性的科學計算函式庫 Numpy、Scipy的基本使用方法。本章將繼續使用這些函式庫，更進一步學好各種 計算的技巧。

　　關於Numpy的部分，將會了解索引參照與廣播的機制；而關於Scipy的部分，則 會來看看最佳化運算。

　　本章和第6章會說明許多操作資料的技巧。雖然一開始還不太能感受到為何需要 這些技巧，但在各章的綜合問題使用實際的資料時運用這些手法，應該能了解它 們的好處，來確實地學好吧。關於本章的參考文獻，請閱讀書末的「A-10」。

　　此外，在「5-3 使用Scipy計算之應用」一節，會解說較進階的數學相關部分。 由於內容大概相當於理科大三、大四學到的程度，第一次接觸的讀者或許一時無 法理解。後續章節並不會用到所有這些數學，尚未接觸過線性代數（矩陣分解 等）、微分方程式、最佳化運算（線性規劃）等的讀者，即使無法理解細節也無 妨。之所以在本章提到這些數學，是為了讓只學過該領域理論的人，能了解雖然 使用C和其他語言來實作科學計算非常辛苦，但如果是用Python便能輕鬆實作。 在資料科學的實務現場和做研究之類，需要應用這些領域（微分方程式、最佳化 運算等）時，請務必考慮使用Scipy。

5-1- 2 匯入用於本章的函式庫

　　本章將使用第2章介紹過的各種函式庫。以如下的匯入方式作為前提，來進行 說明。Numpy與Scipy是不可或缺的；除此之外，為了描繪圖形，有些部分會使用 Matplotlib。

輸入

```
# 為了使用下面的函式庫，請預先匯入
import numpy as np
import numpy.random as random
import scipy as sp

# 視覺化函式庫
import matplotlib.pyplot as plt
import matplotlib as mpl
%matplotlib inline

# 顯示到小數點後第3位
%precision 3
```

輸出

```
'%.3f'
```

使用Numpy計算之應用

Keyword 索引參照、切割、視點、universal函式、再形成、結合與分割、反覆、廣播

前面章節已經學過關於使用Numpy的陣列運算等基礎部分。這裡進一步進行進階應用的操作。

5-2- 1 索引的參照

首先，說明參照各式各樣的資料時會用到的索引參照。為了進行說明，準備如下的簡單資料。

輸入

```
sample_array = np.arange(10)
print('sample_array:',sample_array)
```

輸出

```
sample_array: [0 1 2 3 4 5 6 7 8 9]
```

如上述結果所示，這個資料sample_array是從0到9的數字（陣列）。考慮如何將這個資料的一部分替換。

首先，如下進行切割操作，試著將前方數來5個（sample_array[0] ～ sample_array[4]）代入至別的變數sample_array_slice當中。此時，sample_array_slice的結果，自然會是0 ～ 4的陣列。

輸入

```
# 原本的資料
print(sample_array)

# 取得前方的5個數字，代入 sample_array_slice 當中（切割）
sample_array_slice = sample_array[0:5]
print(sample_array_slice)
```

輸出

```
[0 1 2 3 4 5 6 7 8 9]
[0 1 2 3 4]
```

將這個新的變數sample_array_slice前方數來3個（sample_array_slice[0] ～ sample_array_slice[2]）替換為10這個值。它的結果，亦即sample_array_slice，顯然將會是「10 10 10 3 4」，但請留意此時原本的變數sample_array之值也改變了。

輸入

```
# 將sample_array_slice當中到第3個為止的元素替換為10
sample_array_slice[0:3] = 10
print(sample_array_slice)

# 請注意切割的變動也會使得原始的串列元素跟著變動
print(sample_array)
```

輸出

```
[10 10 10  3  4]
[10 10 10  3  4  5  6  7  8  9]
```

5-2- 1-1 資料的複製

像這樣使得原本的變數之值也改變，是因為進行了參照而非複製的緣故。換句話說，「sample_array_slice = sample_array[0:5]」這個代入的語法，雖然看起來是將sample_array前面5個複製到sample_array_slice，但其實並非如此，而是讓sample_array_slice參照到原本的sample_array的前面5個。因此，改變它的值，也會改變原本的值。

想進行複製而不是這樣的參照時，可如下使用copy。如此一來，將是參照到複製的東西，即使將其修改也不會影響原本的資料。

輸入

```
# copy產生另外的object
sample_array_copy = np.copy(sample_array)
print(sample_array_copy)

sample_array_copy[0:3] = 20
print(sample_array_copy)

# 原本串列的元素不會被改變
print(sample_array)
```

輸出

```
[10 10 10  3  4  5  6  7  8  9]
[20 20 20  3  4  5  6  7  8  9]
[10 10 10  3  4  5  6  7  8  9]
```

5-2- 1-2 布林索引參照

接著，來看看布林索引參照的功能。一如其名，這個功能是基於布林值（bool，True或False的真偽值）來決定取出哪些資料。文字說明不容易了解，來看看下面的具體例子吧。

首先，如下所示，準備sample_names與data這2個陣列。sample_names是持有「a」、「b」、「c」、「d」、「a」這5個值之元素的陣列，data則是持有遵循標準常態分

布的5×5隨機值陣列。

輸入

```
# 資料的準備
sample_names = np.array(['a','b','c','d','a'])
random.seed(0)
data = random.randn(5,5)

print(sample_names)
print(data)
```

輸出

```
['a' 'b' 'c' 'd' 'a']
[[ 1.764  0.4    0.979  2.241  1.868]
 [-0.977  0.95  -0.151 -0.103  0.411]
 [ 0.144  1.454  0.761  0.122  0.444]
 [ 0.334  1.494 -0.205  0.313 -0.854]
 [-2.553  0.654  0.864 -0.742  2.27 ]]
```

對這2個陣列，試著使用布林索引參照，基於True或False來取出值吧。 首先，如下對於sample_names指定「=='a'」。如此一來，只有元素之值為「'a'」的部分，結果會是True而被取出。

輸入

```
sample_names == 'a'
```

輸出

```
array([ True, False, False, False, True])
```

將這個結果，如下所示作為條件指定於data變數的[]當中。如此一來，只有結果為True的資料被取出。在這個例子裡，由於是第0個與第4個為True，只有索引為第0個與第4個的資料被取出。這裡因為是對2維陣列進行操作，取出第0列與第4列。這種方式便是布林索引參照。

輸入

```
data[sample_names == 'a']
```

輸出

```
array([[ 1.764,  0.4  ,  0.979,  2.241,  1.868],
       [-2.553,  0.654,  0.864, -0.742,  2.27 ]])
```

5-2- 1-3 條件控制

如果使用numpy.where，當有著 X 與 Y 這2個資料時，可依據是否滿足條件，來取出 X 之元素或 Y 之元素，區分出想取得的資料。它的寫法如下所示。

numpy.where(條件的陣列, X 資料, Y 資料)

當條件的陣列為 True 時取出 X 之資料；若否，則取 Y 的資料。來具體試試吧。在下面的範例當中，指定「True、True、False、False、True」這個資料來作為條件資料。

接著，讓x_array為「1, 2, 3, 4, 5」，y_array為「100, 200, 300, 400, 500」。由於該條件資料為True的是第1個、第2個、第5個，這幾個會從x_array當中取出，其他則從y_array當中取出，結果為「1, 2, 300, 400, 5」。

想如上依條件來區分採用的資料時，numpy.where處理非常方便。

下面來實際試試吧。

輸入

```
# 製作用來條件控制的布林陣列
cond_data = np.array([True,True,False,False,True])

# 製作x_array陣列
x_array= np.array([1,2,3,4,5])

# 製作y_array陣列
y_array= np.array([100,200,300,400,500])

# 進行條件控制
print(np.where(cond_data,x_array,y_array))
```

輸出

```
[  1   2 300 400   5]
```

從x_array將取出陣列的第0個（1）、第1個（2）、第4個（5）數字，而從y_array裡取出第2個（300）、第3個（400）數字。

Practice

【練習問題5-1】

假設如下所示有sample_names與data這2個陣列。請使用布林索引參照，從data取出相當於sample_names之b的資料。

輸入

```
# 資料的準備
sample_names = np.array(['a','b','c','d','a'])
random.seed(0)
data = random.randn(5,5)

print(sample_names)
print(data)
```

輸出

```
['a' 'b' 'c' 'd' 'a']
[[ 1.764  0.4    0.979  2.241  1.868]
 [-0.977  0.95  -0.151 -0.103  0.411]
 [ 0.144  1.454  0.761  0.122  0.444]
 [ 0.334  1.494 -0.205  0.313 -0.854]
 [-2.553  0.654  0.864 -0.742  2.27 ]]
```

【練習問題5-2】

使用練習問題5-1所用的資料sample_names與data，從data取出相當於sample_names之c以外的資料。

5-2- 2 Numpy 的運算處理

在Numpy當中，可刪除重複的元素，也可對所有的元素套用函式計算。

5-2- 2-1 刪除重複

Numpy可使用unique來刪除重複的元素。

輸入

```
cond_data = np.array([True,True,False,False,True])

# 顯示cond_data
print(cond_data)

# 刪除重複
print(np.unique(cond_data))
```

輸出

```
[ True  True False False  True]
[False  True]
```

5-2- 2-2 universal 函式

所謂universal函式，是可對所有的元素套用函式的功能。舉例來說，如下進行
可對所有的元素計算平方根或自然指數函數。

輸入

```
# universal函式
sample_data = np.arange(10)
print('原本的資料：', sample_data)
print('所有元素的平方根：',np.sqrt(sample_data))
print('所有元素的自然指數函數：',np.exp(sample_data))
```

輸出

```
原本的資料：[0 1 2 3 4 5 6 7 8 9]
所有元素的平方根：[0.     1.     1.414 1.732 2.     2.236 2.449 2.646 2.828 3.   ]
所有元素的自然指數函數：[1.000e+00 2.718e+00 7.389e+00 2.009e+01 5.460e+01 1.484e+02 4.034e+02
 1.097e+03 2.981e+03 8.103e+03]
```

5-2- 2-3 最小、最大、平均、總和的計算

雖然第2章用Pandas計算過了，在Numpy裡也能如下進行最小、最大、平均、總和等的計算。可在參數使用axis來指定列或行。

輸入

```
# 使用arange來生成持有9個元素的陣列。以reshape再形成3列3行的矩陣
sample_multi_array_data1 = np.arange(9).reshape(3,3)

print(sample_multi_array_data1)

print('最小值:',sample_multi_array_data1.min())
print('最大值:',sample_multi_array_data1.max())
print('平均:',sample_multi_array_data1.mean())
print('總和:',sample_multi_array_data1.sum())

# 指定列與行來求得總和
print('列的總和:',sample_multi_array_data1.sum(axis=1))
print('行的總和:',sample_multi_array_data1.sum(axis=0))
```

輸出

```
[[0 1 2]
 [3 4 5]
 [6 7 8]]
最小值：0
最大值：8
平均：4.0
總和：36
列的總和：[ 3 12 21]
行的總和：[ 9 12 15]
```

5-2- 2-4 真偽值的判斷

如果使用any或all，可對元素進行條件判斷。any是當至少有1個元素滿足時為True，all則是當所有的元素滿足時為True。它們分別也可使用np.any(cond_data)與np.all(cond_data)這樣的寫法進行計算。

輸入

```
# 真偽值的陣列函式
cond_data = np.array([True,True,False,False,True])

print('是否至少有1個True:',cond_data.any())
print('是否全部為True:',cond_data.all())
```

輸出

```
是否至少有1個True:True
是否全部為True:False
```

此外，如下指定條件之後使用sum，便能查看符合條件的元素之個數。

輸入

```
sample_multi_array_data1 = np.arange(9).reshape(3,3)
print(sample_multi_array_data1)
print('比5大的數字有幾個:',(sample_multi_array_data1>5).sum())
```

輸出

```
[[0 1 2]
 [3 4 5]
 [6 7 8]]
比5大的數字有幾個:3
```

5-2- 2-5 對角元素的計算

矩陣的對角元素（在矩陣左上至右下的對角線上之元素）與它們的和，可如下計算。

輸入

```
# 矩陣計算
sample_multi_array_data1 = np.arange(9).reshape(3,3)
print(sample_multi_array_data1)

print('對角元素:',np.diag(sample_multi_array_data1))
print('對角元素之和:',np.trace(sample_multi_array_data1))
```

輸出

```
[[0 1 2]
 [3 4 5]
 [6 7 8]]
對角元素:[0 4 8]
對角元素之和:12
```

【練習問題 5-4】

對於下面的資料，請顯示對所有元素進行平方根計算的矩陣。

輸入

```
sample_multi_array_data2 = np.arange(16).reshape(4,4)
sample_multi_array_data2
```

輸出

```
array([[ 0,  1,  2,  3],
       [ 4,  5,  6,  7],
       [ 8,  9, 10, 11],
       [12, 13, 14, 15]])
```

【練習問題 5-5】

請求得練習問題 5-4 的資料 sample_multi_array_data2 之最大值、最小值、總和、平均。

【練習問題 5-6】

請求得練習問題 5-4 的資料 sample_multi_array_data2 的對角元素之和。

答案在 Appendix 2

5-2- 3 陣列操作與廣播

在 Numpy 裡，也能變更矩陣的維度，以及進行結合或分割的操作。

5-2- 3-1 再形成

在 Numpy 當中，對於改變矩陣的維度這件事，稱為「再形成」。比如說，假設有著如下資料。

輸入

```
# 資料的準備
sample_array = np.arange(10)
sample_array
```

輸出

```
array([0, 1, 2, 3, 4, 5, 6, 7, 8, 9])
```

此時如果使用 reshape(2, 5)，會再形成為 2 列 5 行的矩陣。

輸入

```
# 再形成
sample_array2 = sample_array.reshape(2,5)
sample_array2
```

輸出

```
array([[0, 1, 2, 3, 4],
       [5, 6, 7, 8, 9]])
```

當然，如下進行便能再形成為5列2行的矩陣。

輸入

```
sample_array2.reshape(5,2)
```

輸出

```
array([[0, 1],
       [2, 3],
       [4, 5],
       [6, 7],
       [8, 9]])
```

5-2- 3-2 資料的結合

如果使用concatenate，便能將資料結合。在參數以axis指定在列方向或行方向進行結合。

在列方向的結合（縱向）

在下面的例子裡，以參數axis指定為0在列方向進行結合。

輸入

```
# 資料的準備
sample_array3 = np.array([[1,2,3],[4,5,6]])
sample_array4 = np.array([[7,8,9],[10,11,12]])
print(sample_array3)
print(sample_array4)

# 在列方向結合。於參數axis指定0
np.concatenate([sample_array3,sample_array4],axis=0)
```

輸出

```
[[1 2 3]
 [4 5 6]]
[[ 7  8  9]
 [10 11 12]]

array([[ 1,  2,  3],
       [ 4,  5,  6],
       [ 7,  8,  9],
       [10, 11, 12]])
```

在列方向的結合也可使用vstack。

輸入

```
# 使用vstack在列方向結合的方法
np.vstack((sample_array3,sample_array4))
```

輸出

```
array([[ 1,  2,  3],
       [ 4,  5,  6],
       [ 7,  8,  9],
       [10, 11, 12]])
```

在行方向的結合（橫向）

若要在行方向結合，將axis設定為1。

輸入

```
# 在行方向結合
np.concatenate([sample_array3,sample_array4],axis=1)
```

輸出

```
array([[ 1,  2,  3,  7,  8,  9],
       [ 4,  5,  6, 10, 11, 12]])
```

在行方向的結合也可使用hstack。

輸入

```
# 在行方向結合的其他方法
np.hstack((sample_array3,sample_array4))
```

輸出

```
array([[ 1,  2,  3,  7,  8,  9],
       [ 4,  5,  6, 10, 11, 12]])
```

5-2- 3-3 陣列的分割

如果使用split，可以分割陣列。首先作為用來說明的例子，準備分割對象的資料sample_array_vstack。

輸入

```
# 資料的準備
sample_array3 = np.array([[1,2,3],[4,5,6]])
sample_array4 = np.array([[7,8,9],[10,11,12]])
sample_array_vstack = np.vstack((sample_array3,sample_array4))
# 顯示產生的資料sample_array_vstack
sample_array_vstack
```

輸出

```
array([[ 1,  2,  3],
       [ 4,  5,  6],
       [ 7,  8,  9],
       [10, 11, 12]])
```

將此資料以split分割。在下面的例子裡，對split指定[1, 3]這個參數，它將是分割方法。具體來說，它意指索引為~1（到1之前）、1~3（從1到3之前）、3~（從3到最後）的方式取出，結果會是分割為3個。請留意索引是從0開始。

輸入

```
# 將sample_array_vstack分割為3個，代入first、second、third這3個變數
first,second,third=np.split(sample_array_vstack,[1,3])

# 顯示first
print(first)
```

輸出

```
[[1 2 3]]
```

first裡代入了~1的索引，亦即第0個值。sample_array_vstack是4列3行的2維陣列，因此第0個值為[[1 2 3]]。

輸入

```
# 顯示second
print(second)
```

輸出

```
[[4 5 6]
 [7 8 9]]
```

輸入

```
# 取出second第一個元素
second[0]
```

輸出

```
array([4, 5, 6])
```

輸入

```
# 顯示third
print(third)
```

輸出

```
[[10 11 12]]
```

再舉一個例子。增加新的資料，看看分割的範例。假設有如下原本的資料。

輸入

```
# 資料的準備
sample_array5 = np.array([[13,14,15],[16,17,18],[19,20,21]])
sample_array_vstack2 = np.vstack((sample_array3,sample_array4,sample_array5))
# 原本的資料
print(sample_array_vstack2)
```

輸出

```
[[ 1  2  3]
 [ 4  5  6]
 [ 7  8  9]
 [10 11 12]
 [13 14 15]
 [16 17 18]
 [19 20 21]]
```

將它如下分割。由於分割參數為[2, 3, 5]，索引為到2之前（0、1）、到3之前（2）、到5之前（3～4）、從5開始到最後這4個。

輸入

```
# 將sample_array_vstack2分割為~2, 2, 3~4, 5~這4個，帶入first、second、
third、fourth
first,second,third,fourth=np.split(sample_array_vstack2,[2,3,5])
print('·第1個：\n',first,'\n')
print('·第2個：\n',second,'\n')
print('·第3個：\n',third,'\n')
print('·第4個：\n',fourth,'\n')
```

輸出

```
·第1個：
[[1 2 3]
 [4 5 6]]

·第2個：
[[7 8 9]]

·第3個：
[[10 11 12]
 [13 14 15]]

·第4個：
[[16 17 18]
 [19 20 21]]
```

將元素取出則如下所示。

輸入

```
first[0]
```

輸出

```
array([1, 2, 3])
```

輸入

```
first[1]
```

輸出

```
array([4, 5, 6])
```

5-2- 3-4 反覆處理

如果使用repeat，便能將各個元素分別反覆生成。

輸入

```
# 如果使用repeat，便能將各個元素以指定的次數反覆生成
first.repeat(5)
```

```
array([1, 1, 1, 1, 1, 2, 2, 2, 2, 2, 3, 3, 3, 3, 3, 4, 4, 4, 4, 4, 5, 5,
       5, 5, 5, 6, 6, 6, 6, 6])
```

5-2- 3-5 廣播

最後是廣播。這是在陣列的大小不同時，能自動地複製元素，讓對象的大小一致的功能。首先準備0到9的資料。

輸入

```
# 資料的準備
sample_array = np.arange(10)
print(sample_array)
```

輸出

```
[0 1 2 3 4 5 6 7 8 9]
```

對於這個資料，如下進行「+3」，可對陣列加上3。此時，對於sample_array + 3這個操作，由於一邊是陣列，另一邊不是陣列，無法直接進行計算。在此Numpy內隱地將元素複製，使得大小一致，如同sample_array + np.array([3, 3, 3, 3, 3, 3, 3, 3, 3, 3])一般進行計算。這便是廣播。

輸入

```
sample_array + 3
```

輸出

```
array([ 3,  4,  5,  6,  7,  8,  9, 10, 11, 12])
```

Numpy的相關說明至此告一段落。由於Numpy是其他函式庫的基礎，除了本節介紹的技巧之外，還有各式各樣的資料處理與概念，請參見參考文獻「A-10」和參考URL「B-7」等。

Practice

【練習問題5-7】

對於下面2個陣列，試試在列方向結合。

輸入

```
# 資料的準備
sample_array1 = np.arange(12).reshape(3,4)
sample_array2 = np.arange(12).reshape(3,4)
```

【練習問題5-8】

對於練習問題5-7的2個陣列，試試在行方向結合。

使用Scipy計算之應用

Keyword 線性內插、樣條內插、interpolate、linalg、奇異值分解、LU分解、丘列斯基分解、數值積分、微分方程式、integrate、最佳化、二分法、牛頓法、optimize

本節將學習在科學計算裡很活躍的Scipy之使用方法。內容將會逐步操作內插、矩陣運算、積分運算、最佳化（線性規劃法的一部分）。此外，也能計算快速傅立葉變換、訊號處理、影像處理。如果有機會採用這些手法，請務必考慮使用Scipy。此外，如同一開始提過的，完全沒有學過相關內容的讀者，只需要了解有這些方法即可，請適當地瀏覽略過。

請參閱參考文獻「A-10」和參考URL「B-8」。

5-3-1 內插

首先，從內插計算開始。執行下面的程式碼，來試著描繪圖形吧。

輸入

```
# 使用 linspace 來生成開始為 0 結束為 10 的 11 個等差數列，作為 x
x = np.linspace(0, 10, num=11, endpoint=True)
# 生成 y 之值
y = np.cos(-x**2/5.0)
plt.plot(x,y,'o')
plt.grid(True)
```

輸出

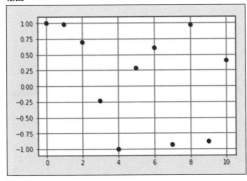

從左邊開始依序追尋描點，可看出這似乎表現某個曲線（當然看程式碼便能發現是使用cos函數來描繪，不過這裡請視為不知道）。

對於這樣的圖形，如「當 x 為4.5時」，在實際的點之間的 x 對應到的 y 是什麼樣

的值呢？考慮這樣的事情便是內插計算。

5-3- 1-1 線性內插

使用Scipy，對於資料之間的內插可以用interp1d來計算。舉例來說，下面對於
點與點之間以1次多項式（線性函數）來連結內插（線性內插）。

輸入

```
from scipy import interpolate

# 線性內插。在interp1d的參數指定「linear」
f = interpolate.interp1d(x, y,'linear')
plt.plot(x,f(x),'-')
plt.grid(True)
```

輸出

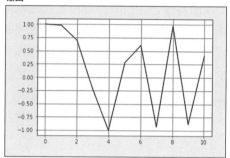

5-3- 1-2 樣條3次內插

接下來，也加上樣條3次內插，來看看圖形吧。樣條3次內插是在點與點之間使
用3次多項式來內插的手法。

輸入

```
# 計算樣條3次內插並增加為f2。在參數指定「cubic」
f2 = interpolate.interp1d(x, y,'cubic')

#為了顯示出曲線，將x值細切
xnew = np.linspace(0, 10, num=30, endpoint=True)

# 圖形化。將f以實線描繪、f2以虛線描繪
plt.plot(x, y, 'o', xnew, f(xnew), '-', xnew, f2(xnew), '--')

# 圖例
plt.legend(['data', 'linear', 'cubic'], loc='best')
plt.grid(True)
```

輸出

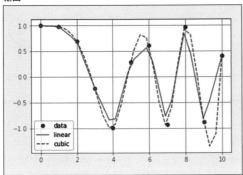

然而，這樣的內插曲線畢竟是使用現在所有的資料來拉出曲線，未必能正確對應至未知的新資料。

後續的機器學習章節將學習相關內容。亦請參見參考URL「B-9」。

【練習問題5-10】

對於下面的資料，請進行線性內插的計算，描繪圖形。

輸入

```
x = np.linspace(0, 10, num=11, endpoint=True)
y = np.sin(x**2/5.0)
plt.plot(x,y,'o')
plt.grid(True)
```

輸出

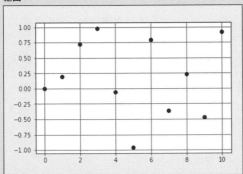

【練習問題5-11】

請使用2次的樣條內插（點與點之間使用2次多項式來內插的方法），描繪至練習問題5-10的圖形裡（2次的樣條內插是在參數指定 quadratic）。

【練習問題5-12】

更進一步，試著加上3次的樣條內插吧。

答案在Appendix 2

5-3- 2 線性代數：矩陣分解

本節將逐步操作矩陣運算的進階應用。由於這個部分比較艱澀，沒有學過線性代數的讀者先略過無妨。

5-3- 2-1 奇異值分解

首先來看看**奇異值分解**（singular value decomposition, SVD）吧。

對於某個矩陣 A 乘上另一個矩陣 x，剛好是原本矩陣的 λ 倍時，將 x 稱為特徵向量、λ 稱為特徵值。以式子表現將如下所示。

$$Ax = x \qquad \text{（式5-3-1）}$$

特徵值的計算雖然以矩陣 A 是正方矩陣為前提，但奇異值分解可說是將這樣的計算延伸到不是正方矩陣之矩陣的計算。如果將矩陣 A 的奇異值分解以式子表示，將如下所示。

$$A = U \sum V^* \qquad \text{（式5-3-2）}$$

在這裡 A 是 (m, n) 矩陣，V 是將 A^*A（$*$ 表示共軛轉置矩陣）的特徵向量視為行向量排列的矩陣，U 是將 AA^* 的特徵向量視為行向量排列的矩陣，Σ 則是將奇異值排列於對角線上的矩陣。

這裡 AA^* 的特徵值是 $min(m, n)$，如果將它們正的特徵值以 σ_i^2 表示，則特徵值的平方根 σ_i 稱為奇異值。具體來說可如下計算。此外，@是用來將矩陣之積簡化的運算子（雖然因 Python 或 Numpy 的版本差異會無法使用，但在 Jupyter Notebook 上是沒有問題的）。

輸入

```
# (2, 5)矩陣
A = np.array([[1,2,3,4,5],[6,7,8,9,10]])

# 奇異值分解的函式linalg.svd
U, s, Vs = sp.linalg.svd(A)
m, n = A.shape

S = sp.linalg.diagsvd(s,m,n)

print('U.S.V* = \n',U@S@Vs)
```

輸出

```
U.S.V* =
 [[ 1.  2.  3.  4.  5.]
 [ 6.  7.  8.  9. 10.]]
```

5-3- 2-2 LU分解

接著是**LU分解**。如果 A 是正方矩陣，想求解 $Ax = b$，取而代之地求解 $PLUx = b$ 將更有效率，這便是LU分解。它使得置換矩陣 P、對角元素均為1的下三角矩陣 L、上三角矩陣 U 之間有 $A = PLU$ 的關係。具體的計算如下所示。

輸入

```
#資料的準備
A = np.identity(5)
A[0,:] = 1
A[:,0] = 1
A[0,0] = 5
b = np.ones(5)

# 對正方矩陣進行LU分解
(LU,piv) = sp.linalg.lu_factor(A)

L = np.identity(5) + np.tril(LU,-1)
U = np.triu(LU)
P = np.identity(5)[piv]

# 求解
x = sp.linalg.lu_solve((LU,piv),b)
x
```

輸出

```
array([-3.,  4.,  4.,  4.,  4.])
```

5-3- 2-3 丘列斯基分解

其次是**丘列斯基分解**（Cholesky factorization）。當矩陣 A 為埃爾米特矩陣（Hermitian matrix）之正定矩陣時，分解為下三角矩陣 L、共軛轉置 L^* 之積 $A=LL^*$ 的，便是丘列斯基分解。方程式為 $LL^*x = b$，對其求解。

輸入

```
A = np.array([[7, -1, 0, 1],
              [-1, 9, -2, 2],
              [0, -2, 8, -3],
              [1, 2, -3, 10]])
b = np.array([5, 20, 0, 20])


L = sp.linalg.cholesky(A)

t = sp.linalg.solve(L.T.conj(), b)
```

輸出

```
[0.758 2.168 1.241 1.863]
```

```
x = sp.linalg.solve(L, t)

# 解答
print(x)
```

輸入

```
# 確認
np.dot(A,x)
```

輸出

```
array([5.000e+00, 2.000e+01, 2.665e-15, 2.000e+01])
```

除此之外，也能做到 QR 分解等。礙於篇幅省略，請參見參考 URL「B-11」。

使用 Scipy 來進行線性代數和矩陣分解的說明，至此告一段落。

雖然只看矩陣分解的計算很難想像究竟能用在什麼樣的地方，但其實實務上會應用於商品的推薦等（非負值矩陣因式分解：non-negative matrix factorization, NMF 等）。

處理購買資料時，對於一個個購買（購物籃、購物使用者），經常在各個購買商品上附加標籤轉換為矩陣，但大多是稀疏（sparse）的狀態，如果就這樣直接統計、分析，通常無法獲得有意義的結果。因此，為了降低維度，使用矩陣分解的結果。相關內容參考書籍可參見參考文獻「A-11」。

順帶一提，非負值矩陣因式分解是將某個矩陣 X 以 $X \fallingdotseq WH$ 近似時，這近似後的矩陣 W、H 之元素全部為正。

下面的例子使用 Scikit-learn 的 decomposition 來進行計算。

輸入

```
# 使用 NMF
from sklearn.decomposition import NMF

# 分解對象矩陣
X = np.array([[1,1,1], [2,2,2],[3,3,3], [4,4,4]])

model = NMF(n_components=2, init='random', random_state=0)

W = model.fit_transform(X)
H = model.components_
W
```

輸出

```
array([[0.425, 0.222],
       [0.698, 0.537],
       [0.039, 1.434],
       [2.377, 0.463]])
```

輸入

```
H
```

輸出

```
array([[1.281, 1.281, 1.282],
       [2.058, 2.058, 2.058]])
```

輸入

```
np.dot(W, H)    #W@H亦可
```

輸出

```
array([[1., 1., 1.],
       [2., 2., 2.],
       [3., 3., 3.],
       [4., 4., 4.]])
```

5-3

Practice

【練習問題5-13】

對於下面的矩陣，請進行奇異值分解。

輸入

```
B = np.array([[1,2,3],[4,5,6],[7,8,9],[10,11,12]])
B
```

輸出

```
array([[ 1,  2,  3],
       [ 4,  5,  6],
       [ 7,  8,  9],
       [10, 11, 12]])
```

【練習問題5-14】

對於下面的矩陣，請進行 LU 分解，求解方程式 $Ax = b$。

輸入

```
#資料的準備
A = np.identity(3)
print(A)
A[0,:] = 1
A[:,0] = 1
A[0,0] = 3
b = np.ones(3)
print(A)
print(b)
```

輸出

```
[[1. 0. 0.]
 [0. 1. 0.]
 [0. 0. 1.]]
[[3. 1. 1.]
 [1. 1. 0.]
 [1. 0. 1.]]
[1. 1. 1.]
```

答案在Appendix 2

5-3- 3 積分與微分方程式

接下來，說明積分計算與求解微分方程式的方法。

5-3- 3-1 積分計算

首先，從積分計算開始。如果使用 Scipy，可求解如下的（數值）積分。

$$\int_0^1 \frac{4}{1+x^2} dx$$

（式 5-3-3）

計算結果實際上會相等於 π (3.14...)，來用下面的程式碼確認吧。積分計算使用 integrate.quad。

輸入

```
# 積分計算
from scipy import integrate
import math
```

緊接著，將這個函數如下定義。

輸入

```
def calcPi(x):
    return 4/(1+x**2)
```

5-3

對於這樣的計算，使用 integrate.quad。在 integrate.quad 的第 1 個引數，指定想進行積分的函數。接下來的第 2 個、第 3 個引數，用來設定積分範圍。

輸入

```
# 計算結果與估計誤差
integrate.quad(calcPi, 0, 1)
```

輸出

```
(3.142, 0.000)
```

下面是將相同的計算以匿名函式來執行的方式。

輸入

```
# 也可以匿名函式來撰寫
integrate.quad(lambda x: 4/(1+x**2), 0, 1)
```

輸出

```
(3.142, 0.000)
```

應該可以發現無論哪一邊都幾乎是 3.14。

5-3- 3-2 計算 sin 函數的範例

作為另一個例子，來計算 sin 函數吧。

輸入

```
from numpy import sin
integrate.quad(sin, 0, math.pi/1)
```

輸出

```
(2.000, 0.000)
```

也能計算 2 重積分。

$$\int_0^\infty \int_1^\infty \frac{\mathrm{e}^{-xt}}{t^n} dt dx \qquad （式 5-3-4）$$

當然這也能手動計算，結果會是 $\frac{1}{n}$，不過使用 integrate.dblquad 來確認吧。由於是

電腦的數值運算，不會如同先前完全一致，會產生誤差。

輸入

```
# 2重積分
def I(n):
    return integrate.dblquad(lambda t, x: np.exp(-x*t)/t**n, 0, np.inf, lambda x: 1, lambda x: np.inf)
print('n=1時:',I(1))
print('n=2時:',I(2))
print('n=3時:',I(3))
print('n=4時:',I(4))
```

輸出

```
n=1時：(1.0000000000048965, 6.360750360104306e-08)
n=2時：(0.4999999999985751, 1.3894083651858995e-08)
n=3時：(0.33333333325010883, 1.3888461883425516e-08)
n=4時：(0.2500000000043577, 1.2983033469368098e-08)
```

5-3- 3-3 微分方程式的計算

作為參考，使用 Scipy 也可以計算微分方程式。下面是混沌理論著名的勞侖茲方程式。

$$\frac{dx}{dt} = -px + py$$
$$\frac{dy}{dt} = -xz + rx - y$$
$$\frac{dz}{dt} = xy - bz$$

（式 5-3-5）

將它們以 Python 表現，如下所示。在這裡，v 表示向量，勞侖茲方程式的 x, y, z 分別對應至 v[0], v[1], v[2]。

輸入

```
# 模組的匯入
import numpy as np
from scipy.integrate import odeint
import matplotlib.pyplot as plt
from mpl_toolkits.mplot3d import Axes3D

# 勞侖茲方程式
def lorenz_func(v, t, p, r, b):
    return [-p*v[0]+p*v[1], -v[0]*v[2]+r*v[0]-v[1], v[0]*v[1]-b*v[2]]
```

接著，對於 lorenz_func 代入勞侖茲在論文裡給的參數 $p = 10$、$r = 28$、$b = \frac{8}{3}$，求解微分方程式並圖形化。微分方程式可使用 odeint 來求解。

```
# 參數的設定
p = 10
r = 28
b = 8/3
v0 = [0.1, 0.1, 0.1]
t = np.arange(0, 100, 0.01)

# 函式的呼叫
v = odeint(lorenz_func, v0, t, args=(p, r, b))

# 視覺化
fig = plt.figure()
ax = fig.gca(projection='3d')
ax.plot(v[:, 0], v[:, 1], v[:, 2])

# 標籤等
plt.title('Lorenz')
plt.grid(True)
```

輸出

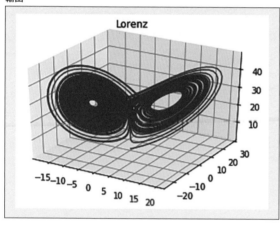

如此一來，可得知其解會在3維空間裡描繪不規則的軌跡。

關於本節相關內容，請參見參考URL「B-12」和「B-13」等。

【練習問題5-15】

來試著求解下面的積分吧。

$$\int_0^2 (x+1)^2 dx$$

（式5-3-6）

【練習問題5-16】

來試著求解cos函數的區間$(0, \pi)$之積分吧。

答案在Appendix 2

5-3- **4** 最佳化

最後，來學習最佳化計算（線性規劃法）的方法吧。此外，本節會介紹求得方程式之解的計算。由於最佳化計算使用 optimize，將其匯入。

輸入

```
from scipy.optimize import fsolve
```

5-3- **4-1** 二次函數的最佳化

首先，作為具體的例子，關於下面的二次函數，來考慮使得 $f(x)$ 為 0 的 x 吧。

當然，可以用公式來求得它的解，不過為了知道如何使用 Scipy 的 optimize，試著以 optimize 來求解。

$$f(x) = 2x^2 + 2x - 10 \qquad \text{（式 5-3-7）}$$

將該函數如下定義。

輸入

```
def f(x):
    y = 2 * x**2 + 2 * x - 10
    return y
```

試著將它圖形化。

輸入

```
# 試著圖形化
x = np.linspace(-4,4)
plt.plot(x,f(x))
plt.plot(x,np.zeros(len(x)))
plt.grid(True)
```

輸出

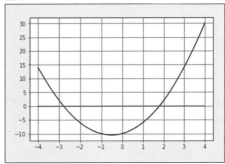

由於從圖形可看出解落在 2 與 -3 附近，如下讓它進行計算，為我們求解。

```
# x = 2附近
x = fsolve(f,2)
print(x)
```

```
[1.791]
```

```
# x = -3附近
x = fsolve(f,-3)
print(x)
```

```
[-2.791]
```

5-3- 4-2 求解最佳化問題

那麼，來考慮下面的最佳化問題吧。式子當中第2行的 $s.t.$ 是指 subject to。

$$\min x_1 x_4 (x_1 + x_2 + x_3) + x_3$$
$$s.t. \ x_1 x_2 x_3 x_4 \geq 25$$
$$1 \leq x_1, x_2, x_3, x_4 \leq 5 \qquad \text{（式 5-3-8）}$$
$$x_0 = (1, 5, 5, 1)$$
$$40 - (x_1^2 + x_2^2 + x_3^2 + x_4^2) \geq 0$$

上述是將寫在 min 之後的函數進行最小化，但在 $s.t.$ 後面寫著數個條件式。基於這些條件，來求出最小值。為了使用 minimize，如下進行匯入。

```
from scipy.optimize import minimize
```

接下來，將目標函數

$$x_1 x_4 (x_1 + x_2 + x_3) + x_3 \qquad \text{（式 5-3-9）}$$

如下定義。

輸入

```
# 目標函數
def objective(x):
    x1 = x[0]
    x2 = x[1]
    x3 = x[2]
    x4 = x[3]
    return x1*x4*(x1+x2+x3)+x3
```

緊接著，將 *s.t.* 之後的限制條件分別寫為程式碼。

輸入

```
# 限制式子1
def constraint1(x):
    return x[0]*x[1]*x[2]*x[3]-25.0

# 限制式子2
def constraint2(x):
    sum_sq = 40
    for i in range(4):
        sum_sq = sum_sq - x[i]**2
    return sum_sq

# 初始值
x0 = [1,5,5,1]
print(objective(x0))
```

輸出

```
16
```

為了使用 minimize，如下新增變數。type 是 ineq、fun 是 constraint1，關於這些參數，請一邊看著上面出現的式子，來了解它們的意義。

輸入

```
b = (1.0,5.0)
bnds = (b,b,b,b)
con1 = {'type':'ineq','fun':constraint1}
con2 = {'type':'ineq','fun':constraint2}
cons = [con1,con2]
```

以上便完成了準備工作，可以進行最佳化計算。

要執行可如下使用 minimize。對於第 1 個引數，設定對象的函式；接下來的引數則設定條件式子等。其中，在 method 裡指定的「SLSQP」是 Sequential Least SQuares Programming 的縮寫，意指序列二次規劃法。

輸入

```
sol = minimize(objective,x0,method='SLSQP',bounds=bnds,constraints=cons)
print(sol)
```

輸出

```
    fun: 17.01401724549506
    jac: array([14.572, 1.379, 2.379, 9.564])
message: 'Optimization terminated successfully.'
   nfev: 30
    nit: 5
   njev: 5
 status: 0
success: True
      x: array([1.    , 4.743, 3.821, 1.379])
```

從上述結果可知，當 x 為如下的值時，該函數得到 17 這個最小值。

輸入	輸出
``` print('Y:',sol.fun) print('X:',sol.x) ```	``` Y: 17.01401724549506 X: [1. 4.743 3.821 1.379] ```

　　Scipy 的相關說明至此告一段落。辛苦了。對於剛開始接觸的讀者來說，這些概念或許有些艱澀，不過除了本章提到的計算之外，還有許多科學計算方法（如 fft、統計函數 stats、數位訊號的濾波器等）。亦請參見前文介紹的網站和參考 URL「B-14」。下一章將進一步學習如何使用 Pandas 來操作資料。

Practice

【練習問題 5-17】

請使用 Scipy，計算使得下面的函數為 0 之解。

$$f(x) = 5x - 10 \qquad （式 5-3-10）$$

【練習問題 5-18】

同樣地，來計算使得下面的函數為 0 之解吧。

$$f(x) = x^3 - 2x^2 - 11x + 12 \qquad （式 5-3-11）$$

答案在 Appendix 2

Practice

第 5 章　綜合問題

【綜合問題 5-1　丘列斯基分解】

對於下面的矩陣，請運用丘列斯基分解，來求解方程式 $Ax = b$。

輸入

```
A = np.array([[5, 1, 0, 1],
              [1, 9, -5, 7],
              [0, -5, 8, -3],
              [1, 7, -3, 10]])
b = np.array([2, 10, 5, 10])
```

【綜合問題 5-2　積分】

來試著計算定義於 $0 \le x \le 1$、$0 \le y \le 1-x$ 三角領域裡的下列函數之積分值吧。

$$\int_0^1 \int_0^{1-x} 1/(\sqrt{(x+y)}(1+x+y)^2)\,dy\,dx \qquad （式 5-3-12）$$

【綜合問題 5-3 最佳化問題】

試著使用 Scipy 來求解下面的最佳化問題吧。

$$min \ f(x) = x^2 + 1$$
$$s.t.x \geq -1$$

（式 5-3-13）

答案在 Appendix 2

Chapter **6**

使用Pandas進行
資料加工處理

本章將針對第 2 章學過的 Pandas，更進一步學習細節。如同在第 2 章裡學過的，Pandas 能抽出、操作滿足某種條件的資料，具備各式各樣的功能。此外，Pandas 還能對特定的基準進行統計、連結多個資料、補上欠缺的資料、一併計算時序資料等等，有彈性地進行複雜的處理。由於後半部章節及套用機器學習的模型之前的預處理，都經常使用 Pandas，請在本章確實學好。

Goal 強化使用 Pandas 對資料的抽出、操作、處理方法之知識。

概要與事前準備

Keyword Pandas、資料加工處理、時序資料

本章將進一步學習使用Pandas來進行資料加工處理。如同在第2章裡學過的，Pandas能抽出、操作滿足某種條件的資料，具備各式各樣的功能。

舉例來說，考慮在日本全國的小學實施相同的數學測驗。應該有時只想取出各個都道府縣的最高分，有時則想取出各個都道府縣的平均值吧。像這樣，有著各種統計基準。甚至，有時想以都道府縣×學校×班級這3個基準來計算平均值，或者更進一步以男女別來計算等等，包含使用多個基準的需求。如果使用Pandas，便能像這樣進行統計。此外，想連結其他資料（例如國語的測驗結果）時，只要有鍵（分配給各個學生的唯一資料等），也能結合為1個DataFrame物件，來統整地進行處理。

操作時序資料時，Pandas也很有幫助。舉例來說，處理某店鋪的日期時間之銷售額變化資料時，能簡單地計算每週或每月的平均值變化。儘管逐一撰寫這些程式非常辛苦，但藉由Pandas，這樣的計算只需撰寫1～2行左右的程式碼便能執行。甚至當資料裡混有遺漏值或某些異常值，想對它們以某種方法一併處理，Pandas也能派上用場。

當然，這些處理可以自己從頭開始撰寫Python的程式來進行，但實作需要花費不少時間。與之相較，如果使用Pandas的功能，便能簡單地操作。此外，建構機器學習的模型時，為了使用它的演算法，需要對資料進行預處理。例如，有時需要將縱向排列的資料之行改為橫向排列，這樣的操作使用Pandas就能簡單完成。

對於上述資料操作情況，也能使用SQL或Excel的樞紐分析表（PivotTable）等來處理，如果想只用Python程式一貫作業、撰寫程式，使用Pandas會非常方便。

此外，Pandas還有圖形的描繪功能，對於操作過的資料能立即描繪為圖形。關於資料的圖形化，將在第7章逐步說明。

6-1-1 匯入用於本章的函式庫

本章將使用第2章介紹過的各種函式庫。以如下的匯入方式作為前提，來進行說明。

輸入

```
# 為了使用下面的函式庫，請預先匯入
import numpy as np
import numpy.random as random
import scipy as sp
import pandas as pd
from pandas import Series, DataFrame

# 視覺化函式庫
import matplotlib.pyplot as plt
import matplotlib as mpl
import seaborn as sns
%matplotlib inline

# 顯示到小數點後第3位
%precision 3
```

輸出

```
'%.3f'
```

Pandas的基本資料操作

Keyword 階層型索引、內部結合、外部結合、縱結合、資料的樞紐操作、重複資料、映射、分箱、groupby

首先，從Pandas的基本資料操作開始。

6-2- 1 階層型索引

想將資料以多個基準來進行統計時，可設定**階層型索引**以方便作業。

第2章稍微提過Pandas的索引，它像是標籤這樣的東西。雖然第2章只處理了1個索引，但如同本章一開始的說明，有時想以多個基準來階層式設定索引。藉由階層式設定索引，能逐層進行統計，非常方便。

下面示範的資料集範例將索引以2層構造進行設定。要設定索引（index），在index參數裡設定該值。在這個例子當中，第1層的索引設定為a與b，第2層的索引設定為1與2。

此外，設定行（columns），第一層為Osaka、Tokyo、Osaka，第2層為Blue、Red、Red。

輸入

```
# 製作3行3列的資料，設定index與columns
hier_df= DataFrame(
    np.arange(9).reshape((3,3)),
    index = [
        ['a','a','b'],
        [1,2,2]
    ],
    columns = [
        ['Osaka','Tokyo','Osaka'],
        ['Blue','Red','Red']
    ]
)
hier_df
```

輸出

		Osaka	Tokyo	Osaka
		Blue	Red	Red
a	1	0	1	2
	2	3	4	5
b	2	6	7	8

對於這些index與columns，也能附加名稱。

輸入

```
# 對index附加名稱
hier_df.index.names =['key1','key2']
# 對columns附加名稱
hier_df.columns.names =['city','color']
hier_df
```

輸出

city		Osaka	Tokyo	Osaka
	color	Blue	Red	Red
key1	key2			
a	1	0	1	2
	2	3	4	5
b	2	6	7	8

6-2- 1-1 對行進行過濾

假設只想觀察city為Osaka這行的資料吧。如下所示，便能進行群組的過濾。

輸入

```
hier_df['Osaka']
```

輸出

	color	Blue	Red
key1	key2		
a	1	0	2
	2	3	5
b	2	6	8

6-2- 1-2 以索引為基準來統計

接著是以索引為基準來統計的例子。下面的範例以key2為基準來計算總和。

輸入

```
# 每層的摘要統計量：列的總和
hier_df.sum(level = 'key2', axis = 0)
```

輸出

city	Osaka	Tokyo	Osaka
color	Blue	Red	Red
key2			
1	0	1	2
2	9	11	13

同樣地，以color為基準來計算總和時，可如下進行。若要在行方向上計算總和，將axis參數設定為1。

```
# 行的總和
hier_df.sum(level = 'color', axis = 1)
```

	color	Blue	Red
key1	key2		
a	1	0	3
	2	3	9
b	2	6	15

6-2- 1-3 索引元素的刪除

想刪除某個索引時，可使用 drop 方法，來刪除索引的元素。在下面的例子裡，刪除 key1 的 b。

輸入

```
hier_df.drop(['b'])
```

輸出

	city	Osaka	Tokyo	Osaka
	color	Blue	Red	Red
key1	key2			
a	1	0	1	2
	2	3	4	5

Practice

【練習問題6-1】

對於下面的資料，試著只取出 Kyoto 的行吧。

輸入

```
hier_df1 = DataFrame(
    np.arange(12).reshape((3,4)),
    index = [['c','d','d'],[1,2,1]],
    columns = [
        ['Kyoto','Nagoya','Hokkaido','Kyoto'],
        ['Yellow','Yellow','Red','Blue']
    ]
)

hier_df1.index.names = ['key1','key2']
hier_df1.columns.names = ['city','color']
hier_df1
```

輸出

	city	Kyoto	Nagoya	Hokkaido	Kyoto
	color	Yellow	Yellow	Red	Blue
key1	key2				
c	1	0	1	2	3
	2	4	5	6	7
d	1	8	9	10	11

【練習問題6-2】

對於練習問題6-1的資料，請將city進行統整來取出行之間的平均值吧。

【練習問題6-3】

對於練習問題6-1的資料，請試著依照每個key2來計算列的總和值吧。

答案在 Appendix 2

6-2-2 資料的結合

第2章已稍微學過資料的結合。想對資料進行結合的情況很多，藉由對資料進行連結來方便總計，或是能得知基於新的基準得到的值。請務必熟悉這項處理。

然而，雖然都說是結合，但其實有各種各樣的方式。接下來逐步介紹。

首先，準備在這個小節作為結合對象的資料。這裡使用下面列出的data1（以下稱為資料1）和data2（以下稱為資料2）共兩項資料。

輸入

```
# 資料1的準備
data1 = {
    'id': ['100', '101', '102', '103', '104', '106', '108', '110', '111',' 113'],
    'city': ['Tokyo', 'Osaka', 'Kyoto', 'Hokkaido', 'Tokyo', 'Tokyo', 'Osaka', 'Kyoto', 'Hokkaido',
'Tokyo'],
    'birth_year': [1990, 1989, 1992, 1997, 1982, 1991, 1988, 1990, 1995, 1981],
    'name': ['Hiroshi', 'Akiko', 'Yuki', 'Satoru', 'Steeve', 'Mituru', 'Aoi', 'Tarou',
'Suguru','Mitsuo']
}
df1 = DataFrame(data1)
df1
```

輸出

	id	city	birth_year	name
0	100	Tokyo	1990	Hiroshi
1	101	Osaka	1989	Akiko
2	102	Kyoto	1992	Yuki
3	103	Hokkaido	1997	Satoru
4	104	Tokyo	1982	Steeve
5	106	Tokyo	1991	Mituru
6	108	Osaka	1988	Aoi
7	110	Kyoto	1990	Tarou
8	111	Hokkaido	1995	Suguru
9	113	Tokyo	1981	Mitsuo

```
# 資料2的準備
data2 = {
    'id': ['100', '101', '102', '105', '107'],
    'math': [50, 43, 33, 76, 98],
    'english': [90, 30, 20, 50, 30],
    'sex': ['M','F','F','M','M'],
    'index_num': [0, 1, 2, 3, 4]
}
df2 = DataFrame(data2)
df2
```

輸出

	id	math	english	sex	index_num
0	100	50	90	M	0
1	101	43	30	F	1
2	102	33	20	F	2
3	105	76	50	M	3
4	107	98	30	M	4

6-2- 2-1 結合

那麼，來看看將這兩項資料進行結合的方法吧。將資料1與資料2進行結合的方式，有下列四種。

① **內部結合**（inner join）：當兩方均有該鍵時結合。

② **全結合**（full join）：當其中一邊有該鍵時結合。

③ **左外部結合**（left join）：當左側的資料存在該鍵時結合。

④ **右外部結合**（right join）：當右側的資料存在該鍵時結合。

下面主要使用「內部結合」與「（左）外部結合」。請先了解這兩種方式。

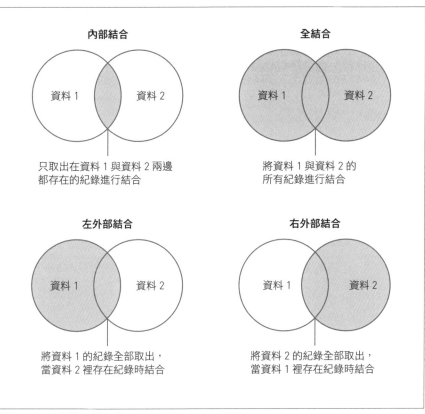

圖 6-2-1　結合的四種方式

6-2- 2-2 內部結合

　　merge方法的結合方式預設為內部結合。對於上述的資料2，如果以id為鍵進行
內部結合，結果如下所示。以on參數指定鍵。

輸入

```
# 資料的合併（內部結合。雖然鍵可自動被辨識，以on來明確指定也可以）
print(' · 結合Table')
pd.merge(df1, df2, on = 'id')
```

輸出

```
· 結合Table

    id   city  birth_year    name  math  english  sex  index_num
0  100  Tokyo        1990  Hiroshi    50       90    M          0
1  101  Osaka        1989    Akiko    43       30    F          1
2  102  Kyoto        1992     Yuki    33       20    F          2
```

　　只有當id之值在兩邊的DataFrame物件裡都存在的紀錄會被顯示。

6-2- 2-3 全結合

下面的例子是將兩邊存在的資料進行結合，這便是全結合。全結合藉由在how參數指定outer來進行。當可結合的值不存在時，則為NaN。

輸入

```
# 資料的合併（全結合）
pd.merge(df1, df2, how = 'outer')
```

輸出

	id	city	birth_year	name	math	english	sex	index_num
0	100	Tokyo	1990.0	Hiroshi	50.0	90.0	M	0.0
1	101	Osaka	1989.0	Akiko	43.0	30.0	F	1.0
2	102	Kyoto	1992.0	Yuki	33.0	20.0	F	2.0
3	103	Hokkaido	1997.0	Satoru	NaN	NaN	NaN	NaN
4	104	Tokyo	1982.0	Steeve	NaN	NaN	NaN	NaN
5	106	Tokyo	1991.0	Mituru	NaN	NaN	NaN	NaN
6	108	Osaka	1988.0	Aoi	NaN	NaN	NaN	NaN
7	110	Kyoto	1990.0	Tarou	NaN	NaN	NaN	NaN
8	111	Hokkaido	1995.0	Suguru	NaN	NaN	NaN	NaN
9	113	Tokyo	1981.0	Mitsuo	NaN	NaN	NaN	NaN
10	105	NaN	NaN	NaN	76.0	50.0	M	3.0
11	107	NaN	NaN	NaN	98.0	30.0	M	4.0

其中，如果使用left_index參數、right_on參數，便能以索引指定鍵來結合。

接下來的例子，是將左側的資料之索引，以及右側資料之index_num行作為鍵來指定的範例。

輸入

```
# 使用index來合併
pd.merge(df1, df2, left_index = True, right_on = 'index_num')
```

輸出

	id_x	city	birth_year	name	id_y	math	english	sex	index_num
0	100	Tokyo	1990	Hiroshi	100	50	90	M	0
1	101	Osaka	1989	Akiko	101	43	30	F	1
2	102	Kyoto	1992	Yuki	102	33	20	F	2
3	103	Hokkaido	1997	Satoru	105	76	50	M	3
4	104	Tokyo	1982	Steeve	107	98	30	M	4

6-2- 2-4 左外部結合

左外部結合是在how參數裡指定left。下面的例子是配合左側的Table（第1個引數），結合DataFrame物件資料的範例。當右側（第2個引數）裡沒有對應於左側的資料，則為NaN。

輸入

```
# 資料的合併（left）
pd.merge(df1, df2, how = 'left')
```

輸出

	id	city	birth_year	name	math	english	sex	index_num
0	100	Tokyo	1990	Hiroshi	50.0	90.0	M	0.0
1	101	Osaka	1989	Akiko	43.0	30.0	F	1.0
2	102	Kyoto	1992	Yuki	33.0	20.0	F	2.0
3	103	Hokkaido	1997	Satoru	NaN	NaN	NaN	NaN
4	104	Tokyo	1982	Steeve	NaN	NaN	NaN	NaN
5	106	Tokyo	1991	Mituru	NaN	NaN	NaN	NaN
6	108	Osaka	1988	Aoi	NaN	NaN	NaN	NaN
7	110	Kyoto	1990	Tarou	NaN	NaN	NaN	NaN
8	111	Hokkaido	1995	Suguru	NaN	NaN	NaN	NaN
9	113	Tokyo	1981	Mitsuo	NaN	NaN	NaN	NaN

6-2- 2-5 縱結合

　　截至目前為止，都是藉由某個鍵的關係來合併資料，不過也能使用concat方法，將資料在縱方向疊起來。這稱為「縱結合」。

輸入

```
# 資料3的準備
data3 = {
    'id': ['117', '118', '119', '120', '125'],
    'city': ['Chiba', 'Kanagawa', 'Tokyo', 'Fukuoka', 'Okinawa'],
    'birth_year': [1990, 1989, 1992, 1997, 1982],
    'name': ['Suguru', 'Kouichi', 'Satochi', 'Yukie', 'Akari']
}
df3 = DataFrame(data3)
df3
```

輸出

	id	city	birth_year	name
0	117	Chiba	1990	Suguru
1	118	Kanagawa	1989	Kouichi
2	119	Tokyo	1992	Satochi
3	120	Fukuoka	1997	Yukie
4	125	Okinawa	1982	Akari

輸入

```
# concat 縱結合
concat_data = pd.concat([df1,df3])
concat_data
```

輸出

	id	city	birth_year	name
0	100	Tokyo	1990	Hiroshi
1	101	Osaka	1989	Akiko
2	102	Kyoto	1992	Yuki
3	103	Hokkaido	1997	Satoru
4	104	Tokyo	1982	Steeve
5	106	Tokyo	1991	Mituru
6	108	Osaka	1988	Aoi
7	110	Kyoto	1990	Tarou
8	111	Hokkaido	1995	Suguru
9	113	Tokyo	1981	Mitsuo
0	117	Chiba	1990	Suguru
1	118	Kanagawa	1989	Kouichi
2	119	Tokyo	1992	Satochi
3	120	Fukuoka	1997	Yukie
4	125	Okinawa	1982	Akari

Practice

【練習問題 6-4】

對於下面兩個資料 Table，試著進行內部結合吧。

輸入

```
# 資料4的準備
data4 = {
    'id': ['0', '1', '2', '3', '4', '6', '8', '11', '12', '13'],
    'city': ['Tokyo', 'Osaka', 'Kyoto', 'Hokkaido', 'Tokyo', 'Tokyo', 'Osaka', 'Kyoto',
'Hokkaido', 'Tokyo'],
    'birth_year': [1990, 1989, 1992, 1997, 1982, 1991, 1988, 1990, 1995, 1981],
    'name': ['Hiroshi', 'Akiko', 'Yuki', 'Satoru', 'Steeve', 'Mituru', 'Aoi', 'Tarou',
'Suguru', 'Mitsuo']
}
df4 = DataFrame(data4)
df4
```

輸出

	id	city	birth_year	name
0	0	Tokyo	1990	Hiroshi
1	1	Osaka	1989	Akiko
2	2	Kyoto	1992	Yuki
3	3	Hokkaido	1997	Satoru
4	4	Tokyo	1982	Steeve
5	6	Tokyo	1991	Mituru
6	8	Osaka	1988	Aoi
7	11	Kyoto	1990	Tarou
8	12	Hokkaido	1995	Suguru
9	13	Tokyo	1981	Mitsuo

輸入

```
# 資料5的準備
data5 = {
    'id': ['0', '1', '3', '6', '8'],
    'math' : [20, 30, 50, 70, 90],
    'english': [30, 50, 50, 70, 20],
    'sex': ['M', 'F', 'F', 'M', 'M'],
    'index_num': [0, 1, 2, 3, 4]
}
df5 = DataFrame(data5)
df5
```

輸出

	id	math	english	sex	index_num
0	0	20	30	M	0
1	1	30	50	F	1
2	3	50	50	F	2
3	6	70	70	M	3
4	8	90	20	M	4

【練習問題6-5】

使用練習問題6-4的資料，試著以df4為基底，將df5的Table進行全結合吧。

【練習問題6-6】

使用練習問題6-4的資料，試著對於df4，將下面的資料進行縱結合吧。

輸入

```
# 資料的準備
data6 = {
    'id': ['70', '80', '90', '120', '150'],
    'city': ['Chiba', 'Kanagawa', 'Tokyo', 'Fukuoka', 'Okinawa'],
    'birth_year': [1980, 1999, 1995, 1994, 1994],
    'name': ['Suguru', 'Kouichi', 'Satochi', 'Yukie', 'Akari']
}
df6 = DataFrame(data6)
```

答案在 Appendix 2

6-2- 3　資料的操作與變換

　　接著，逐步來處理資料的操作與變換（樞紐操作、資料重複時的處理、映射〔mapping〕、分箱〔binning〕等）。

首先，來學習資料的樞紐操作。所謂樞紐操作，是將列改為行、行改為列的操作。這裡再次以目前為止所使用的階層 Table 資料 hier_df 為例來考慮。

輸入

```
# 準備hier_df
hier_df= DataFrame(
    np.arange(9).reshape((3, 3)),
    index = [
        ['a', 'a', 'b'],
        [1, 2, 2]
    ],
    columns = [
        ['Osaka', 'Tokyo', 'Osaka'],
        ['Blue','Red','Red']
    ]
)
hier_df
```

輸出

		Osaka Blue	Tokyo Red	Osaka Red
a	1	0	1	2
	2	3	4	5
b	2	6	7	8

如下執行 stack 方法，便能將列與行互相調換，重新組成 DataFrame 物件。

輸入

```
# 藉由樞紐操作將「Blue、Red」之行變更為列
hier_df.stack()
```

輸出

			Osaka	Tokyo
a	1	Blue	0	NaN
		Red	2	1.0
	2	Blue	3	NaN
		Red	5	4.0
b	2	Blue	6	NaN
		Red	8	7.0

如果使用 unstack 方法，便能進行相反的操作。

輸入

```
# 使用unstack方法將「Blue、Red」之列變更為行
hier_df.stack().unstack()
```

輸出

		Osaka Blue	Red	Tokyo Blue	Red
a	1	0	2	NaN	1.0
b	2	3	5	NaN	4.0
	2	6	8	NaN	7.0

藉由上述的資料操作，能讓行裡的資料轉變為存放在列當中，或是讓列裡的資料轉變為存放在行當中。

這些技巧常作為資料模型化的前置處理，非常方便，請務必了解運用。

重複資料的消除

接著，處理出現重複的資料。進行資料分析時，有時會出現資料裡重複的狀況，自己在實際統計時可能混入了重複的部分，因此這樣的確認有重要意義。

首先，準備有著重複的資料作為範例。

輸入

```python
# 有著重複的資料
dupli_data = DataFrame({
        'col1': [1, 1, 2, 3, 4, 4, 6, 6],
        'col2': ['a', 'b', 'b', 'b', 'c', 'c', 'b', 'b']
})
print('・原本的資料')
dupli_data
```

輸出

```
・原本的資料

     col1    col2
0       1       a
1       1       b
2       2       b
3       3       b
4       4       c
5       4       c
6       6       b
7       6       b
```

對於是否重複的判斷，可使用 duplicated 方法。它會確認各行，當該行有著重複時為 True。不過，雖然說是重複的資料，第1次出現的會是 False，第2次出現時才是 True。

輸入

```python
# 重複的判斷
dupli_data.duplicated()
```

輸出

```
0    False
1    False
2    False
3    False
4    False
5     True
6    False
7     True
dtype: bool
```

如果使用 drop_duplicates 方法，將會回傳刪除重複資料之後的結果資料。

輸入

```python
# 重複的刪除
dupli_data.drop_duplicates()
```

輸出

```
     col1    col2
0       1       a
1       1       b
2       2       b
3       3       b
4       4       c
6       6       b
```

映射處理

接下來，說明映射處理。這是類似Excel當中vlookup函數的處理。它是對於共通鍵的資料，從一邊的（參照）Table當中取出對應該鍵的資料之功能。下面是都道府縣名稱附加了區域名稱的參照資料。

- Tokyo（東京）→ Kanto（關東）
- Hokkaido（北海道）→ Hokkaido（北海道）
- Osaka（大阪）→ Kansai（關西）
- Kyoto（京都）→ Kansai（關西）

首先，如下製作參照資料。

輸入

```
# 參照資料
city_map ={
    'Tokyo': 'Kanto',
    'Hokkaido': 'Hokkaido',
    'Osaka': 'Kansai',
    'Kyoto':'Kansai'
}
city_map
```

輸出

```
{'Tokyo': 'Kanto',
 'Hokkaido': 'Hokkaido',
 'Osaka': 'Kansai',
 'Kyoto': 'Kansai'}
```

接下來的例子，是以df1的city行為基底，從上述的參照資料city_map裡取得對應的區域名稱資料，將它在最右邊新增為region行之結果。

輸入

```
# 結合參照資料
# 如果沒有對應的資料，則為 NaN
df1['region'] = df1['city'].map(city_map)
df1
```

輸出

	id	city	birth_year	name	region
0	100	Tokyo	1990	Hiroshi	Kanto
1	101	Osaka	1989	Akiko	Kansai
2	102	Kyoto	1992	Yuki	Kansai
3	103	Hokkaido	1997	Satoru	Hokkaido
4	104	Tokyo	1982	Steeve	Kanto
5	106	Tokyo	1991	Mituru	Kanto
6	108	Osaka	1988	Aoi	Kansai
7	110	Kyoto	1990	Tarou	Kansai
8	111	Hokkaido	1995	Suguru	Hokkaido
9	113	Tokyo	1981	Mitsuo	Kanto

6-2- 3-4 組合匿名函式與map

接下來的例子，使用第1章學過的匿名函式與map，將行中的一部分資料取出進行處理。具體來說，取得birth_year的前3位數。由於這比套用函式與迴圈等逐一取出元素進行處理更方便，想統整地進行處理時，建議考慮用這樣的做法。

輸入

```
# 將birth_year的前3位數字、文字取出
df1['up_two_num'] = df1['birth_year'].map(lambda x: str(x)[0:3])
df1
```

輸出

	id	city	birth_year	name	region	up_two_num
0	100	Tokyo	1990	Hiroshi	Kanto	199
1	101	Osaka	1989	Akiko	Kansai	198
2	102	Kyoto	1992	Yuki	Kansai	199
3	103	Hokkaido	1997	Satoru	Hokkaido	199
4	104	Tokyo	1982	Steeve	Kanto	198
5	106	Tokyo	1991	Mituru	Kanto	199
6	108	Osaka	1988	Aoi	Kansai	198
7	110	Kyoto	1990	Tarou	Kansai	199
8	111	Hokkaido	1995	Suguru	Hokkaido	199
9	113	Tokyo	1981	Mitsuo	Kanto	198

6-2- 3-5 分箱

最後說明分箱。這是想在某個離散的範圍內對資料進行分割統計時，非常方便的功能。具體來說，它是對於上述資料，想進行以5年為間隔來計算總和等這類特定分割計算時使用。

舉例來說，如下所示，準備1980、1985、1990、1995、2000這樣以5年為單位進行分箱的串列，使用Pandas的cut函式，便能依此分割。在cut函式當中，分別指定第1個引數為進行分割的資料，第2個引數為用來分割的邊界值。

輸入

```
# 分割的粗細程度
birth_year_bins = [1980, 1985, 1990, 1995, 2000]

# 進行分箱
birth_year_cut_data = pd.cut(df1.birth_year, birth_year_bins)
birth_year_cut_data
```

```
0    (1985, 1990]
1    (1985, 1990]
2    (1990, 1995]
3    (1995, 2000]
4    (1980, 1985]
5    (1990, 1995]
6    (1985, 1990]
7    (1985, 1990]
8    (1990, 1995]
9    (1980, 1985]
Name: birth_year, dtype: category
Categories (4, interval[int64]): [(1980, 1985] < (1985, 1990] < (1990, 1995] < (1995, 2000]]
```

其中，在上述程式裡，雖然「1980 ~ 1985」的區間不包含1980，但包含了1985。也就是說，指定的基準是「在~之後、到~為止」這樣的分割方式。可以在cut函式裡指定left選項、right選項來變更這個動作。

想使用上述結果來分別統計各自的數量時，使用value_counts函式。

輸入

```
# 統計結果
pd.value_counts(birth_year_cut_data)
```

輸出

```
(1985, 1990]    4
(1990, 1995]    3
(1980, 1985]    2
(1995, 2000]    1
Name: birth_year, dtype: int64
```

藉由指定labels參數，也能對各個箱子加上名稱。

輸入

```
# 加上名稱
group_names = ['early1980s', 'late1980s', 'early1990s', 'late1990s']
birth_year_cut_data = pd.cut(df1.birth_year, birth_year_bins, labels = group_names)
pd.value_counts(birth_year_cut_data)
```

輸出

```
late1980s     4
early1990s    3
early1980s    2
late1990s     1
Name: birth_year, dtype: int64
```

在上述例子裡，準備了分箱的串列，而想預先指定分割的數量時，可如下設定。

但請留意，有時會因資料狀況，無法乾淨地分割，而出現小數點後數字。

輸入

```
# 也能以數字來指定分割的數量。在這裡每2個進行分割
pd.cut(df1.birth_year, 2)
```

輸出

```
0       (1989.0, 1997.0]
1    (1980.984, 1989.0]
2       (1989.0, 1997.0]
3       (1989.0, 1997.0]
4    (1980.984, 1989.0]
5       (1989.0, 1997.0]
6    (1980.984, 1989.0]
7       (1989.0, 1997.0]
8       (1989.0, 1997.0]
9    (1980.984, 1989.0]
Name: birth_year, dtype: category
Categories (2, interval[float64]): [(1980.984, 1989.0] < (1989.0, 1997.0]]
```

此外，如果使用qcut函式，也能以分位點來進行分割。藉由分位點的分割，可以產生大小幾乎相同的箱子。

輸入

```
pd.value_counts(pd.qcut(df1.birth_year, 2))
```

輸出

```
(1980.999, 1990.0]    6
(1990.0, 1997.0]      4
Name: birth_year, dtype: int64
```

這裡作為對象的資料是1981、1982、1988、1989、1990、1990、1991、1992、1995、1997，由於相當於正中央的值有2個，分割為6個與4個。

這樣的分箱操作，也許一開始還看不太出來用途。但具體來說，像是對於顧客的購買金額總和進行區分，來分析各個顧客層（優良顧客等）的情況，便可用這個操作進行市場銷售分析。在後續的第7章綜合練習問題裡進行操作吧。

Practice

【練習問題6-7】

讀取第3章所用的數學成績資料「student-mat.csv」，將年齡（age）乘上2倍之後產生的行，新增於最後。

【練習問題6-8】

使用與練習問題6-7相同的資料，對於「absences」這行，以下面的3個箱子進行區分，分別計算它們各自的人數吧。其中，cut的預設行為是右側為閉區間。這次請對於cut函式指定right=False選項，讓右側為開區間。

輸入

```
# 分割的粗細程度
absences_bins = [0,1,5,100]
```

【練習問題6-9】

使用和上述相同的資料，對於「absences」這行，使用qcut函式來區分為3個箱子吧。

6-2- 4 資料的聚合與群組運算

本節將學習以某個行為基準進行統計的操作。

第2章稍微提過，藉由使用groupby方法，可以某個變數為基準，用它為單位進行統計處理。這裡打算以先前使用過的df1資料為對象，進行聚合或群組運算。

輸入

```
# 準備（確認）資料，不過加上region
df1
```

輸出

	id	city	birth_year	name	region	up_two_num
0	100	Tokyo	1990	Hiroshi	Kanto	199
1	101	Osaka	1989	Akiko	Kansai	198
2	102	Kyoto	1992	Yuki	Kansai	199
3	103	Hokkaido	1997	Satoru	Hokkaido	199
4	104	Tokyo	1982	Steeve	Kanto	198
5	106	Tokyo	1991	Mituru	Kanto	199
6	108	Osaka	1988	Aoi	Kansai	198
7	110	Kyoto	1990	Tarou	Kansai	199
8	111	Hokkaido	1995	Suguru	Hokkaido	199
9	113	Tokyo	1981	Mitsuo	Kanto	198

如下使用groupby方法群組化再用size方法，可對各個city之值計算有幾個。

輸入

```
# 數量資訊
df1.groupby('city').size()
```

輸出

```
city
Hokkaido    2
Kyoto       2
Osaka       2
Tokyo       4
dtype: int64
```

接下來的範例，以city為基準，計算出birth_year的平均值。

輸入

```
# 以city為基準，求得birth_year的平均值
df1.groupby('city')['birth_year'].mean()
```

輸出

```
city
Hokkaido    1996.0
Kyoto       1991.0
Osaka       1988.5
Tokyo       1986.0
Name: birth_year, dtype: float64
```

也能設定多個基準。舉例來說，以region、city為2個基準，計算birth_year的平均值，這樣的操作如下所示。

輸入

```
df1.groupby(['region', 'city'])['birth_year'].mean()
```

輸出

```
region    city
Hokkaido  Hokkaido    1996.0
Kansai    Kyoto       1991.0
          Osaka       1988.5
Kanto     Tokyo       1986.0
Name: birth_year, dtype: float64
```

其中，如果對於groupby方法設定as_index = False參數，便不會設定索引。這在直接當成Table處理時非常方便。

輸入

```
df1.groupby(['region', 'city'], as_index = False)['birth_year'].mean()
```

輸出

	region	city	birth_year
0	Hokkaido	Hokkaido	1996.0
1	Kansai	Kyoto	1991.0
2	Kansai	Osaka	1988.5
3	Kanto	Tokyo	1986.0

除此之外，groupby方法還有稱為迭代器（iterator）的反覆取值功能，可如下所示，將結果的元素以Python的for等迴圈進行處理，非常方便。

在下面的例子裡，group是將region的名稱取出，subdf是只將該region之行全部取出。

輸入

```
for group, subdf in df1.groupby('region'):
    print('=========================================================')
    print('Region Name:{0}'.format(group))
    print(subdf)
```

輸出

```
=================================================
Region Name:Hokkaido
     id      city birth_year    name   region up_two_num
3   103  Hokkaido       1997  Satoru  Hokkaido        199
8   111  Hokkaido       1995  Suguru  Hokkaido        199
=================================================
Region Name:Kansai
     id   city birth_year   name  region up_two_num
1   101  Osaka       1989  Akiko  Kansai        198
2   102  Kyoto       1992   Yuki  Kansai        199
6   108  Osaka       1988    Aoi  Kansai        198
7   110  Kyoto       1990  Tarou  Kansai        199
=================================================
Region Name:Kanto
     id   city birth_year     name region up_two_num
0   100  Tokyo       1990  Hiroshi  Kanto        199
4   104  Tokyo       1982   Steeve  Kanto        198
5   106  Tokyo       1991   Mituru  Kanto        199
9   113  Tokyo       1981   Mitsuo  Kanto        198
```

　　對於資料，如果想統整地進行多個計算，使用agg方法會很方便。在agg方法的引數裡，給予想執行的函式名稱之串列。

　　下面是計算數量、平均、最大、最小的例子。

　　其中，在下面的例子裡，對象資料使用第3章操作過的student-mat.csv來進行計算。請移動至含有此資料的檔案目錄，讀取資料並執行。

輸入

```
# 請移動至含有第3章準備的資料之path。例：cd <含有第3章準備的資料之path>
# 執行下面部分
student_data_math = pd.read_csv('student-mat.csv', sep = ';')

# 對行適用多個函式
functions = ['count','mean','max','min']
grouped_student_math_data1 = student_data_math.groupby(['sex','address'])
grouped_student_math_data1['age','G1'].agg(functions)
```

輸出

sex	address	age count	G1 mean	max	min	count	mean	max	min
F	R	44	16.977273	19	15	44	10.295455	19	6
	U	164	16.664634	20	15	164	10.707317	18	4
M	R	44	17.113636	21	15	44	10.659091	18	3
	U	143	16.517483	22	15	143	11.405594	19	5

Practice

【練習問題6-10】

使用練習問題6-7所用的「student-mat.csv」，試著進行Pandas的統計操作吧。首先，以學校（school）為基準，分別計算G1的平均吧。

【練習問題6-11】

使用練習問題6-7所用的「student-mat.csv」，以學校（school）與性別（sex）為基準，試著分別計算G1、G2、G3的平均吧。

【練習問題6-12】

使用練習問題6-7所用的「student-mat.csv」，以學校（school）與性別（sex）為基準，試著統整地求得G1、G2、G3的最大值與最小值吧。

答案在Appendix 2

遺漏資料與異常值處理的基礎

Keyword 成批刪除、逐對刪除、平均值帶入法、異常值、箱型圖、百分位、VaR（Value At Risk，風險價值）

遺漏資料和異常值資料，可說是處理資料時必定會出現的情況。本節學習關於遺漏資料和異常資料非常基本程度的判斷與處理方法。希望更深入學習的讀者，請務必閱讀參考文獻「A-12」。

6-3-1 遺漏資料的處理方法

首先，說明遺漏資料的處理。資料遺漏有各種原因，例如忘了輸入、沒有回答、系統問題等等。對於「沒有」的資料，問題在於究竟是忽略它比較好，或是應該放入最接近的值。依據不同的運用手法會產生很大的偏差，可能導致錯誤的決策，造成重大損失。慎重地處理吧。

本節以如下資料作為範例操作。下面假設值為NaN（NA）的部分便是遺漏資料，來繼續進行說明。

輸入

```python
# 資料的準備
import numpy as np
from numpy import nan as NA
import pandas as pd

df = pd.DataFrame(np.random.rand(10, 4))

# 設定為NA
df.iloc[1,0] = NA
df.iloc[2:3,2] = NA
df.iloc[5:,3] = NA
```

輸入

```python
df
```

輸出

	0	1	2	3
0	0.485775	0.042397	0.539116	0.926647
1	NaN	0.470748	0.241323	0.103007
2	0.618467	0.910260	NaN	0.090963
3	0.319467	0.553239	0.057040	0.206173
4	0.888791	0.291158	0.775008	0.779764
5	0.034683	0.458730	0.632387	NaN
6	0.358828	0.230845	0.016502	NaN
7	0.461881	0.963180	0.937040	NaN
8	0.874005	0.825269	0.115018	NaN
9	0.271005	0.462655	0.799126	NaN

※由於是隨機產生，會和這裡的資料有差異

對於這樣模擬的遺漏資料，下面將刪除或以0、前方的數字、平均值等來填補。本書只介紹這些單純的方法，不過還有其他方法，如使用最大概似估計量來估計、遞迴代入或以Scipy來進行樣條內插等。需要留意的是，這些方法可能會產生誤

差。這裡介紹的方法不能說是最佳做法。想深入學習的讀者請務必閱讀參考文獻「A-12」等，強化關於遺漏資料填補方法的理解。

6-3- 1-1 成批刪除

若要將存在NaN的列全部移除，可使用dropna方法。這稱為**成批刪除**（list-wise deletion）。下面對於先前的資料套用dropna方法，抽出所有行均有資料的列。有NaN的列則被排除。

輸入

```
df.dropna()
```

輸出

	0	1	2	3
0	0.485775	0.042397	0.539116	0.926647
3	0.319467	0.553239	0.057040	0.206173
4	0.888791	0.291158	0.775008	0.779764

6-3- 1-2 逐對刪除

從這個結果可以得知，成批刪除會使得原本有10列的資料變得極端的少，可說是資料完全無法使用的情況。此時，也可以使用忽略有遺漏之行的資料的方式，只使用可能利用的資料（例如只有第0行與第1行）。這稱為**逐對刪除**（pair-wise deletion）。要使用逐對刪除，在取出想使用的行之後套用dropna方法。

輸入

```
df[[0,1]].dropna()
```

輸出

	0	1
0	0.485775	0.042397
2	0.618467	0.910260
3	0.319467	0.553239
4	0.888791	0.291158
5	0.034683	0.458730
6	0.358828	0.230845
7	0.461881	0.963180
8	0.874005	0.825269
9	0.271005	0.462655

6-3- 1-3 使用fillna填補

除了上述方式，還可以使用fillna(值)的方式來處理，將某值填補於出現NaN的部分。舉例來說，想將NaN視為0來處理。如下使用fillna(0)，便能將NaN置換為0。

輸入

```
df.fillna(0)
```

輸出

	0	1	2	3
0	0.485775	0.042397	0.539116	0.926647
1	0.000000	0.470748	0.241323	0.103007
2	0.618467	0.910260	0.000000	0.090963
3	0.319467	0.553239	0.057040	0.206173
4	0.888791	0.291158	0.775008	0.779764
5	0.034683	0.458730	0.632387	0.000000
6	0.358828	0.230845	0.016502	0.000000
7	0.461881	0.963180	0.937040	0.000000
8	0.874005	0.825269	0.115018	0.000000
9	0.271005	0.462655	0.799126	0.000000

※這裡的實際輸出不會包含方框

6-3- 1-4 以先前的值來填補

如果套用 ffill 方法，便能以前方列的值來進行填補。具體來說，在第2列第1行（index 為「1」/column 為「0」之值）先前如下設定為 NA：

```
df.iloc[1,0] = NA
```

由於前方的第1列第1行之值為 0.485775，也能使用這個值來填補。這樣的操作可用於金融的時序系列資料操作等情況，相當方便。

輸入

```
df.fillna(method = 'ffill')
```

輸出

	0	1	2	3
0	0.485775	0.042397	0.539116	0.926647
1	0.485775	0.470748	0.241323	0.103007
2	0.618467	0.910260	0.241323	0.090963
3	0.319467	0.553239	0.057040	0.206173
4	0.888791	0.291158	0.775008	0.779764
5	0.034683	0.458730	0.632387	0.779764
6	0.358828	0.230845	0.016502	0.779764
7	0.461881	0.963180	0.937040	0.779764
8	0.874005	0.825269	0.115018	0.779764
9	0.271005	0.462655	0.799126	0.779764

6-3- 1-5 以平均值來填補

除此之外，也能以平均值來進行填補。這稱為**平均值代入法**，使用的是 mean 方法。但需要特別留意一點，就是處理時序資料時，這樣的方法包含了未來的資訊（將過往的遺漏資料，以用到了未來資料的平均值來填補）。

輸入

```
# 各行的平均值（確認用）
df.mean()
```

輸出

```
0    0.479211
1    0.520848
2    0.456951
3    0.421311
dtype: float64
```

輸入

```
# 以平均值填補
df.fillna(df.mean())
```

輸出

	0	1	2	3
0	0.485775	0.042397	0.539116	0.926647
1	0.479211	0.470748	0.241323	0.103007
2	0.618467	0.910260	0.456951	0.090963
3	0.319467	0.553239	0.057040	0.206173
4	0.888791	0.291158	0.775008	0.779764
5	0.034683	0.458730	0.632387	0.421311
6	0.358828	0.230845	0.016502	0.421311
7	0.461881	0.963180	0.937040	0.421311
8	0.874005	0.825269	0.115018	0.421311
9	0.271005	0.462655	0.799126	0.421311

除了上述處理，還有很多種選項，請以「?df.fillna」等方法來查詢。

關於遺漏資料，這裡以固定值來機械式地置換了範例資料。然而，這些方法並非總是能一體適用。重要的是，考慮資料的狀況、背景等，進行適當的處理。

Practice

【練習問題6-13】

對於下面的資料，即使只有1行為NaN也刪除，顯示其結果。

輸入

```
# 資料的準備
import numpy as np
from numpy import nan as NA
import pandas as pd

df2 = pd.DataFrame(np.random.rand(15,6))

# 設定為NA
df2.iloc[2,0] = NA
df2.iloc[5:8,2] = NA
df2.iloc[7:9,3] = NA
df2.iloc[10,5] = NA

df2
```

輸出

	0	1	2	3	4	5
0	0.415247	0.550350	0.557778	0.383570	0.482254	0.142117
1	0.066697	0.908009	0.197264	0.227380	0.291084	0.305750
2	NaN	0.481305	0.963701	0.289538	0.662069	0.883058
3	0.469084	0.717253	0.467172	0.661786	0.539626	0.862264
4	0.314643	0.129364	0.291149	0.210694	0.891432	0.583443
5	0.672456	0.111327	NaN	0.197844	0.361385	0.703919
6	0.943599	0.047140	NaN	0.222312	0.270678	0.985113
7	0.172857	0.359706	NaN	NaN	0.559918	0.181495
8	0.650042	0.845300	NaN	NaN	0.706246	0.634860
9	0.696152	0.353721	0.999253	NaN	0.616951	0.278251
10	0.126199	0.791196	0.856410	0.959452	0.826969	NaN
11	0.700689	0.894851	0.918055	0.108752	0.502343	0.749123
12	0.393294	0.468172	0.711183	0.725584	0.355825	0.562409
13	0.403318	0.076329	0.642033	0.344418	0.453335	0.916017
14	0.898894	0.926813	0.620625	0.089307	0.362026	0.497475

※ 由於是隨機產生，會和這裡的資料有差異

【練習問題6-14】

對於練習問題6-13準備的資料，請將NaN以0來填補。

【練習問題6-15】

對於練習問題6-13準備的資料，請將NaN分別以各行的平均值來填補。

答案在Appendix 2

6-3- 2 異常資料的處理方法

接下來，說明異常值。異常值資料的處理，問題在於究竟是就這樣不進行任何處理，或是除去異常值，又或者放入最接近的值來使用。

所謂異常值，究竟是什麼呢？其實，關於這點並沒有一致的見解，有時由處理資料的分析師或決策者來判斷。在商務現場，如非法存取的行為（資安領域）、機器故障、金融分析管理（VaR）等各種領域，以各式各樣的方法來處理異常值。

檢測異常值的手法，包括單純地繪出箱型圖等來將某個百分比以上之值視為異常值、使用常態分布的方法、基於資料空間的遠近之方法等等。此外，還有後續章節將學到的機器學習（包含非監督式學習）方法。

雖然本節沒有練習問題，有興趣的讀者請務必利用書末的參考文獻「A-13」和參考URL「B-15」來學習。

與異常值相關的領域，還包括研究極端值的極值統計學。這門學科研究資料當中有著很大數值的極值資料之行為，例如雖然很少出現但發生時會造成很大影響

的現象（自然現象、災害等）。除了應用於氣象學，極值統計學也用於財務金融和資訊通訊領域，有興趣的讀者請參見參考文獻「A-14」等。

關於遺漏值和異常值的處理說明至此告一段落。在資料分析當中，資料的預處理經常被認為佔了八成，遺漏資料或有異常資料稀鬆平常。此外，世界上其實存在著各種形式的資料，僅僅是要將資料整理一致已大費周章。儘管本節介紹的技巧很重要，設想應該採取什麼樣的策略來處理這些狀況同樣至關重要。請務必參見參考文獻「A-15」。

時間序列資料處理的基礎

最後，學習使用 Pandas 來處理時序資料。本節使用匯率的時序資料作為範例。請預先參考 Appendix，下載並安裝 pandas-datareader 函式庫，以便進行練習。

安裝完成之後，請如下匯入。

輸入

```
import pandas_datareader.data as pdr
```

6-4-1 時間序列資料的處理與變換

這裡使用範例資料 2001/1/2 至 2016/12/30 為止的美元日幣匯率資料（DEXJPUS）。這是每日的匯率資料，因此有遺漏的日程（假日等）。

輸入

```
start_date = '2001/1/2'
end_date = '2016/12/30'

fx_jpusdata = pdr.DataReader('DEXJPUS', 'fred', start_date, end_date)
```

使用 head 方法，從讀取的 fx_jpusdata 前方取出 5 列。

輸入

```
fx_jpusdata.head()
```

輸出

	DEXJPUS
DATE	
2001-01-02	114.73
2001-01-03	114.26
2001-01-04	115.47
2001-01-05	116.19
2001-01-08	115.97

雖然範例資料裡有 15 年份的資料，但應該如何進行分析，完全取決於業務需求。比如說，可能只需要最後一年的 2016 年 4 月資料，也可能只想觀察月底的匯率。此外，範例裡雖然沒有 2001/1/6 的資料，但有時可能想以前一天的值來填補，或者想和前一天比較來觀察匯率是否上漲。這些都能以 Pandas 簡單計算。

首先，說明參照特定年月資料的方法。

只想觀察2016年4月的資料，可如下指定年月。

輸入
```
fx_jpusdata['2016-04']
```

輸出

	DEXJPUS
DATE	
2016-04-01	112.06
2016-04-04	111.18
2016-04-05	110.26
2016-04-06	109.63
2016-04-07	107.98
2016-04-08	108.36
2016-04-11	107.96
2016-04-12	108.54
2016-04-13	109.21
2016-04-14	109.20

2016-04-15	108.76
2016-04-18	108.85
2016-04-19	109.16
2016-04-20	109.51
2016-04-21	109.41
2016-04-22	111.50
2016-04-25	111.08
2016-04-26	111.23
2016-04-27	111.26
2016-04-28	108.55
2016-04-29	106.90

此外，也能抽出特定的年與日。接下來，試著只取出月底的匯率吧。在resample方法的引數裡指定M，便能取出每月的資料，再以last方法來取出尾端的資料。具體來說，如觀察下面的結果所能得知的，可取出1月、2月、3月等月底匯率。

輸入
```
fx_jpusdata.resample('M').last().head()
```

輸出

	DEXJPUS
DATE	
2001-01-31	116.39
2001-02-28	117.28
2001-03-31	125.54
2001-04-30	123.57
2001-05-31	118.88

想取出日期時在引數裡指定「D」，想取出某年時則在引數裡指定「Y」。像這樣，將某個頻率的資料，以另一種頻率來重新取出操作，稱為「重新取樣」。此外，如果不是需要最後的資料，而是要計算其平均，可使用mean方法來計算。除此之外，還有很多參數可以設定，需要操作時請試著查詢。

接著，來看看時序資料裡有遺漏時的操作。關於遺漏操作，如前一小節提過的，有各種方法。在先前的匯率裡，雖然沒有2001/1/6的紀錄，但如果想準備每日的資料，可進行先前提到的重新取樣。具體來說，可如下進行。

輸入

```
fx_jpusdata.resample('D').last().head()
```

輸出

```
            DEXJPUS
DATE
2001-01-02   114.73
2001-01-03   114.26
2001-01-04   115.47
2001-01-05   116.19
2001-01-06      NaN
```

　　從上面的資料可以發現，由於2001/1/6仍然空缺，以前一天的值來填補處理。在這裡，如下所示，使用ffill方法。

輸入

```
fx_jpusdata.resample('D').ffill().head()
```

輸出

```
            DEXJPUS
DATE
2001-01-02   114.73
2001-01-03   114.26
2001-01-04   115.47
2001-01-05   116.19
2001-01-06   116.19
```

6-4-1-3　將資料偏移來計算比例

　　接下來，考慮想和前一天的匯率進行比較的情況。以上述的例子來說，2001-01-02的匯率為114.73、2001-01-03的匯率為114.26，也能計算它們的比例，套用到所有的日期來處理。藉由使用shift方法，可以在固定索引的前提下，只對資料進行偏移。下面是將資料往後偏移1個，原本2001-01-02的匯率為114.73，現在視為2001-01-03的匯率來處理。

輸入

```
fx_jpusdata.shift(1).head()
```

輸出

```
            DEXJPUS
DATE
2001-01-02      NaN
2001-01-03   114.73
2001-01-04   114.26
2001-01-05   115.47
2001-01-08   116.19
```

　　如此進行加工，便能一口氣算出前一天匯率與當日匯率的比例。這就是使用Pandas的好處。不過，下方2001-01-02之所以為NaN，是因為它前一天原本就沒有資料的緣故。

輸入

```
fx_jpusdata_ratio = fx_jpusdata / fx_jpusdata.shift(1)
fx_jpusdata_ratio.head()
```

輸出

DATE	DEXJPUS
2001-01-02	NaN
2001-01-03	0.995903
2001-01-04	1.010590
2001-01-05	1.006235
2001-01-08	0.998107

此外，關於取得差異或比例的方法，有diff和pct_change等等，有興趣的讀者請試著查詢。

Let's Try

關於diff和pct_change，來查詢它們的功能，試著使用吧。

Practice

【練習問題6-16】

請使用6-4-1讀取的fx_jpusdata，製作每年的平均值之推移資料。

答案在Appendix 2

6-4-2 移動平均

接下來，逐步看看在時序資料處理裡常用的移動平均之處理方法。考慮對先前操作的fx_jpusdata資料，製作3天的移動平均線。首先，從前方取出5列資料。

輸入

```
fx_jpusdata.head()
```

輸出

DATE	DEXJPUS
2001-01-02	114.73
2001-01-03	114.26
2001-01-04	115.47
2001-01-05	116.19
2001-01-08	115.97

從上述結果可知，到2001-01-04為止的資料裡，2001-01-02為114.73、2001-01-03為114.26、2001-01-04為115.47，因此它們的平均可計算得到114.82。

同樣地，依序計算2001-01-05、2001-01-06及之後的日期。如果使用Pandas的rolling方法，可以簡單地計算。下面便是計算這樣3天的移動平均之結果。執行rolling方法後，使用mean方法來計算平均。

輸入

```
fx_jpusdata.rolling(3).mean().head()
```

輸出

-	DEXJPUS
DATE	
2001-01-02	NaN
2001-01-03	NaN
2001-01-04	114.820000
2001-01-05	115.306667
2001-01-08	115.876667

如果想計算的是標準差的變遷過程，而非移動平均，可在使用mean方法的地方改用std方法。

下面是3天的標準差之變遷過程。

輸入

```
fx_jpusdata.rolling(3).std().head()
```

輸出

	DEXJPUS
DATE	
2001-01-02	NaN
2001-01-03	NaN
2001-01-04	0.610000
2001-01-05	0.975312
2001-01-08	0.368963

rolling方法當中，還有很多其他的參數，請視需求查詢並執行。

關於Pandas的章節至此告一段落。或許有些地方難以掌握全貌。若實際操作時覺得「想以這樣的感覺來加工與變換資料呀」，請參考本章內容並試著進行程式設計。出現資料加工處理的需求時，藉由實際使用，可以更強化對某些部分的理解。這裡介紹的技巧僅僅是一小部分而已，另外還有各式各樣的資料處理與加工方法，請參見參考文獻「A-10」等，試著動手執行。

Let's Try

除了這裡所操作的統計基準，也試著以各種基準來處理上述對象資料吧。

Practice

【練習問題6-17】

請使用練習問題6-16所用的fx_jpusdata，製作20天的移動平均資料。但請刪除NaN。其中如果有不存在紀錄的資料，不需要特地填補。

答案在Appendix 2

第6章 綜合問題

【綜合問題6-1 資料操作】

請使用第3章所用的數學成績資料「student-mat.csv」，回答下列問題。

1. 對於上述資料，以年齡（age）配上性別（sex）來計算出G1的平均分數，製作縱軸為年齡（age）、橫軸為性別（sex）的表（Table）吧。

2. 對於問題1顯示的結果Table，顯示將有著NaN之列（紀錄）全部刪除之後的結果吧。

答案在Appendix 2

Chapter 7

使用Matplotlib進行
資料視覺化

本章將針對第 2 章學過的 Matplotlib，更進一步學習細節。第 2 章已經操作過折線圖和直方圖，本章將學習長條圖、圓形圖、泡泡圖的製作方法。

章末準備了時序資料分析及市場行銷分析的問題，作為截至目前為止的綜合問題。藉由練習問題的機會來嘗試使用至今學習的手法，請務必試著挑戰。

Goal 使用 Matplotlib 將各式各樣的資料視覺化。解答本章的綜合問題。

資料的視覺化

Keyword 視覺化、Matplotlib

7-1- 1 關於資料的視覺化

如第2章開頭提過的，藉由將資料視覺化，可以獲得各種潛藏的資訊。有時只單純地觀察數字無法發現訊息，藉由描繪為圖形，可強化對資料的理解。此外，對他人說明資料分析的結果時，視覺化也非常重要。相較於只看數值來做比較，將資訊轉換為長條圖或圓形圖，應該更容易讓對方了解。本節介紹將資料視覺化的手法和展現方式的重點。

7-1- 2 匯入用於本章的函式庫

本章將使用第2章介紹過的各種函式庫。以如下的匯入方式作為前提，來進行說明。

輸入

```
# 為了使用下面的函式庫，請預先匯入
import numpy as np
import numpy.random as random
import scipy as sp
import pandas as pd
from pandas import Series, DataFrame

# 視覺化函式庫
import matplotlib.pyplot as plt
import matplotlib as mpl
import seaborn as sns
sns.set()
%matplotlib inline

# 顯示到小數點後第3位
%precision 3
```

輸出

```
'%.3f'
```

資料視覺化的基礎

Keyword 長條圖、圓形圖、泡泡圖、堆疊長條圖

本節進一步學習能將資料視覺化的 Matplotlib。

截至目前為止，使用過折線圖、直方圖等圖形。這裡將逐步介紹長條圖、圓形圖、堆疊長條圖等。

7-2- 1 長條圖

首先，從長條圖開始。想依照某個類別（區域、部門等等）來對數值進行比較時，會使用長條圖。要顯示長條圖，可以使用 pyplot 模組的 bar 函式。若要對長條顯示標籤，可使用 xtick 函式，如下所示進行指定。

此外，如果依此執行，圖形將靠左對齊而不太美觀，為了讓圖形置中，可以指定參數 align ='center'。x 標籤與 y 標籤的附加方式，參見第 2 章的說明。

輸入

```
# 顯示的資料
x = [1, 2, 3]
y = [10, 1, 4]

# 指定圖形的大小
plt.figure(figsize = (10, 6))

plt.bar(x, y, align='center', width = 0.5)

# 長條圖的各個標籤
plt.xticks(x, ['A Class', 'B Class', 'C Class'])

# 設定 x 與 y 的標籤
plt.xlabel('Class')
plt.ylabel('Score')

# 顯示格線
plt.grid(True)
```

輸出

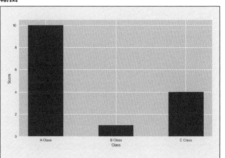

7-2- 1-1 橫向的長條圖（橫條圖）

前述為直向的長條圖（直條圖），想橫向顯示時，可使用 barh 函式。其中，由於 x 軸與 y 軸互換，再次設定標籤。

輸入

```
# 顯示的資料
x = [1, 2, 3]
y = [10, 1, 4]

# 指定圖形的大小
plt.figure(figsize = (10, 6))

plt.barh(x, y, align = 'center')
plt.yticks(x, ['A Class','B Class','C Class'])
plt.ylabel('Class')
plt.xlabel('Score')
plt.grid(True)
```

輸出

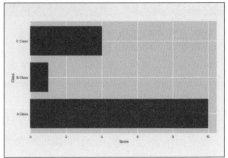

7-2- 1-2 描繪多個圖形

接著來描繪多個長條圖，試著分別比較它們吧。下面是依照班級，分別將數學的第一學期成績與最終成績進行視覺化，讓它們得以做比較。

輸入

```
# 資料的準備
y1 = np.array([30, 10, 40])
y2 = np.array([10, 50, 90])

# X軸的資料
x = np.arange(len(y1))

# 圖形的寬度
w = 0.4

# 指定圖形的大小
plt.figure(figsize = (10, 6))
```

輸出

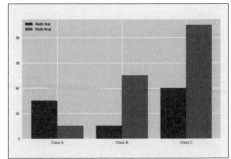

```
# 描繪圖形。對於y2，將其右移一個圖形寬度來描繪
plt.bar(x, y1, color = 'blue', width = w, label = 'Math first', align = 'center')
plt.bar(x + w, y2, color='green', width = w, label = 'Math final', align = 'center')

# 讓圖例配置於最適當的位置
plt.legend(loc = 'best')

plt.xticks(x + w / 2, ['Class A', 'Class B', 'Class C'])
plt.grid(True)
```

7-2- 1-3 堆疊長條圖

接下來，示範堆疊長條圖的例子。雖然同樣使用bar函式，請留意bottom參數的設定。

對於打算堆疊於上方的圖形，在bar的參數指定bottom=打算堆疊於下方的圖形。

輸入

```
# 資料的準備
height1 = np.array([100, 200, 300, 400, 500])
height2 = np.array([1000, 800, 600, 400, 200])

# X軸
x = np.array([1, 2, 3, 4, 5])

# 指定圖形的大小
plt.figure(figsize = (10, 6))

# 圖形的描繪
p1 = plt.bar(x, height1, color = 'blue')
p2 = plt.bar(x, height2, bottom = height1, color='lightblue')

# 顯示圖例
plt.legend((p1[0], p2[0]), ('Class 1', 'Class 2'))
```

輸出

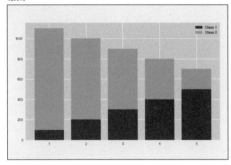

7-2- 2 圓形圖

　　接下來，說明圓形圖（圓餅圖）的描繪方法。觀察整體來看各自佔了多少比例時，會使用圓形圖。

7-2- 2-1 一般的圓形圖

　　要描繪圓形圖，可使用pie函式來設定各自的大小和標籤等等。以axis函式確保圓形圖不會在畫面上被拉為橢圓。以autopct參數來指定用來顯示各自所佔比例的格式。此外，藉由指定explode參數，可調整只讓特定的類別脫離全體的圓形圖（這裡只對Hogs設定為0.1）。startangle參數則表示各個元素輸出的開始角度。

　　藉由指定這個參數，可以變更輸出的開始位置。如果指定「90」，從中央上方開始；想往逆時針方向修改可設定為正值，往順時針方向修改則設定為負值。

　　輸出的方向可使用counterclock參數來指定。True或是不指定時為順時針，指定

為False則會以逆時針方向輸出。

輸入

```
labels = ['Frogs', 'Hogs', 'Dogs', 'Logs']
sizes = [15, 30, 45, 10]
colors = ['yellowgreen', 'gold', 'lightskyblue', 'lightcoral']
explode = (0, 0.1, 0, 0)

# 指定圖形的大小
plt.figure(figsize = (15, 6))

# 顯示圖形
plt.pie(sizes, explode = explode, labels = labels, colors = colors,
        autopct = '%1.1f%%', shadow = True, startangle = 90)

# 維持比例描繪圖形
plt.axis('equal')
```

輸出

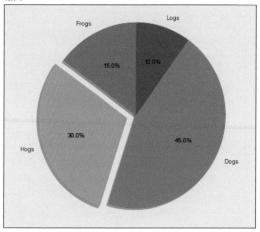

7-2- 2-2 泡泡圖

接下來使用scatter函式，試著製作泡泡圖。

輸入

```
N = 25

# 隨機生成X, Y資料
x = np.random.rand(N)
y = np.random.rand(N)

# color編號
colors = np.random.rand(N)
```

```
# 讓泡泡的大小顯得散亂
area = 10 * np.pi * (15 * np.random.rand(N)) ** 2

# 指定圖形的大小
plt.figure(figsize = (15, 6))

# 描繪圖形
plt.scatter(x, y, s = area, c = colors, alpha = 0.5)
plt.grid(True)
```

輸出

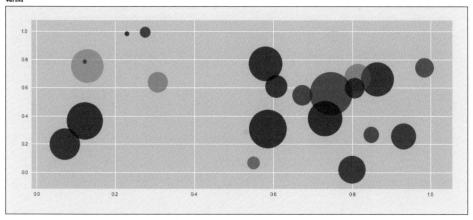

　　Pandas也具備視覺化的功能，可使用plot方法描繪圖形。在資料的後方加上「.plot(kind='bar')」，便能描繪直向的長條圖；指定「kind='barh'」可描繪橫向的長條圖，指定「kind='pie'」可描繪圓形圖。請視需求使用。

　　除了本節的練習問題之外，也可使用之前處理過的資料來進行各種圖形化，試著製作看看實際上會呈現什麼樣的圖形吧。

　　關於資料的視覺化，至此介紹並執行了Python的功能。然而，近來資料分析和資料視覺化廣受矚目，有各式各樣的視覺化工具（Tableau、Excel、PowerBI等），實務現場使用那些工具的機會增多，似乎越來越少用Python或其他程式語言來進行視覺化。

　　然而，視覺化報告的自動化、與應用程式的連動、視覺化的細節設定等方面，有時撰寫程式比較能彈性處理。若有這些需求，請務必運用撰寫程式的方式來進行資料的視覺化。

【練習問題7-1】

請使用第3章所用的數學成績資料「student-mat.csv」，將選擇學校的理由（reason）視覺化為圓形圖，來顯示它們各自所佔的比例。

【練習問題7-2】

使用與練習問題7-1相同的資料，以higher（是否想接受更高的教育，值為yes或no）為基準，用長條圖來顯示各自的數學最終成績G3之平均值。是否能推測出什麼呢？

【練習問題7-3】

使用與前述相同的資料，以通學時間（traveltime）為基準，用橫向的長條圖來顯示各自的數學最終成績G3之平均值。是否能推測出什麼呢？

答案在Appendix 2

應用：金融資料的視覺化

Keyword K線

　　本節將處理金融資料的視覺化。這是屬於進階的應用範圍，可略過無妨。沒有練習問題。

7-3- 1 將金融資料視覺化

　　本節考慮如下所示的金融資料。

輸入

```
# 日期資料的設定。以 freq='T' 來生成 1 分鐘間隔的資料
idx = pd.date_range('2015/01/01', '2015/12/31 23:59', freq='T')

# 產生亂數。讓它產生 1 或 -1
dn = np.random.randint(2, size = len(idx)) * 2 - 1

# 製作隨機漫步（隨機增減數值的資料）
# np.cumprod 用來計算積之累積（第 1 個元素 * 第 2 個元素 * 第 3 個元素 * …由此累積它們的和）
rnd_walk = np.cumprod(np.exp(dn * 0.0002)) * 100

# 以 resample('B') 將資料依營業日為單位來重新取樣
# 以 ohlc 方法讓它成為「open」、「high」、「low」、「close」這 4 筆資料
df = pd.Series(rnd_walk, index=idx).resample('B').ohlc()
```

　　依此描繪，結果將如下所示。其中，這裡使用的是 Pandas 的視覺化功能。由於數值是隨機生成的，實際的圖形會和這裡有差異。

輸入

```
df.plot(figsize = (15,6), legend = 'best', grid = True)
```

輸出

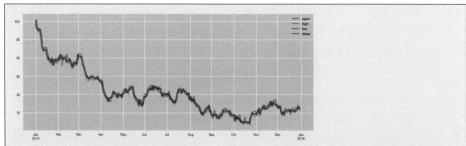

7-3-2 顯示K線的函式庫

來試著將這個圖形以K線顯示吧。為了做到這點，需要Plotly函式庫。請參見Appendix 1來預先安裝。

如果使用Plotly函式庫的K線製作功能，便能如下所示優美地呈現。這樣既能互動放大，也能在游標移過去時顯示數字，非常方便。

輸入

```
# plotly模組的匯入
from plotly.offline import init_notebook_mode, iplot
from plotly import figure_factory as FF

# 用於Jupyter Notebook的設定
init_notebook_mode(connected=True)

# K線的設定
fig = FF.create_candlestick(df.open, df.high, df.low, df.close, dates = df.index)
iplot(fig)
```

輸出

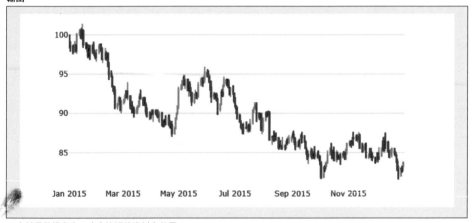

※由於是隨機產生，會和這裡的資料有差異

也請閱讀參考文獻「A-16」。雖然主題並非Python，而是JavaScript，但可作為資料視覺化的參考。文獻中的《Pythonユーザのための Jupyter [実践] 入門》（給Python使用者的Jupyter [實踐] 入門）一書，詳細說明Jupyter Notebook的使用方法，也有豐富的資料視覺化內容。

應用：思考分析結果的表現方式

Keyword 資料製作

截至目前為止，以資料分析所需的程式設計技法為主，學習了資料處理與相關技巧。對於資料視覺化，也說明了如何將資料呈現為長條圖、顯示為折線圖、附加標籤的方法等等，著重技巧的解說。如果是為了讓自己理解，只是探索性確認資料，不需要特別介意格式，僅是觀察預設顯示的圖表結果或許也無妨。但如果要向他人傳達資料分析的結果，就必須在呈現方面下些工夫。這也稱為說明的分析，對於將資料分析結果傳達給他人的方法，以及製作這類資料的方法，基本的重點如下所述。

7-4- 1 關於資料製作的重點

資料的分析結果報告，用於匯報給公司主管或交給客戶的提案等各式各樣的情況。關於資料製作的方法，參考資料很多，下面是幾項共通要點：

- 清楚呈現為何做資料分析、想讓對方看到什麼
- 思考這樣的分析結果究竟要傳達給誰
- 不要直接開始製作資料、打開PowerPoint，開始進行之前先思考
- 藉由讓對方看到這樣的結果，想促成什麼樣的具體行動？
- 這樣做能獲利多少？是否能降低成本？
- 清楚呈現要傳達的內容、列出大綱（讓對方看到整體）
- 基本上先說結論
- 不要放入過多資訊，刪除不必要的東西
- 用一句話表達想說的訊息＋以視覺化的方式在下面放上資料來源依據（表）
- 思考它的故事

對他人說明需注意的重點，還包括盡量不要使用3D圖形等，視情況而異，最重要的是思考資料分析的結果要呈現給誰。

如先前提過的，對於資料的視覺化，也可以使用Excel或其他工具（Tableau等）。由於本書採用Python，因此使用Matplotlib來顯示圖形，商務現場不一定必須使用Matplotlib。如果資料不是非常巨大，Excel很適合快速將資料視覺化。請視

情況判斷，選擇適合的工具。

雖然內容簡短，資料製作的基本概念如本節所述。接下來略過進一步的討論。

想深入學習這個主題的讀者，請閱讀參考文獻「A-17」。由於本書並非以資料製作為主題，將以鍛鍊好技術的觀點來繼續進行解說。

資料視覺化的章節至此告一段落。辛苦了。

章末是關於金融的時間序列資料和市場行銷購買資料的綜合問題，運用截至目前為止所學的技巧。由於有一部分是尚未學到的處理方法，請參考提示等，一邊查詢一邊進行。

對初學者來說，下面的練習問題或許不太容易，但藉由處理這些問題，應該能實際體會到目前所學技巧可以如何派上用場吧。

Practice

第7章 綜合問題

【綜合問題7-1 時間序列資料分析】

這裡使用本章學到的 Pandas 和 Scipy 等，來處理時間序列資料吧。

1. 資料的取得與確認：請從下面的網站下載 dow_jones_index.zip，使用其中包含的 dow_jones_index.data，讀取資料，顯示開頭的5列。觀察資料各行的資訊等，確認是否有 NaN 等情況。

   https://archive.ics.uci.edu/ml/machine-learning-databases/00312/dow_jones_index.zip

2. 資料的加工：由於行的 open、high、low、close 等資料在數字之前附有 $ 記號，請將它們移除。此外，當日期時間無法以 data 型別來讀取時，變換為 date 型別吧。

3. 關於行的 close，請依各個 stock 來計算出摘要統計量。

4. 關於行的 close，請呈現出計算各個 stock 相關的相關矩陣。此外，使用 Seaborn 的 heatmap 函式，來試著描繪相關矩陣的熱圖吧（提示：使用 Pandas 的 corr 方法）。

5. 請取出上述4裡計算所得之相關矩陣當中相關係數最高的 stock 組合。並且取出其中相關係數最高的一對，描繪它們各自的時間序列圖形。

6. 使用 Pandas 的 rolling 方法（窗函數），對於上述使用的各個 stock，計算 close 的過去5期（5週）移動平均時間序列資料。

7. 使用 Pandas 的 shift 方法，對於上述使用的各個 stock，計算 close 的與前期（一週前）相比之對數時間序列資料。並且取出在這當中波動性（標準差）最大的 stock 與最小的 stock，描繪其對數變化圖形。

※關於 **6**、**7**，章末的 Column 有補充說明，請參考閱讀。

【綜合問題7-2 市場行銷分析】

接下來是市場行銷分析裡經常處理的購買資料。雖然是不同於一般使用者的法人購買資料，分析基準基本上是相同的。

1. 請從下面的URL以pandas來讀取（由於是件數超過50萬筆的資料，相對較大，需要花費一些時間）。

http://archive.ics.uci.edu/ml/machine-learning-databases/00352/Online%20Retail.xlsx

※提示：使用pd.ExcelFile，用 .parse('Online Retail')來指定工作表。

此外，由於這裡的分析對象只有在CustomerID裡有資料的紀錄，請為此進行處理。由於在行InvoiceNo裡的數字前方有c者表示取消，請將該資料移除。除此之外，如果在作為資料時有需要移除的狀況，請進行適當的處理。下面將基於這個資料逐步進行分析。

2. 在這個資料的行裡，有購買日期時間、商品名稱、數量、次數、購買者ID等等。在這裡，請求得購買者（CustomerID）的Unique數、Basket數（InvoiceNo的Unique數）、商品種類（以StockCode基準與Description基準的Unique數）。

3. 這個資料的行裡，有著Country。請以此行為基準，計算各個國家的購買總額（每單位的金額×數量的總和），由大到小依序排列，顯示金額最高的5個國家。

4. 對於3當中最高的5個國家，請將各個國家的商品銷售（總額）每月的時間序列推移製作為圖形。在這裡請將圖形分開顯示。

5. 對於3當中最高的5個國家，請將各個國家銷售最好的TOP5商品取出。並且將它們依國別製作為圓形圖。其中，商品請以「Description」為基準來統計。

答案在Appendix 2

Column

移動平均時間序列資料與對數時間序列資料

所謂時間序列資料（$\cdots, y_{t-1}, y_t, y_{t+1}, \cdots$）的過去$n$期之移動平均資料，是指過去$n$期的資料之平均，亦即如下所示。

$$ma_t = \sum_{s=t-n+1}^{t} \frac{y_s}{n} \qquad （式7-4-1）$$

所謂時間序列資料（$\cdots, y_{t-1}, y_t, y_{t+1}, \cdots$）與前期（1週前）相比之對數時間序列資料，是指由 $\log \frac{y_t}{y_{t-1}}$ 組成的資料。當增減率 $r_t = \frac{y_t - y_{t-1}}{y_t}$ 較小時，成立 $r_t \approx \log \frac{y_t}{y_{t-1}}$ 的關係。這是當x相當小時成立，從 $\log(1+x) \approx x$ 導出。增減率資料（$r_1, \cdots, r_N$）的波動性，意指標準差：

$$\sqrt{\frac{1}{N} \sum_{t=1}^{N} (r_t - \frac{1}{N} \sum_{t=1}^{N} r_t)^2} \qquad （式7-4-2）$$

用作顯示價格變動大小的指標。

Chapter 8

機器學習的基礎
（監督式學習）

本章開始將解說機器學習。機器學習是藉由讀取資料，讓機器獲得為了達成某種目的所需知識與行動的技術。機器學習大致上可分為監督式學習、非監督式學習、強化學習，本章學習監督式學習的具體手法。藉由這一章，了解機器學習的思考方式與模型建構的基本做法，讓自己能正確地執行吧。

Goal 學習機器學習的體系與概要，了解如何用監督式學習的模型（多元線性迴歸分析、邏輯迴歸分析、Ridge 迴歸、Lasso 迴歸、決策樹、k-NN、SVM）來建構模型並正確執行評估。

機器學習概觀

Keyword 機器學習、監督式學習、非監督式學習、強化學習、目標變數、解釋變數、迴歸、分類、聚類分析、主成分分析、購物籃分析、動態規劃法、蒙地卡羅法、時間差分學習

本章將學習監督式學習的具體手法。在機器學習領域，監督式學習是在商務運用方面進展最多的技術。藉由這一章，了解機器學習的思考方式與模型建構的基本做法，讓自己能正確地執行它們吧。開始說明監督式學習之前，對於機器學習的全貌，包括非監督式學習，先進行概觀的綜覽吧。

8-1- 1 何謂機器學習？

機器學習是藉由讀取資料，讓機器獲得為了達成某種目的所需知識與行動的技術。機器學習大致上可分為**監督式學習**（supervised learning）、**非監督式學習**（unsupervised learning）、**強化學習**（reinforcement learning）。除了這種分類方式之外，有時也二分為監督式學習與非監督式學習，或者在上述三種分類之外再加上半監督式學習而成為四類。

8-1- 1-1 監督式學習與非監督式學習

讓機器讀取為了獲得知識與行動所用的資料，稱為「訓練資料」。監督式學習與非監督式學習的差異，在於訓練資料當中是否有目標變數與解釋變數（後文會進一步說明）。極端地說，有著正確解答的資料並給予這些資料，便是監督式學習；若非如此，則為非監督式學習。

① 監督式學習

求得從解釋變數（假設為 X）來預測目標變數（假設為 Y）的模型之手法。訓練資料當中有著目標變數與解釋變數，對於模型輸入訓練資料的解釋變數，為了讓該模型的輸出能更接近訓練資料的目標變數，藉由調整模型的參數來逐步學習。本章將詳細說明相關手法。

舉例來說，使用於想識別信件的標題或內容（解釋變數）是否為垃圾郵件（目標變數）、想從股票買賣狀況（解釋變數）來預測股價（目標變數）等情況。

② 非監督式學習

　　著眼於輸入資料本身，找出資料裡暗藏的規則與傾向的手法。訓練資料當中沒有目標變數（Y）。手法包括將多數資料分為幾個類似群體的聚類分析、將資料維度（變數的數量）在不失去原本資料資訊的前提下節約為較少維度的主成分分析等。使用於給予資料解釋的探索分析，或是資料的降維（dimensional reduction）等情況。下一章將詳細說明相關手法。雖然監督式學習裡也有降維，但下一章提到的是非監督式學習的降維。

　　下面是監督式學習與非監督式學習的示意圖。

　　左圖是監督式學習。預先附加了標籤（圈或叉），目標是將資料分為圈或叉。比如說，另外給予有著x1與x2這兩軸的資料，來預測它們是圈或叉。

　　右圖是非監督式學習。沒有附加標籤，打算從給予的資料來找出傾向（從圖中可觀察到「似乎能找出2個以藍色圈住的群體」）。

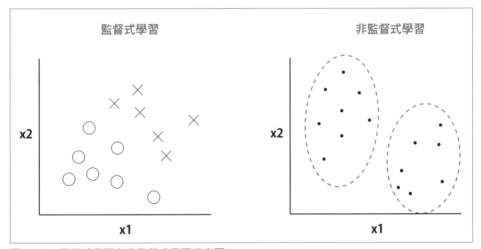

圖8-1-1　監督式學習與非監督式學習示意圖

8-1- 1-2 強化學習

　　強化學習是藉由對於程式（機器）一連串行動的結果給予報酬，讓機器獲得想實現的行動規則之手法。在監督式學習裡，對於每一個行動必須給予正確解答資料，但比如說有競爭對手的遊戲等，需要在互相影響的環境下獲得行動規則的情況，對於所有的狀況給予正確解答資料是相當困難的。

　　因此，藉由基於一連串行動的結果之報酬來讓它獲得行動規則的強化學習，可以處理用監督式學習難以表現的情況，近年來廣受矚目。

本書雖然從給予的資料來套用機器學習開始說明，但在實際的資料分析現場，首先應該「取得基本統計量」、「製作直方圖或散佈圖」等，以免忽略對資料的基本觀察與理解。因為資料的品質對機器學習的輸出之品質，有很大的影響。此外，有時會從這樣一連串的確認作業當中，發現資料裡有用的訊息。請注意不要將機器學習的使用當成目的，而是作為一種手段。

> **Point**
>
> 在現場分析資料時，套用機器學習之前，先製作基本統計量和散佈圖，初步了解資料的傾向與整體概觀吧。

對於機器學習的初學者，參考文獻「A-18」和參考URL「B-16」應該會有幫助。如果想以商務角度來學習運用機器學習，參考文獻「A-19」值得參閱。

僅靠一本專書來敘述機器學習的模型與實作等所有資訊是不可能的，若有不了解的地方（如參數設定等），重要的是回歸到官方文件（參考URL「B-18」）。雖然官方文件寫得非常繁瑣，不容易讀完，但有模型的細節參數等說明，非常確實。

> **Point**
>
> 對於機器學習等模型，不了解其參數或模型特性時，先來查詢官方文件吧。

8-1- 2 監督式學習

監督式學習是給予訓練資料，來建構預測其中包含變數之模型的手法。如同先前的說明，在訓練資料當中想預測的變數稱為**目標變數**（亦稱正確解答資料、應變數、依變數等），用於解釋目標變數的變數則稱為**解釋變數**（亦稱特徵量、預測變數、獨變數等）。

如果給予 $y = f(x)$ 這個函數，則 y 為目標變數、x 為解釋變數、函數 $f(x)$ 為模型。舉例來說，想預測某位消費物品品牌的購買者將來是否會不購買該品牌（目標變數），需要將過去各種資料（顧客屬性、購買頻率、是否購買相關品牌等）視為解釋變數來處理。

　　根據目標變數的資料形式,監督式學習可分類為兩種。如果目標變數為股價等取得數值的情況,稱為**迴歸**(regression);如果是「男性、女性」、「幼兒、小學生、學生、大人」等類別,則稱為**分類**(classification)。例如前面提到的是否會不購買該品牌的問題,屬於分為「購買」或「不購買」這兩個類別的分類工作。

　　監督式學習的演算法(手法),包括**多元線性迴歸**(multiple linear regression)、**邏輯迴歸**(logistic regression)、**k最近鄰演算法**(k-nearest neighbors, k-NN)、**決策樹**(decision tree)、**支援向量機**(support vector machine, SVM)、**隨機森林**(random forest)、**梯度提升**(gradient boosting)等。請留意這些手法,有些用於迴歸,有些用於分類。

　　順帶一提,邏輯迴歸雖然名為「迴歸」,卻是用於分類。決策樹用於分類的情況稱為「分類樹」,用於迴歸的情況則稱為「迴歸樹」。後面會個別說明。

　　至於要選擇哪個手法,基本上取決於求得模型的性能。然而,若優先考慮學習結果的解釋性(interpretability,容易解釋的程度),有時會刻意採用多元線性迴歸、邏輯迴歸、決策樹等比較單純的手法。因為支援向量機等不容易說明,這種手法對非專家來說無法聽了就馬上理解(請留意在機器學習領域有時說「決策樹」容易理解,但對非專家來說未必是容易理解的概念)。究竟是需要重視解釋性,或者相較於解釋更應追求準確度,依情況判斷使用吧。

8-1- 3 非監督式學習

　　非監督式學習著眼的是輸入資料本身而非目標變數的學習,用來找出資料裡潛藏的規則或傾向。

8-1- 3-1 非監督式學習的手法

　　非監督式學習的代表性手法,是將多個資料區分為幾個類似群體的**聚類分析**(clustering,分群)。舉例來說,用於要對某個消費者分類至哪個興趣類別之類的市場行銷分析。

　　聚類分析是找出資料本身的特徵之手法,所以也被定位為探索的資料分析手法。將基於聚類分析結果的對象資料分類之後,不表示已經結束,重要的是確認給予它的解釋是否與商務等現場感覺有偏差。請留意探索的資料分析很難完全自動化,人的判斷扮演著重要的角色。

　　除了聚類分析之外,非監督式學習手法還有**主成分分析**(principle component

analysis, PCA）和**購物籃分析**（market basket analysis）等。主成分分析是以不失去資訊的方式將多個變數集約，減少變數的分析手法。購物籃分析則用於稱為POS（point of sales，銷售時點情報系統）的購買資料分析，有助於求得購買商品A的人也有很高的機率購買商品B這樣的關聯規則（有著高度關聯性的事物之組合）。

參考文獻「A-20」列舉的書籍，大致分為監督式學習的「目標導向資料探勘」及非監督學習的「探索式資料探勘」，可藉此學習在商務現場如何使用機器學習與資料探勘，非常推薦給想從商務觀點來強化對本書理解的讀者。

8-1- 4 強化學習

強化學習是讓機器學習該怎麼做才能讓報酬最大化的行為規則之技術。報酬被設計為對於機器的一連串行為之結果，與目標整合的方式。也就是說，使得對於期待的結果能給予高的報酬，對不希望的結果則給予低的報酬。不同於監督式學習逐一對於每個行為給予正確的解答資料，強化學習是希望找出什麼樣的行為才能獲得更大的報酬。在強化學習裡，機器（Agent）在存在的環境以及和其他Agent的相互作用裡逐步學習。

以實際的例子來說明，「儘管嬰兒（Agent）沒有被教導走路的方式，卻能自己在環境裡一邊試行錯誤，逐漸變得會走路」，或是「汽車（Agent）變得能不和其他汽車（其他Agent）衝撞，順利運行」等等，都是強化學習的範例。

8-1- 4-1 強化學習的手法

在強化學習當中，由於Agent以探索的方式運作，在與環境間的相互作用裡逐步學習，因此重要課題是如何處理「探索—利用困境」（exploration-exploitation dilemma）。這是指基於過去行為裡學得的結果，來採取「最佳行為」時，將無法找出新的行為（過度倚賴知識），但如果為了求取「更好的行為」而總是進行新的行為，將無法運用過去的經驗（過度偏重探索），如何在探索與知識運用之間取得平衡至關重要。

強化學習的手法，包括動態規劃法、蒙地卡羅法、時間差分學習等等。動態規劃法是以有明確的知識為前提，蒙地卡羅法則是不假設該環境有完整知識、只需要經驗的方法。本書對於強化學習的說明只介紹上述概念。想進一步深入學習的讀者，請參考前文出現過的詞彙，以及參考文獻「A-21」、參考URL「B-17」的OpenAI網站等。

8-1- 5 匯入用於本章的函式庫

除了第2章介紹的各種函式庫之外，本章還會使用機器學習函式庫Scikit-learn。如果是參照Appendix 1安裝Anaconda，由於其中已經包含了這個函式庫，不需要另外進行安裝。第3章說明線性迴歸分析的章節也用過Scikit-learn。如前文的說明，參考URL「B-18」Scikit-learn的官方文件裡有詳細的規格說明與使用方式，請作為參考。在Scikit-learn的函式庫裡，除了用於機器學習的類別之外，還包含數個範例資料。

本章以如下的匯入方式作為前提，來進行說明。

輸入

```
# 資料加工、處理、分析函式庫
import numpy as np
import numpy.random as random
import scipy as sp
from pandas import Series, DataFrame
import pandas as pd

# 視覺化函式庫
import matplotlib.pyplot as plt
import matplotlib as mpl
import seaborn as sns
%matplotlib inline

# 機器學習函式庫
import sklearn

# 顯示到小數點後第3位
%precision 3
```

輸出

```
'%.3f'
```

多元線性迴歸

Keyword 目標變數、解釋變數、多元共線性、變數選擇法

作為監督式學習的第一個項目,首先學習**多元線性迴歸**。第3章說明過的線性迴歸,對於目標變數只有1個解釋變數。將這樣的思考方式進行擴展,處理多個解釋變數而非只有1個的情況,便是多元線性迴歸。藉由多元線性迴歸,可以計算出各個解釋變數之係數(迴歸係數)的推論預測值。迴歸係數是以讓預測值與目標變數的平方誤差最小化的方式推論。下面是多元線性迴歸的示意圖。

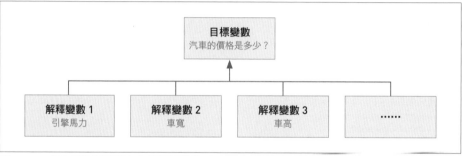

圖 8-2-1　多元線性迴歸裡有多個解釋變數

8-2-1 讀取汽車售價資料

那麼,來實際動手試試吧。對於有著汽車價格和一些屬性(汽車的大小等)的資料,試著使用多元線性迴歸,來建構能從這些屬性預測汽車價格的模型吧。

http://archive.ics.uci.edu/ml/machine-learning-databases/autos/imports-85.data

輸入

```
# 匯入
import requests, zipfile
import io

# 取得汽車價格資料
url = 'http://archive.ics.uci.edu/ml/machine-learning-databases/autos/imports-85.data'
res = requests.get(url).content

# 將取得的資料作為DataFrame物件讀取
auto = pd.read_csv(io.StringIO(res.decode('utf-8')), header=None)
```

```
# 在資料的行裡設定標籤
auto.columns =['symboling','normalized-losses','make','fuel-type','aspiration','num-of-doors',
              'body-style','drive-wheels','engine-location','wheel-base','length','width','height',
              'curb-weight','engine-type','num-of-cylinders','engine-size','fuel-system','bore',
              'stroke','compression-ratio','horsepower','peak-rpm','city-mpg','highway-mpg','price']
```

執行上述程式，便會將汽車價格資料以Pandas的DataFrame物件形式，設定於變數auto裡。來實際確認它們是什麼樣的資料吧。

輸入

```
print('汽車資料的形式:{}'.format(auto.shape))
```

輸出

```
汽車資料的形式:(205, 26)
```

可以得知它是有著205列26行的資料。

接著如下以head()方法，來試著顯示最開始的5列。

輸入

```
auto.head()
```

輸出

	symboling	normalized-losses	make	fuel-type	aspiration	num-of-doors	body-style
0	3	?	alfa-romero	gas	std	two	convertible
1	3	?	alfa-romero	gas	std	two	convertible
2	1	?	alfa-romero	gas	std	two	hatchback
3	2	164	audi	gas	std	four	sedan
4	2	164	audi	gas	std	four	sedan

5 rows × 26 columns

drive-wheels	engine-location	wheel-base	...	engine-size	fuel-system	bore	stroke
rwd	front	88.6	...	130	mpfi	3.47	2.68
rwd	front	88.6	...	130	mpfi	3.47	2.68
rwd	front	94.5	...	152	mpfi	2.68	3.47
fwd	front	99.8	...	109	mpfi	3.19	3.40
4wd	front	99.4	...	136	mpfi	3.19	3.40

compression-ratio	horsepower	peak-rpm	city-mpg	highway-mpg	price
9.0	111	5000	21	27	13495
9.0	111	5000	21	27	16500
9.0	154	5000	19	26	16500
10.0	102	5500	24	30	13950
8.0	115	5500	18	22	17450

在這個資料裡，汽車的價格設定於price當中。由於這裡打算從汽車的屬性來製作價格預測模型，亦即課題為製作從price以外的值來預測price之模型。

由於從全部的解釋變數來預測price較為複雜，這裡假設只使用horsepower、

width、height這3個解釋變數。 也 就 是 說，設 定 為 製 作 從 horsepower、width、height這些解釋變數來預測price這個目標變數之模型。

8-2-2 資料的整理

有時輸入資料裡會包含不適當的東西。因此，首先要確認資料的內容，整理為適當的資料。

8-2-2-1 去除不適當的資料

先前已經使用過head()來確認資料，這時會發現資料當中有「?」存在。由於許多機器學習演算法只能處理數值型別資料，對於含有這樣的「?」等非數值資料的變數，需要進行將它們去除的預處理。

本節的目標是從horsepower、width、height來預測price，如果這些變數裡有「?」資料就應該刪除。具體來說，將「?」資料轉換為遺漏值之後，去除含有遺漏值的列。對於打算處理的horsepower、width、height、price這4個變數，以下面的程式來確認含有多少「?」資料。

輸入

```
# 計算各個行（欄位）裡有多少個「?」
auto = auto[['price','horsepower','width','height']]
auto.isin(['?']).sum()
```

輸出

```
price          4
horsepower     2
width          0
height         0
dtype: int64
```

由於可得知price和horsepower裡混有「?」資料，使用第6章學過的Pandas技巧來去除。如下進行便可將有「?」的列去除。執行之後，可確認列數減少了。

輸入

```
# 將?取代為NaN，刪除有NaN的列
auto = auto.replace('?', np.nan).dropna()
print('汽車資料的形式:{}'.format(auto.shape))
```

輸出

```
汽車資料的形式:(199, 4)
```

8-2-2-2 型別的轉換

這裡先來確認資料的型別吧。如下可進行確認。

輸入

```
print('資料型別的確認（型別轉換前）\n{}\n'.format(auto.dtypes))
```

輸出

```
資料型別的確認（型別轉換前）
price          object
horsepower     object
width          float64
height         float64
dtype: object
```

如此確認便可得知price和horsepower並非數值型別。因此，使用to_numeric先轉換為數值型別。

輸入

```
auto = auto.assign(price=pd.to_numeric(auto.price))
auto = auto.assign(horsepower=pd.to_numeric(auto.horsepower))
print('資料型別的確認（型別轉換後）\n{}\n'.format(auto.dtypes))
```

輸出

```
資料型別的確認（型別轉換後）
price          int64
horsepower     int64
width          float64
height         float64
dtype: object
```

8-2- 2-3 相關性的確認

藉由上述操作，已將目標變數、解釋變數的所有列，加工為沒有遺漏且為數值型別的資料形式。接下來確認各個變數的相關性，如下使用corr。

輸入

```
auto.corr()
```

輸出

	price	horsepower	width	height
price	1.000000	0.810533	0.753871	0.134990
horsepower	0.810533	1.000000	0.615315	-0.087407
width	0.753871	0.615315	1.000000	0.309223
height	0.134990	-0.087407	0.309223	1.000000

這裡的目標變數是price，觀察其他3個變數，可發現width與horsepower的相關性為0.6左右，稍微偏高。之所以進行確認，是因為將相關性較高的變數同時作為多元線性迴歸的解釋變數，可能發生**多元共線性**（multi-collinearity）。

所謂多元共線性，這個現象是指由於變數間的高相關性，迴歸係數的變異數變大，失去了係數的顯著性。這樣的現象應該避免，所以建構多元線性迴歸的模型時，通常只挑出能代表該高相關性變數群的變數來用於模型。不過因為這裡只是個實驗，並未嚴密考慮這一點，將width與horsepower兩者和height一起留下來，繼續建構模型。

既然資料已經到齊,來試著建構模型吧。製作多元線性迴歸的模型並評估其性能的程式如下所示。

在下面的程式裡,將解釋變數設定為 X、目標變數設定為 y。

在機器學習的模型建構裡,一般來說,使用「模型建構用的訓練資料」讓它學習來建構模型,而對於該模型,使用不同於訓練資料的其他「測試資料」,藉由確認能得到何種程度的準確度,來評估它的性能。因此,下面使用Scikit-learn的model_selection模組的train_test_split函式,將資料分為訓練資料與測試資料。

這個函式是將資料隨機分為兩類的函式。以何種比例來分類,取決於test_size。這裡因為將test_size設定為0.5,資料會分為一半(比如說,設定為0.4也可以分為4比6)。

random_state是用以控制亂數生成。這裡將random_state設定為0。像這樣將random_state固定(在此設定為0),無論執行幾次,都能一樣地分離資料。如果不指定為任意的值,每次執行時某列不一定會被歸類於訓練資料或測試資料,無法得到相同的結果。因此,在模型效能的驗證階段,將random_state固定,讓它具有可再現性,非常重要。

建構多元線性迴歸的模型,使用LinearRegression類別來進行。以「model = LinearRegression()」產生物件實例,將訓練資料以「model.fit(X_train, y_train)」的方式讓它讀取,便完成學習。學習好之後,可將決定係數與迴歸係數以截距確認。決定係數是用來表示對於目標變數來說,預測值距離實際的目標變數之值有多接近。第3章學過這一點。

機器學習的目的是獲得高度的泛用性能(意指建構出來的模型,對於未知的資料也能正確地預測),因此儘管追求對於訓練資料的吻合度看似能得到較好的模型,實際上並非如此,經常出現對於訓練資料準確度很高,但對於測試資料準確度卻降低的情形。這稱為**過度學習**(overfitting)或**過剩學習**,建構模型階段最需要注意這個檢驗項目。

決定係數可使用score方法取得。

輸入

```
# 為了資料分割（訓練資料與測試資料）的匯入
from sklearn.model_selection import train_test_split

# 為了多元線性迴歸模型建構的匯入
from sklearn.linear_model import LinearRegression

# 指定目標變數為price、其他為解釋變數
X = auto.drop('price', axis=1)
y = auto['price']

# 分為訓練資料與測試資料
X_train, X_test, y_train, y_test = train_test_split(X, y, test_size=0.5, random_state=0)

# 多元線性迴歸的初始化與學習
model = LinearRegression()
model.fit(X_train, y_train)

# 顯示決定係數
print('決定係數(train):{:.3f}'.format(model.score(X_train, y_train)))
print('決定係數(test):{:.3f}'.format(model.score(X_test, y_test)))

# 顯示迴歸係數與截距
print('\n迴歸係數\n{}'.format(pd.Series(model.coef_, index=X.columns)))
print('截距: {:.3f}'.format(model.intercept_))
```

輸出

```
決定係數(train):0.733
決定係數(test):0.737

迴歸係數
horsepower       81.651078
width          1829.174506
height          229.510077
dtype: float64
截距:-128409.046
```

從上述的結果可得知train（訓練資料）為0.733、test（測試資料）為0.737。由於訓練時的分數與測試時的分數相當接近，可判斷此模型並沒有陷入過度學習的情況。

8-2- 4 模型建構與模型評估流程總結

以上便是以多元線性迴歸來建構模型並評估模型的流程。後面章節會學習的決策樹與SVM等，基本上是以相同的流程來逐步執行。換句話說，請記得建構模型與評估模型的基本流程如下：

- **Step 1.** 產生用來建構各種模型的類別之物件實例：model = LinearRegression()
- **Step 2.** 將資料分為解釋變數與目標變數：X與 y
- **Step 3.** 分為訓練資料與測試資料：train_test_split(X, y, test_size=0.5, random_state=0)
- **Step 4.** 將訓練資料置入（學習）：model.fit(X_train, y_train)
- **Step 5.** 以測試資料來確認模型的泛用性能：model.score(X_test, y_test)

這裡建構模型時，雖然隨意選擇了horsepower、width、height作為解釋變數，但還有幾種統計的選擇方法。具體來說，包括**變數增加法（前進選擇法）**、**變數減少法（後退選擇法）**、**步進法**等等，用於選擇的基準也有RMSE（root mean squared error，均方根誤差）、赤池訊息準則（AIC）、貝氏訊息準則（BIC）等等。這並不是說哪個方法絕對有效，而是考量模型的泛用性能與商務重點知識等來選擇。由於本書省略上述方法的細節，想進一步深入學習的讀者，請試著自行查詢。

Let's Try

關於變數增加法、變數減少法、步進法，來試著查詢看看吧。

Practice

【練習問題8-1】

利用「8-2-1 讀取汽車售價資料」一節所用的汽車價格資料。對於這個資料，將price視為目標變數，使用width與engine-size作為解釋變數，來建構多元線性迴歸的模型吧。此時請使用train_test_split將資料對半分為訓練資料與測試資料，建構模型之後，使用測試資料來求得模型的分數。執行train_test_split時，請將random_state參數設定為0。

答案在Appendix 2

Let's Try

對於練習問題8-1的資料，一樣以price作為目標變數，但和上述不同，試著以其他的解釋變數來建構多元線性迴歸的模型吧。由於使用不同的解釋變數，模型的結果會如何變化呢？也來觀察並思考個中原因吧。

邏輯迴歸

Keyword 邏輯迴歸、交叉熵誤差函數、勝算比

如前文所述，多元線性迴歸模型是有著多個解釋變數的迴歸模型，目標變數為數值。像這樣的變數稱為「數值變數」。

本節學習的**邏輯迴歸**，其目標變數並非數值，而是處理購買某項商品與否、某公司是否會破產等種類資料的演算法。像這樣以種類的形式呈現的變數，稱為「種類變數」。

對於範例資料，計算是否屬於某個種類的機率之任務稱為**分類**，邏輯迴歸是其中一種演算法。雖然名為迴歸，但請留意它是處理分類的演算法（不只是2分類，也可用於3分類以上），目標變數將不同於數值的情況，在分類任務中是學習讓目標函數最小化。該目標函數稱為**交叉熵誤差函數**（cross-entropy error function），預測正確解答之種類的機率越高時，其數值越小。

8-3-1 邏輯迴歸的範例

那麼，來具體地逐步看看邏輯迴歸的執行範例吧。這裡試著建構以年齡、性別、職業等與個人相關的資料，來預測其收入是否超過50K（5萬美元）的模型吧。假設原始資料可從下面的URL取得。

http://archive.ics.uci.edu/ml/machine-learning-databases/adult/adult.data

首先如下取得資料，設定行（欄位）的名稱。資料以32561列15行構成，沒有遺漏值。如果使用head()來觀察資料的開頭部分，可得知這個資料集混合了workclass與education等種類變數，以及age與education_num等數值變數。

輸入

```
# 取得資料
url = 'http://archive.ics.uci.edu/ml/machine-learning-databases/adult/adult.data'
res = requests.get(url).content

# 將取得的資料作為DataFrame物件讀取
adult = pd.read_csv(io.StringIO(res.decode('utf-8')), header=None)

# 在資料的行裡設定標籤
adult.columns =['age','workclass','fnlwgt','education','education-num','marital-status',
                'occupation','relationship','race','sex','capital-gain',
                'capital-loss','hours-per-week',
```

```
                            'native-country','flg-50K']

# 輸出資料的形式與遺漏數量
print('資料的形式:{}'.format(adult.shape))
print('遺漏的數量:{}'.format(adult.isnull().sum().sum()))

# 輸出資料的開頭5列
adult.head()
```

輸出

```
資料的形式:(32561, 15)
遺漏的數量:0

     age          workclass    fnlwgt   education   education-num    marital-status
0    39           State-gov    77516    Bachelors   13               Never-married
1    50    Self-emp-not-inc    83311    Bachelors   13          Married-civ-spouse
2    38             Private    215646   HS-grad      9                    Divorced
3    53             Private    234721   11th         7          Married-civ-spouse
4    28             Private    338409   Bachelors   13          Married-civ-spouse
```

```
         occupation    relationship    race     sex   capital-gain   capital-loss   hours-per-week
     Adm-clerical    Not-in-family    White    Male        2174              0               40
  Exec-managerial          Husband    White    Male           0              0               13
 Handlers-cleaners   Not-in-family    White    Male           0              0               40
 Handlers-cleaners         Husband    Black    Male           0              0               40
    Prof-specialty             Wife    Black   Female          0              0               40
```

```
     native-country    flg-50K
     United-States      <=50K
     United-States      <=50K
     United-States      <=50K
     United-States      <=50K
             Cuba       <=50K
```

8-3-2 資料的整理

　　在這個資料集裡，表示收入是否超過50K的目標變數為flg-50K。資料之值為
「<=50K」與「>50K」，由於直接這樣顯示難以處理，將它轉換為含有0或1的旗標
之變數。首先，試著確認「<=50K」與「>50K」各有多少列。

```
adult.groupby('flg-50K').size()
```

```
flg-50K
  <=50K    24720
  >50K      7841
dtype: int64
```

可得知「<=50K」有24720列,「>50K」有7841列。

接著,增加稱為「fin_flg」的行(欄位),對於有著「>50K」的列設定為1、並非如此則設定為0的旗標。設定旗標時,使用第1章出現過的lambda和map。變換之後,為了確保無誤,檢查是否與原先的統計結果相同。

輸入

```
# 增加「fin_flg」行,如果「flg-50K」行之值為「>50K」則設定為1、並非如此則為0
adult['fin_flg'] = adult['flg-50K'].map(lambda x: 1 if x ==' >50K' else 0)
adult.groupby('fin_flg').size()
```

輸出

```
fin_flg
0    24720
1     7841
dtype: int64
```

可以發現「<=50K」與「>50」的列數,相同於「0」與「1」的列數。

8-3- 3 模型建構與評估

終於到了邏輯迴歸的模型建構。作為解釋變數,使用數值變數的age、fnlwgt、education-num、capital-gain、capital-loss。目標變數則是先前設定「1」與「0」的旗標fin_flg。

邏輯迴歸的模型建構,使用的是LogisticRegression類別。至於分為訓練資料與測試資料,以及使用score方法來評估的方式,與多元線性迴歸的情況相同。

輸入

```
from sklearn.linear_model import LogisticRegression
from sklearn.model_selection import train_test_split

# 解釋變數與目標變數的設定
X = adult[['age','fnlwgt','education-num','capital-gain','capital-loss']]
y = adult['fin_flg']

# 分為訓練資料與測試資料
X_train, X_test, y_train, y_test = train_test_split(X, y, test_size=0.5, random_state=0)
```

```
# 邏輯迴歸類別的初始化與學習
model = LogisticRegression()
model.fit(X_train, y_train)

print('準確度(train):{:.3f}'.format(model.score(X_train, y_train)))
print('準確度(test):{:.3f}'.format(model.score(X_test, y_test)))
```

輸出

```
準確度(train):0.796
準確度(test):0.797
```

從上述結果可得知訓練資料與測試資料均有79%的準確度,判斷沒有發生過度學習的情況。

可以試著使用coef_屬性,來確認完成學習的模型當中各個變數（age、fnlwgt、education-num、capital-gain、capital-loss）之係數。

輸入

```
model.coef_
```

輸出

```
array([[-4.510e-03, -5.717e-06, -1.082e-03,  3.159e-04,  7.230e-04]])
```

此外,如下計算可求得各個勝算比。所謂勝算比,是顯示當個別係數增加1個時,對預測機率有何種程度的影響之指標（沒有影響時為1.0）。

輸入

```
np.exp(model.coef_)
```

輸出

```
array([[0.996, 1., 0.999, 1., 1.001]])
```

8-3- 4 藉由縮放來提高預測準確度

本節介紹提高預測準確度的手法之一,也就是縮放。在這個模型裡,使用了age、fnlwgt、education-num、capital-gain、capital-loss這些解釋變數,但各個單位和大小是不同的。如此一來,對於模型的學習,可能會有遷就值較大的變數而導致值較小的變數影響較小的疑慮。

因此,為了避免發生這樣的情況,對解釋變數實施標準化（正規化）。所謂標準

化，就是一種縮放，將資料的各個值減去變數行的平均、再除以標準差。藉由這樣的操作，可以消除變數之間的單位，讓數值大小與表示的意義一致（可以得知當值為0時為平均值，若為1則比平均值大1個標準差）。要將資料標準化，可使用StandardScaler類別。

輸入

```
# 匯入用於標準化的類別
from sklearn.preprocessing import StandardScaler
from sklearn.model_selection import train_test_split

# 設定X與y
X = adult[['age','fnlwgt','education-num','capital-gain','capital-loss']]
y = adult['fin_flg']

# 分為訓練資料與測試資料
X_train, X_test, y_train, y_test = train_test_split(X, y, test_size=0.5, random_state=0)

# 標準化處理
sc = StandardScaler()
sc.fit(X_train)
X_train_std = sc.transform(X_train)
X_test_std = sc.transform(X_test)

# 邏輯迴歸類別的初始化與學習
model = LogisticRegression()
model.fit(X_train_std, y_train)

# 顯示準確度
print('準確度(train):{:.3f}'.format(model.score(X_train_std, y_train)))
print('準確度(test):{:.3f}'.format(model.score(X_test_std, y_test)))
```

輸出

```
準確度(train):0.811
準確度(test):0.810
```

　　如同可以從上述結果得知的，相較於沒有標準化的情況，準確度提高了。像這樣讓解釋變數的尺度一致，可使得機器學習的演算法運作得更好。標準化處理需要留意的重點，是使用訓練資料的平均值與標準差。由於測試資料是當作未來不一定會得到的未知資料，不能使用該資料來進行標準化。

【練習問題 8-2】

請使用 sklearn.datasets 模組的 load_breast_cancer 函數來讀取乳癌資料，將 cancer.target 設定為目標變數、cancer.data 設定為解釋變數，使用邏輯迴歸建構預測模型。此時，使用 train_test_split(random_state=0) 來區分訓練資料與測試資料，計算測試資料的分數。

【練習問題 8-3】

請使用與練習問題 8-2 相同的設定，對於相同的資料，將特徵量標準化並建構模型。接著，請與先前的結果進行比較。

答案在 Appendix 2

具正則化項的迴歸：
Lasso 迴歸、Ridge 迴歸

Keyword 正則化、Lasso 迴歸、Ridge 迴歸

本節說明 Lasso 迴歸與 Ridge 迴歸。輸入有微小變動將造成大的輸出變化時，相較於多元線性迴歸的模型，Lasso 迴歸與 Ridge 迴歸的特徵是不容易發生過度學習。

8-4- 1 Lasso 迴歸、Ridge 迴歸的特徵

在多元線性迴歸裡，推測讓預測值與目標變數的平方誤差最小化的迴歸係數。相對於此，在 Lasso 迴歸與 Ridge 迴歸裡，除了讓平方誤差變小之外，有著避免讓迴歸係數本身變大的機制。一般來說，迴歸係數較大的模型，其輸入的微小變動，會造成輸出有著較大的變化。也就是說，這種模型的輸出入關係較為敏感或複雜。這樣的模型發生過度學習的風險提高，也就是對於訓練資料能吻合，對未知資料卻無法適用。因此，推測迴歸係數時，追加用來表示模型複雜度的損失函數，推測包含它的最小化誤差之迴歸係數的，便是 Lasso 迴歸與 Ridge 迴歸。

具體來說，在 Lasso 迴歸與 Ridge 迴歸裡，將推測迴歸係數時的損失函數，如式子 8-4-1 所示定義。此時的第二項稱為「正則化項」。當 $q = 1$ 時，稱為「Lasso 迴歸」；$q = 2$ 時，稱為「Ridge 迴歸」（M：變數的數量，w：權重或係數，λ：正則化參數）。正則化項是具有抑制模型複雜度作用的項。所謂正則化（regularization），係指讓模型更一般化、減少複雜度的各種做法。

$$\sum_{i=1}^{n}(y_i - f(x_i))^2 + \lambda \sum_{j=1}^{M}|w_j|^q \qquad \text{（式 8-4-1）}$$

從這個式子的定義，應該可以得知當變數的數量 M 越增加、權重也越增加時，損失函數的第二項之值將越大而成為懲罰。在多元線性迴歸當中，對於投入的解釋變數數量，由分析者這邊的調整來調整模型的複雜度；相對於此，Lasso 迴歸、Ridge 迴歸則藉由模型自己來抑制參數本身的大小，為我們調整模型的複雜度。這意指當訓練分數與測試分數有所偏離時，藉由使用具有正則化項的演算法，可能得以改善泛用性能。順帶一提，Scikit-learn 的邏輯迴歸裡，預設為包含有著 $q = 2$

正則化項的損失函數，沒有另外為模型取名。

多元線性迴歸與 Ridge 迴歸的比較

使用前文的多元線性迴歸裡所用的汽車價格資料（auto）來製作 Ridge 迴歸模型，確認看看多元線性迴歸與 Ridge 迴歸的結果差異吧。

輸入

```
auto.head()
```

輸出

	price	horsepower	width	height
0	13495	111	64.1	48.8
1	16500	111	64.1	48.8
2	16500	154	65.5	52.4
3	13950	102	66.2	54.3
4	17450	115	66.4	54.3

使用 sklearn.linear_model 模組的 Ridge 類別，可建構 Ridge 迴歸模型。

下面的程式製作使用 LinearRegression 類別的多元線性迴歸模型（linear）與使用 Ridge 類別的 Ridge 迴歸模型（ridge），並比較它們的結果。

輸入

```
# 用於 Ridge 迴歸的類別
from sklearn.linear_model import Ridge
from sklearn.model_selection import train_test_split

# 分為訓練資料與測試資料
X = auto.drop('price', axis=1)
y = auto['price']
X_train, X_test, y_train, y_test = train_test_split(X, y, test_size=0.5, random_state=0)

# 模型的建構與評估
linear = LinearRegression()
ridge = Ridge(random_state=0)

for model in [linear, ridge]:
    model.fit(X_train, y_train)
    print('{}(train):{:.6f}'.format(model.__class__.__name__ , model.score(X_train, y_train)))
    print('{}(test):{:.6f}'.format(model.__class__.__name__ , model.score(X_test, y_test)))
```

輸出

```
LinearRegression(train):0.733358
LinearRegression(test):0.737069
Ridge(train):0.733355
Ridge(test):0.737768
```

雖然兩者的性能非常接近，但以傾向來說，對於訓練資料，多元線性迴歸的準確度較高，對於測試資料則反之，可推測這是歸因於正則化項的效果。

【練習問題8-4】

對於練習問題8-1使用的資料，評估Lasso迴歸。使用sklearn_linear模組的Lasso類別。由於Lasso類別裡可設定及修改參數，請試著查詢。具體而言，請參見如下官方文件。

https://scikit-learn.org/stable/modules/generated/sklearn.linear_model.Lasso.html#sklearn.linear_model.Lasso

答案在Appendix 2

8-4

決策樹

Keyword 決策樹、不純度、熵、資訊獲利

本節學習使用**決策樹**建構模型的方法。決策樹是為了達到某一目的，反覆資料各個屬性的條件分歧，來進行分類的方法。當目標變數為種類時，稱為**分類樹**；若為數值，則稱為**迴歸樹**。

8-5-1 蕈類資料集

使用可從下面URL取得的蕈類資料集，來作為決策樹的範例。蕈類包括毒菇與非毒菇（食用蕈類）。

http://archive.ics.uci.edu/ml/machine-learning-databases/mushroom/agaricus-lepiota.data

這裡的目標是對於給予的蕈類，判斷是否為毒菇。蕈類的解釋變數，包括菌傘形狀、氣味、菌褶大小、顏色等超過20個種類。使用這些解釋變數，如菌傘是否為圓錐形、菌褶是黑色或紅色、菌褶大小如何等等，逐步依照這樣的條件分歧，最後試著判斷出該蕈類是否為毒菇。在這個範例當中，由於是判斷是否為毒菇，因此是目標變數為種類變數的分類樹範例。

像這樣，為了達到某個目標（是否為毒菇等），反覆對資料的各個屬性進行條件分歧來分類，便是決策樹的手法。要抵達目標有各種不同的途徑，由於以樹木的形式表現，因此稱為決策樹。

首先，讀取蕈類資料集，藉由顯示它的開頭部分，來確認資料吧。

輸入

```
# 取得資料
url = 'http://archive.ics.uci.edu/ml/machine-learning-databases/mushroom/agaricus-lepiota.data'
res = requests.get(url).content

# 將取得的資料作為DataFrame物件讀取
mushroom = pd.read_csv(io.StringIO(res.decode('utf-8')), header=None)

# 在資料的行裡設定標籤
mushroom.columns =['classes','cap_shape','cap_surface','cap_color','odor','bruises',
                   'gill_attachment','gill_spacing','gill_size','gill_color','stalk_shape',
                   'stalk_root','stalk_surface_above_ring','stalk_surface_below_ring',
                   'stalk_color_above_ring','stalk_color_below_ring','veil_type','veil_color',
```

```
                        'ring_number','ring_type','spore_print_color','population','habitat']

# 顯示資料的開頭5列
mushroom.head()
```

輸出

	classes	cap_shape	cap_surface	cap_color	odor	bruises	gill_attachment	gill_spacing
0	p	x	s	n	t	p	f	c
1	e	x	s	y	t	a	f	c
2	e	b	s	w	t	l	f	c
3	p	x	y	w	t	p	f	c
4	e	x	s	g	f	n	f	w

5 rows × 23 columns

gill_spacing	gill_size	gill_color	...	stalk_surface_below_ring	stalk_color_above_ring
c	n	k	...	s	w
c	b	k	...	s	w
c	b	n	...	s	w
c	n	n	...	s	w
w	b	k	...	s	w

stalk_color_below_ring	veil_type	veil_color	ring_number	ring_type	spore_print_color	population
w	p	w	o	p	k	s
w	p	w	o	p	n	n
w	p	w	o	p	n	n
w	p	w	o	p	k	s
w	p	w	o	e	n	a

habitat
u
g
m
u
g

各個變數的內容，可從下面的URL確認。

http://archive.ics.uci.edu/ml/machine-learning-databases/mushroom/agaricus-lepiota.names

1	cap-shape	菌傘的形狀（bell=b, conical=c, convex=x, flat=f, knobbed=k, sunken=s）
2	cap-surface	菌傘的表面（fibrous=f, grooves=g, scaly=y, smooth=s）
3	cap-color	菌傘的顏色（brown=n, buff=b, cinnamon=c, green=r, pink=p, purple=u, red=e,white=w, yellow=y）
4	bruises?	（bruises=t, no=f）
5	odor	氣味（almond=a, anise=l, creosote=c, fishy=y, foul=f, musty=m, none=n,pungent=p, spicy=s）
6	gill-attachment	菌褶的連接方式（attached=a, descending=d, free=f, notched=n）
7	gill-spacing	菌褶的間隔（close=c, crowded=w, distant=d）
8	gill-size	菌褶的大小（broad=b, narrow=n）
9	gill-color	菌褶的顏色（black=k, brown=n, buff=b, chocolate=h, gray=g, green=r, orange=o, pink=p, purple=u, red=e, white=w, yellow=y）
10	stalk-shape	菌柄的形狀（enlarging=e, tapering=t）
11	stalk-root	菌柄的基部（bulbous=b, club=c, cup=u, equal=e, rhizomorphs=z, rooted=r, missing=?）
12	stalk-surface-above-ring	菌環以上的菌柄形狀（fibrous=f, scaly=y, silky=k, smooth=s）
13	stalk-surface-below-ring	菌環以下的菌柄形狀（fibrous=f, scaly=y, silky=k, smooth=s）
14	stalk-color-above-ring	菌環以上的菌柄顏色（brown=n, buff=b, cinnamon=c, gray=g, orange=o, pink=p, red=e, white=w,yellow=y）
15	stalk-color-below-ring	菌環以下的菌柄顏色（brown=n, buff=b, cinnamon=c, gray=g, orange=o, pink=p, red=e, white=w, yellow=y）
16	veil-type	菌幕的類型（partial=p, universal=u）
17	veil-color	菌幕的顏色（brown=n, orange=o, white=w, yellow=y）
18	ring-number	菌環的數量（none=n, one=o, two=t）
19	ring-type	菌環的類型（cobwebby=c, evanescent=e, flaring=f, large=l, none=n, pendant=p,sheathing=s, zone=z）
20	spore-print-color	孢子印的顏色（black=k, brown=n, buff=b, chocolate=h, green=r, orange=o, purple=u, white=w, yellow=y）
21	population	族群（abundant=a, clustered=c, numerous=n, scattered=s, several=v, solitary=y）
22	habitat	棲地（grasses=g, leaves=l, meadows=m, paths=p, urban=u, waste=w, woods=d）

目標變數是 classes。當它是 p 時，表示為毒菇；當它是 e 時，表示可以食用。1 個列為1個蕈類資訊，附加有屬性（cap_shape 和 cap_surface 等）。比如說，第1列的蕈類，其 classes 為 p，因此是毒菇，cap_shape（菌傘的形狀）為 x（convex/饅頭型）。

此外，藉由執行下面的程式，可知資料由8124列23行構成，沒有遺漏值。

輸入

```
print('資料的形式:{}'.format(mushroom.shape))
print('遺漏的數量:{}'.format(mushroom.isnull().sum().sum()))
```

輸出

```
資料的形式:(8124, 23)
遺漏的數量:0
```

8-5- 2 資料的整理

雖然解釋變數很多，為了簡單說明，下面將解釋變數限定於 gill_color（菌褶的顏色）、gill_attachment（菌褶的連接方式）、odor（氣味）、cap_color（菌傘的顏色）。這些資料為種類變數，如上所示，比如 gill_color 是 black 時為 k、brown 時為 n。由於在決策樹裡處理的變數、解釋變數、目標變數必須是數值型別，因此要將這樣的種類變數轉換為數值變數。

這裡將種類變數進行 dummy 變數化。所謂 dummy 變數化，意指像是性別變數的行（欄位）裡有 male 或 female 之值時，將性別的行分為 male 行與 female 行這2行來表現。更仔細檢視，當性別之值為 male 時，male 行之值設定為1、female 行之值設定為0（這也稱為 one-hot 化、進行 one-hot encoding 等）。使用 Pandas 的 get_dummies 函數，便能進行 dummy 變數化。

輸入

```
mushroom_dummy = pd.get_dummies(mushroom[['gill_color','gill_attachment','odor','cap_color']])
mushroom_dummy.head()
```

輸出

	gill_color_b	gill_color_e	gill_color_g	gill_color_h	gill_color_k	gill_color_n
0	0	0	0	0	1	0
1	0	0	0	0	1	0
2	0	0	0	0	0	1
3	0	0	0	0	0	1
4	0	0	0	0	1	0

5 rows × 26 columns

gill_color_o	gill_color_p	gill_color_r	gill_color_u	...	cap_color_b	cap_color_c	cap_color_e
0	0	0	0	...	0	0	0
0	0	0	0	...	0	0	0
0	0	0	0	...	0	0	0
0	0	0	0	...	0	0	0
0	0	0	0	...	0	0	0

cap_color_g	cap_color_n	cap_color_p	cap_color_r	cap_color_u	cap_color_w	cap_color_y
0	1	0	0	0	0	0
0	0	0	0	0	0	1
0	0	0	0	0	1	0
0	0	0	0	0	1	0
1	0	0	0	0	0	0

　　進行上述轉換之後的資料，將成為原本變數名稱與值的組合。比如說，gill_color_k裡如果有著1的旗標，表示原本gill_color之值為k。像這樣想將種類變數進行旗標化（數量化）時，最簡單的方法就是用dummy變數化。

　　接著對於目標變數classes，也先轉換為新的變數flg。這是由於即使是表現種類的目標變數，輸入資料形式也必須是數值。這裡進行的處理，是當classes變數之值為p時設定為1、並非如此時設定為0（lambda函式的部分），來增加新的變數flg。接下來，藉由使用map函式，將該處理適用於所有的元素（Cell）。由於至此為止將目標變數改以0/1的數值型別來表現、將種類變數的特徵量也dummy變數化了，因此可以輸入給予決策樹（演算法）。

輸入

```
# 也將目標變數旗標化（0/1化）
mushroom_dummy['flg'] = mushroom['classes'].map(lambda x: 1 if x =='p' else 0)
```

8-5- 3 熵：不純度的指標

　　建構決策樹的模型之前，先以種類識別的不純度（impurity）這個觀點來看決策樹的製作方法。所謂不純度，是表現是否為毒菇的識別狀態之指標，不純度高意指無法識別種類的狀態。舉例來說，假設將cap_color依是否為c來將資料區分為TRUE（1）或FALSE（0），此時試著交叉統計它們各自有多少毒菇。下面的表格是交叉的統計結果，列裡表示cap_color為c（1）或並非如此（0），行裡則表示設定了有毒旗標flg（1）或並非如此（0）。

```
mushroom_dummy.groupby(['cap_color_c', 'flg'])['flg'].count().unstack()
```

輸出

flg	0	1
cap_color_c		
0	4176	3904
1	32	12

　　從上表可知，當 cap_color 為 c 時（cap_color_c 為 1），有毒（flg 為 1）的數量為 12 個，無毒（flg 為 0）的數量則為 32 個。

　　此外，可得知當 cap_color 不為 c 時（cap_color_c 為 0），有毒（flg 為 1）的數量為 3904 個，無毒（flg 為 0）的數量則為 4176 個。

　　從這個結果來看，cap_color 是否為 c 這個資訊，對於識別毒菇似乎不太有幫助。因為無論選擇哪一邊，都含有一定比例的毒菇。

　　另一方面，以 gill_color 是否為 b 來區分為 TRUE（1）或 FALSE（0）時，其交叉統計結果如下所示。

輸入

```
mushroom_dummy.groupby(['gill_color_b', 'flg'])['flg'].count().unstack()
```

輸出

flg	0	1
gill_color_b		
0	4208.0	2188.0
1	NaN	1728.0

　　從上表可知，當 gill_color 為 b 時（gill_color_b 為 1），有毒（flg 為 1）的數量為 1728 個，無毒（flg 為 0）的數量則為 0 個（因為沒有，所以記為 NaN）。

　　此外，可得知當 gill_color 不為 b 時（gill_color_b 為 0），有毒（flg 為 1）的數量為 2188 個，無毒（flg 為 0）的數量則為 4208 個。

　　和先前的分歧條件相比，可以發現 gill_color 是否為 b 的分歧條件，是有著較高識別能力（導向不純度較低的識別狀態）的有用條件。

　　這裡考慮了 2 個變數的例子（cap_color_c 與 gill_color_b），此外還有很多變數，可依如上所示的條件分歧來考慮。像這樣的決策樹，是在多個變數中為我們找出哪個變數能得到最有幫助的條件分歧之演算法，而判斷某分歧條件的優劣時使用的便是不純度。再者，作為不純度的指標，經常用到的是**熵**（entropy）。熵的定義以下面的式子 $H(S)$ 給予。S 為資料的集合、n 為種類的數量、p 為屬於各種類的資

料範本之比例。

$$H(S) = -\sum_{i=1}^{n}(p_i \log_2 p_i)$$

（式8-5-1）

在這個例子裡，種類有2個（是否為毒菇），並非毒菇的比例是 $p1$、為毒菇的比例則是 $p2$。這裡以第1個例子來考慮，依照某個分歧條件來看毒菇與食用蕈類有著相等的比例。由於 $p1 = p2 = 0.5$，可從上述的式子如下計算熵。其中，使用了底為2的對數函數（np.log2）。

輸入

```
- (0.5 * np.log2(0.5) + 0.5 * np.log2(0.5))
```

輸出

```
1.0
```

從上述結果可以確認熵為1.0。事實上，當資料的雜亂度最大時，熵將會是1.0。由於毒菇與非毒菇有著相等的比例（0.5），是完全無法識別的狀態。接著，試著考慮並非毒菇的比例 $p1 = 0.001$、毒菇的比例 $p2 = 0.999$ 的情況。

輸入

```
- (0.001 * np.log2(0.001) + 0.999 * np.log2(0.999))
```

輸出

```
0.011407757737461138
```

如上所示，可知熵是接近0之值。在這個狀態裡，由於資料幾乎能鎖定為毒菇，因此熵會很小。總結來說，熵接近1.0時是無法識別的狀態，接近0.0時則可說是能很適當地識別的狀態。此外，在這個例子裡，由於種類是2分類，關係式為 $p1 = 1 - p2$，熵的式子可如下表現。

輸入

```
def calc_entropy(p):
    return - (p * np.log2(p) + (1 - p) *  np.log2(1 - p) )
```

由於 p 是機率，從0到1之間取值，將該 p 與熵的式子以圖形表現，如下所示。可確認熵最大為1、最小為0。

輸入

```
# 讓p之值從0.001到0.999之間以0.01的刻度移動
p = np.arange(0.001, 0.999, 0.01)

# 圖形化
plt.plot(p, calc_entropy(p))
plt.xlabel('prob')
plt.ylabel('entropy')
plt.grid(True)
```

輸出

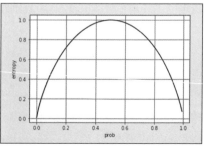

到這裡為止，說明了熵是用來表示識別的不純度。試著以前述的蕈類資料來計算熵吧。處理的資料集共有8124列。由於目標變數flg用來表現種類，計算該資料的數量。

輸入

```
mushroom_dummy.groupby('flg')['flg'].count()
```

輸出

```
flg
0    4208
1    3916
Name: flg, dtype: int64
```

從上述結果可知，無毒的蕈類（0）有4208個，毒菇（1）則有3916個。因此，並非毒菇的比例為0.518（=4208/8124），毒菇的比例則為0.482（=3916/8124），熵的初始值如下所示可求得0.999。

輸入

```
entropy_init = - (0.518 * np.log2(0.518) + 0.482 * np.log2(0.482))
print('毒菇資料的熵之初始值:{:.3f}'.format(entropy_init))
```

輸出

```
毒菇資料的熵之初始值:0.999
```

8-5- 4 資訊獲利：測量分歧條件的有用性

熵越接近1表示越是無法識別的狀態，越接近0則表示越能適當地識別的狀態。接下來應該考慮的是，使用哪個解釋變數來用於分歧之後，能讓不純度（蕈類資料裡一開始為0.999）變得更小。這裡需要先學好的概念是**資訊獲利**（information gain）。所謂資訊獲利，是當使用某個變數來分割資料時，顯示該資料在分割前後之熵減少了多少的指標。如前所示，使用cap_color_c與gill_color_b這2個變數，以資訊獲利來顯示哪一個變數作為分歧條件較有用。

首先，以cap_color是否為c來分歧為2個群組，分別計算其中毒菇的比例，並試著計算熵。

輸入

```
mushroom_dummy.groupby(['cap_color_c', 'flg'])['flg'].count().unstack()
```

輸出

flg	0	1
cap_color_c		
0	4176	3904
1	32	12

```
# cap_color不為c時的熵
p1 = 4176 / (4176 + 3904)
p2 = 1 - p1
entropy_c0 = -(p1*np.log2(p1)+p2*np.log2(p2))
print('entropy_c0:{:.3f}'.format(entropy_c0))
```

輸出

```
entropy_c0:0.999
```

輸入

```
# cap_color為c時的熵
p1 = 32/(32+12)
p2 = 1 - p1
entropy_c1 = -(p1*np.log2(p1)+p2*np.log2(p2))
print('entropy_c1:{:.3f}'.format(entropy_c1))
```

輸出

```
entropy_c1:0.845
```

分割之前的全體之熵為 0.999。這裡如果將分割前的資料稱為父資料集、分割後的資料稱為子資料集,則可定義資訊獲利為「父資料集之熵 − $\sum${(子資料集之大小/父資料集之大小)× 子資料集之熵}」。當該值越大,分割後所造成的熵減少就越大,可得知它是越有用的分歧條件。實際計算 $p1 * np.log2(p1)$ {(子資料集之大小/父資料集之大小)× 子資料集之熵}的部分,如下所示。

輸入

```
entropy_after = (4176+3904)/8124*entropy_c0 + (32+12)/8124*entropy_c1
print('資料分割後的平均熵:{:.3f}'.format(entropy_after))
```

輸出

```
資料分割後的平均熵:0.998
```

依照這個結果,資訊獲利為資料分割前後的熵之差,可如下確認為 0.001,得知熵沒有減少多少。由此定量表現出 cap_color 是否為 c,似乎並非有用的分歧條件。

輸入

```
print('以變數cap_color進行分割所得的資訊獲利:{:.3f}'.format(entropy_init - entropy_after))
```

輸出

```
以變數cap_color進行分割所得的資訊獲利:0.001
```

另一方面,計算 gill_color 是否為 b 的資訊獲利,如下所示為 0.269。相較於上述的分歧條件,讓熵大幅地下降了,可知是較有用的條件分歧。下面需要留意的一點,是 gill_color 為 b 時的熵之計算。嚴格來說,熵的定義有需對非空的類別進行計算這個條件。當 gill_color 為 b 時,由於沒有 flg 變數為 0 的樣本,熵計算的 $\sum$ 裡不包含 $p1 * np.log2(p1)$。

輸入

```
mushroom_dummy.groupby(['gill_color_b', 'flg'])['flg'].count().unstack()
```

輸出

```
        flg         0        1
gill_color_b
0               4208.0   2188.0
1                  NaN   1728.0
```

輸入

```
# gill_color不為b時的熵
p1 = 4208/(4208+2188)
p2 = 1 - p1
entropy_b0 = - (p1*np.log2(p1) + p2*np.log2(p2))

# gill_color為b時的熵
p1 = 0/(0+1728)
p2 = 1 - p1
entropy_b1 = - (p2*np.log2(p2))

entropy_after = (4208+2188)/8124*entropy_b0 + (0+1728)/8124*entropy_b1
print('以變數gill_color進行分割所得的資訊獲利:{:.3f}'.format(entropy_init - entropy_after))
```

輸出

```
以變數gill_color進行分割所得的資訊獲利:0.269
```

以上確認了決策樹的生成過程（條件分歧的好壞判斷方法）。以資訊獲利最大的分歧條件來分割資料，接著對分割後的資料同樣以資訊獲利最大的分歧條件來進行探索，這就是決策樹的處理動作。至此介紹了表示不純度的指標，也就是熵，除此之外，還有**吉尼不純度**（Gini impurity）、**分類誤差**（classification error）等。吉尼不純度與機率、統計章節的綜合問題裡出現過的吉尼係數有關。本書不進一步細述，有興趣的讀者請試著查詢。

Let's Try

試著查詢吉尼不純度、分類誤差（誤分類率）吧。它們各是什麼樣的指標呢？此外，為了讓它們反映於決策樹模型的建構，應該怎麼做呢？

此外，前一小節「8-4」提過模型的複雜度，而在決策樹的情況裡，模型的複雜度決定於分歧的數量。請先記住，能接受越多分歧，便是越複雜的模型。

決策樹的模型建構

了解決策樹的動作之後，來逐步建構決策樹的模型吧。

藉由使用sklearn.tree模組的DecisionTreeClassifier類別，可建構決策樹的模型。在下面的程式裡，使用DecisionTreeClassifier類別時，藉由於參數的criterion裡指定'entropy'，來設定分歧條件的指標為熵。

輸入

```
from sklearn.tree import  DecisionTreeClassifier
from sklearn.model_selection import train_test_split

# 資料分割
X = mushroom_dummy.drop('flg', axis=1)
y = mushroom_dummy['flg']
X_train, X_test, y_train, y_test = train_test_split(X, y, random_state=0)

# 決策樹類別的初始化與學習
model = DecisionTreeClassifier(criterion='entropy', max_depth=5, random_state=0)
model.fit(X_train, y_train)

print('準確度(train):{:.3f}'.format(model.score(X_train, y_train)))
print('準確度(test):{:.3f}'.format(model.score(X_test, y_test)))
```

輸出

```
準確度(train):0.883
準確度(test):0.894
```

結果是測試資料有89%左右的準確度。決定決策樹之分歧數量的參數為max_depth，上述的程式裡設定為5。如果將它加深，當然條件分歧數量的上限也會增加。想讓模型更複雜來提高準確度時，可讓它製作為更深的樹（但請留意製作太深的樹會增加過度學習的危險性）。此外，建構決策樹模型時，不進行其他模型所必需的標準化處理也不會影響結果。

此外，作為參考，可如下讓決策樹的結果視覺化呈現（若要執行這個程式，需要預先安裝pydotplus與graphviz套件，由於環境設定較困難，本書不另說明）。

如同從下面的視覺化結果可以得知的，這是反覆著條件分歧、有個二元樹的形式。寫於樹裡的方形從上往下讀。最上方的變數（$X[0]$，這裡是解釋變數的第1個行〔欄位〕之gill_color_b）如果大於5便往右邊的False前進，該子資料集的樣本數將為1302、熵為0。這相當於gill_color_b的旗標為1時（$X[0] <= 0.5$為False），則為毒菇這個分歧。

輸入

```
# 參考程式
# 需要安裝 pydotplus 與 graphviz（本書不另解說安裝方式）
from sklearn import tree
import pydotplus
from sklearn.externals.six import StringIO
from IPython.display import Image

dot_data = StringIO()
tree.export_graphviz(model, out_file=dot_data)
graph = pydotplus.graph_from_dot_data(dot_data.getvalue())
Image(graph.create_png())
```

輸出

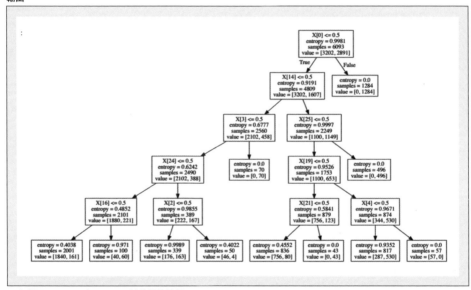

※ 安裝了 pydotplus 與 graphviz 並執行的結果

　　參考文獻「A-19」的《戰略的データサイエンス入門 —ビジネスに活かすコンセプトとテクニック》（英文版：*Data Science for Business: What You Need to Know About*, Foster Provost and Tom Fawcett, O'Reilly Media, 2013；中文版：《資料科學的商業運用》，歐萊禮出版，2016）一書，是說明本節的決策樹時用到的參考書籍。書中也介紹了其他相關內容，清楚明瞭，非常推薦。

【練習問題8-5】

請從sklearn.datasets模組的load_breast_cancer函式讀取乳癌資料，將cancer.target視為目標變數、cancer.data視為解釋變數，建構決策樹的模型，確認訓練分數與測試分數。此外，請試著變更樹的深度等參數，比較結果。

答案在Appendix 2

k-NN（k最近鄰演算法）

Keyword k-NN、延遲學習、memory-based learning

本節學習**k-NN（k最近鄰演算法）**。舉例來說，假設有群組A與群組B，已知這些人的屬性，考慮來了一位不知道屬於哪個群組的新人。

這裡考慮這位新人該屬於群組A或B哪一邊時，選擇與該新人的屬性相近的k人，調查他們當中屬於群組A的人較多或屬於群組B的人較多，將新人歸類於人數較多的群組，這種方式便是k-NN的分類方法。k-NN的k相當於做決定時使用的人數。k-NN也稱為lazy learning或memory-based learning，將訓練資料直接記憶，在推論時計算預測結果（由於實質上的學習被推遲至推論時，也稱為「延遲學習」）。

右圖是k-NN的示意圖。圓形表示群組A，方形表示群組B，三角形表示要判斷屬於哪一個群組。$k = 3$的情況，由於群組A有2名、群組B有1名，可判斷三角形的人屬於群組A。當增加k成為$k = 7$的情況，群組A有3名、群組B有4名，因此可判斷三角形的人屬於群組B。請留意像這樣因k值不同，會有不同的結果。此外，k-NN在市場行銷領域也稱為Look-Alike模型，集合屬性相似的人來進行判斷，應用於要依照各種屬性採用適合的行銷手法時。

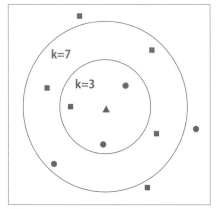

圖 8-6-1　k-NN示意圖

k-NN能用於迴歸，也能用於分類。

8-6- **1** k-NN的模型建構

那麼，接下來學習使用k-NN逐步建構模型吧。使用sklearn.neighbors模組的KNeighborsClassifier類別。用關於乳癌的資料集來作為資料範例。乳癌的資料集可藉由load_breast_cancer函式取得。

這裡讓 k 從 1 到 20 進行變化，來看看訓練資料與測試資料的準確度之變化。當 k 較小時離準確度差距大，6 ～ 8 時訓練與測試的準確度變得接近，之後繼續增加，對模型的準確度則看不出有什麼大變化。看不出對準確度有改善的情況時，不需要將 k 設定得太大，因此在這個範例裡設定為 6 ～ 8 左右似乎較適當。

　　下面是分類任務的模型建構範例，迴歸的情況使用 KNeighborsRegressor 類別。

輸入

```python
# 用於資料與模型建構的函式庫之匯入
from sklearn.datasets import load_breast_cancer
from sklearn.neighbors import KNeighborsClassifier
from sklearn.model_selection import train_test_split

# 資料集的讀取
cancer = load_breast_cancer()

# 分為訓練資料與測試資料
# stratify是層化別抽出
X_train, X_test, y_train, y_test = train_test_split(
    cancer.data, cancer.target, stratify = cancer.target, random_state=0)

# 準備圖形描繪用的list
training_accuracy = []
test_accuracy =[]

# 學習
for n_neighbors in range(1,21):
    model = KNeighborsClassifier(n_neighbors=n_neighbors)
    model.fit(X_train, y_train)
    training_accuracy.append(model.score(X_train, y_train))
    test_accuracy.append(model.score(X_test, y_test))

# 描繪圖形
plt.plot(range(1,21), training_accuracy, label='Training')
plt.plot(range(1,21), test_accuracy, label='Test')
plt.ylabel('Accuracy')
plt.xlabel('n_neighbors')
plt.legend()
```

輸出

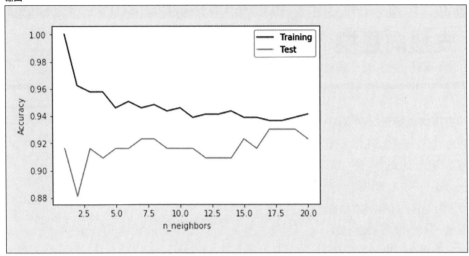

Let's Try

來試著研究k-NN的迴歸是如何進行計算的吧。

Practice

【練習問題8-6】

對於「8-5 決策樹」一節處理的蕈類資料集，使用k-NN來建構模型，試著進行驗證吧。請一邊修改k參數來執行。

【練習問題8-7】

使用第3章所用的學生測驗結果資料（student-mat.csv），將G3視為目標變數，下面定義的X（使用學生的屬性資料）視為解釋變數，一邊改變k-NN的k參數，試著考慮哪個k最適合吧。
由於目標變數是數值型別，亦即迴歸的情況，請使用KNeighborsRegressor。在迴歸的情況裡，輸出的值將是最相鄰的k個資料之平均。

輸入

```
student = pd.read_csv('student-mat.csv', sep=';')
X = student.loc[:, ['age','Medu','Fedu','traveltime','studytime'
                        ,'failures','famrel','freetime','goout','Dalc','Walc'
                        ,'absences','G1','G2']].values
```

答案在Appendix 2

支援向量機

Keyword 支援向量、邊距

　　支援向量機是以讓邊距最大化的方式來劃出識別種類境界線的手法。舉例來說，如右圖所示打算劃出區分2個群組的境界線，有各種方法劃出線條，而讓各個群組當中最接近境界線的點（支援向量）之距離最大化的方式來劃出線條便是支援向量機。嚴格來說，這是將原始資料轉換到更高維度的空間之後學習該境界線，本書略過細節說明。

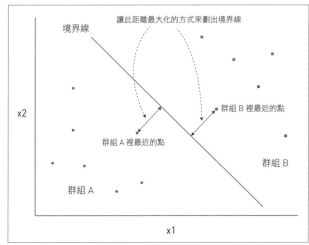

圖 8-7-1　支援向量機示意圖

8-7-1 支援向量機的模型建構

　　這裡來試著使用支援向量機建構模型吧。支援向量機使用sklearn.svm模組的LinearSVC類別。和建構k-NN模型時一樣，這裡使用關於乳癌的資料集來作為資料範例。

輸入

```
# SVM的函式庫
from sklearn.svm import LinearSVC

# 區分訓練資料與測試資料的函式庫
from sklearn.model_selection import train_test_split

# 資料的讀取
cancer = load_breast_cancer()

# 分為訓練資料與測試資料
X_train, X_test, y_train, y_test = train_test_split(
    cancer.data, cancer.target, stratify = cancer.target, random_state=0)
```

```
# 類別的初始化與學習
model = LinearSVC()
model.fit(X_train, y_train)

# 訓練資料與測試資料的分數
print('準確度(train):{:.3f}'.format(model.score(X_train, y_train)))
print('準確度(test):{:.3f}'.format(model.score(X_test, y_test)))
```

輸出

```
準確度(train):0.932
準確度(test):0.930
```

在支援向量機的情況，進行標準化可能改善分數。實際試試便可發現獲得改善。

輸入

```
# 資料的讀取
cancer = load_breast_cancer()

# 分為訓練資料與測試資料
X_train, X_test, y_train, y_test = train_test_split(
    cancer.data, cancer.target, stratify = cancer.target, random_state=0)

# 標準化
sc = StandardScaler()
sc.fit(X_train)
X_train_std = sc.transform(X_train)
X_test_std = sc.transform(X_test)

# 類別的初始化與學習
model = LinearSVC()
model.fit(X_train_std, y_train)

# 訓練資料與測試資料的分數
print('準確度(train):{:.3f}'.format(model.score(X_train_std, y_train)))
print('準確度(test):{:.3f}'.format(model.score(X_test_std, y_test)))
```

輸出

```
準確度(train):0.993
準確度(test):0.951
```

Let's Try

來查詢以支援向量機進行迴歸時，可使用哪個類別來建構模型吧。

監督式學習的各種模型建構方法相關說明至此告一段落。對於各自的模型建構流程、機器學習模型評估的思考方式（以不用於訓練的資料來評估）等等，確認自己是否理解吧。

【練習問題8-8】

對於本章所用的乳癌資料集，使用sklearn.svm模組的SVC類別，建構預測cancer.target的模型吧。請試著使用model = SVC (kernel='rbf', random_state=0, C=2)。建構出模型之後，請將資料分為訓練資料與測試資料，進行標準化，並確認分數。

答案在Appendix 2

第8章 綜合問題

【綜合問題8-1 監督式學習的用語(1)】

對於監督式學習的相關用語，請描述它們各自的用途與意義。使用於什麼樣的情況？請試著用網路和參考文獻來查詢。

- 迴歸
- 分類
- 監督式學習
- 多元線性迴歸分析
- 邏輯迴歸分析
- 正則化
- Ridge迴歸
- Lasso迴歸
- 決策樹
- 熵
- 資訊獲利
- k-NN法
- SVM
- no-free-lunch

【綜合問題8-2 決策樹】

使用sklearn.datasets模組的load_iris函式來讀取鳶尾花的資料集，將iris.target視為目標變數、iris.data視為解釋變數，以決策樹的模型來進行預測與驗證。

【綜合問題8-3 no-free-lunch】

截至目前為止，對數學成績資料和乳癌資料等各種資料進行了處理。對於這些資料，來嘗試使用邏輯迴歸分析與SVM等目前學過的模型，確認哪一個的分數最高吧。依資料而異，得到最佳分數的模型不盡相同，請觀察它們有什麼樣的特徵。這稱為no-free-lunch，意指沒有模型對任何資料來說都是最佳的模型。

答案在Appendix 2

Chapter **9**

機器學習的基礎
（非監督式學習）

本章學習非監督式學習的具體手法。如同第 8 章的說明，非監督式
學習是沒有目標變數的學習模型。這一章將學習「聚類分析」、「主
成分分析」、「購物籃分析」。藉由本章，來了解非監督式學習的多
樣化運用方式與執行方法吧。

Goal 了解如何使用非監督式學習的模型（聚類分析、主成分分
析、購物籃分析），來建構模型與正確地執行評估。

非監督式學習

Keyword 聚類分析、主成分分析、購物籃分析、關聯規則

如同第 8 章的說明，非監督式學習是沒有目標變數的學習模型。非監督式學習與監督式學習共同運用，以建構出更好的模型，或是作為探索的分析手法，找出潛藏在資料裡的構造與暗示性。藉由本章來了解非監督式學習的多種運用方式和執行方法吧。

9-1-1 非監督式模型的種類

非監督式模型主要有下列幾種，本章學習這些模型的執行方法與思考方式。

聚類分析

這是將多筆資料分類為幾個類似群體的手法。具體來說是市場行銷的手法，用於對顧客進行區隔（對顧客分類）與定標（鎖定對象的方法）等等。

主成分分析

當變數較多時用來降維的手法。可用於想減少變數的數量，但盡量避免減少原本資料裡所含資訊的情況。本章是學習非監督式學習的降維。

購物籃分析（關聯規則）

這種手法經常用於超市、便利商店、網路商店等的購物分析，藉由購買商品時的組合，來分析哪種情況比較多。

9-1-2 匯入用於本章的函式庫

本章使用從機器學習的 Scikit-learn 到前一章所用的函式庫。以如下的匯入方式作為前提，來進行說明。

輸入

```
# 資料加工、處理、分析函式庫
import numpy as np
import numpy.random as random
import scipy as sp
from pandas import Series, DataFrame
import pandas as pd

# 視覺化函式庫
import matplotlib.pyplot as plt
import matplotlib as mpl
import seaborn as sns
%matplotlib inline

# 機器學習函式庫
import sklearn

# 顯示到小數點後第3位
%precision 3
```

輸出

```
'%.3f'
```

聚類分析

Keyword 聚類分析、k-means、k-means++、手肘法、輪廓係數、非階層型聚類分析、階層型聚類分析、硬式聚類分析、軟式聚類分析

　　本節首先學習非監督式學習之一的聚類分析。與監督式學習不同，聚類分析處理的資料不包含目標變數。也就是說，聚類分析並非打算表現目標變數與解釋變數的關聯性而建構模型，而是著眼於資料本身，定位為用來建構可找出隱藏的構造與暗示性之模型。

　　因此，聚類分析有時用於讓分析者自己掌握處理資料的特徵，是進行探索性分析的第一步。

9-2-1 k-means法

　　聚類分析的目標，是將給予的資料分類於類似性較高的群體。所謂聚類，意指「集團」、「群體」。

　　舉例來說，對於有車體形狀等資訊的汽車資料群進行聚類分析，由於輕型車與卡車的車體形狀不同，讓有著不同特徵的車能分割為不同的群體。

　　最廣泛使用的聚類分析方法是所謂**k-means法**。下圖是對於有著屬性的資料（收入、借貸）以k-means法來進行聚類分析的結果，示意將顧客分為3個群體之後的狀況。雖然是將對人來說很明顯的資料分群，但在k-means法裡以下述步驟實現。

- step1. 繪製輸入資料。
- step2. 隨機繪製3個點。
- step3. 將各個隨機點標示為群體1、群體2、群體3的重心點。
- step4. 對於輸入資料的各個點，選擇3個重心點當中最接近的，並將它的編號設定為自己所屬的群體編號。

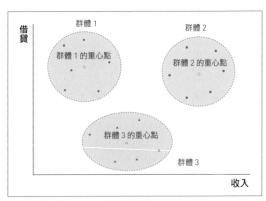

圖 9-2-1　k-means法示意圖

- **step5.** 對於所有的輸入資料都決定好群體編號之後，計算各個群體的重心（平均）。
- **step6.** 將step5所求得的重心設定為新的群體重心點。
- **step7.** 反覆進行step4到step6。但當達到反覆進行的上限次數，或是重心的移動距離變得非常小時，結束操作。

要使用Scikit-learn來執行k-means，可用sklearn.cluster模組的KMeans類別。如果省略KMeans類別的初始化參數（init='random'），則為**k-means++**。

k-means++是讓k-means的初始重心點盡量分散地進行設定的手法，相較於k-means，能得到更穩定的結果。如前所述，由於k-means是以隨機的方式配置初始的重心點，受其影響，初始位置可能有偏差，嘗試解決這個問題的便是k-means++。

除此之外，還有不使用平均（centroid）作為重心，而是以中央值（medoid）為重心的**k-medoids法**。儘管平均是不存在的資料，但k-medoids法採中央值，可避免重心位置取在不存在數值的情況。這個方法的另一項優點是比較不會受異常值影響。

Let's Try

來查查k-means、k-means++、k-medoids吧。試著查詢它們各自的優點、缺點和執行方法等。

9-2- 2 使用k-means法進行聚類分析

這裡試著使用Scikit-learn來以k-means法進行聚類分析。

9-2- 2-1 訓練資料的製作

使用sklearn.datasets模組的make_blobs函式來產生訓練資料。make_blobs函式是於縱軸與橫軸各自遵循標準差1.0的常態分布來產生亂數的函式，主要用於製作聚類分析的範例資料。

在下面的例子裡，將random_state指定為10。這是用來生成亂數的種子（初始值）。如果改變該值，資料的分布狀況將隨著執行而變化。至於make_blobs函式，如果沒有特別給予引數，將從-10到10的範圍裡隨機選擇2維座標，以它為中心產生100個亂數組。

最後，使用Matplotlib來將產生的亂數圖形化。

輸入

```
# 為了使用 k-means 法的匯入
from sklearn.cluster import KMeans

# 為了取得資料的匯入
from sklearn.datasets import make_blobs

# 生成範例資料
# 注意：由於 make_blobs 會回傳 2 個值，不用的那
個以「_」來接收
X, _ = make_blobs(random_state=10)

# 描繪圖形
# 能以 color 的參數來著色
plt.scatter(X[:,0],X[:,1],color='black')
```

輸出

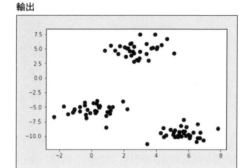

9-2- 2-2 使用 KMeans 類別的聚類分析

　　使用 k-means 模型來學習，對進行聚類分析之結果各自給予群體編號的程式，如下所示。群體編號是從 0 開始的整數。

　　首先，進行初始化 KMeans 類別來生成物件。在參數裡設定 init='random'、n_clusters=3。init 是初始化的方法。像這樣設定 random 便會是 k-means 法，而非 k-means++。n_clusters 用來設定群體的數量。

　　製作 KMeans 類別的物件之後，執行 fit 方法。如此一來，將會計算群體的重心，執行 predict 方法則能預測群體編號。也能使用 fit_predict 方法將 fit 與 predict 視為連續的處理來執行，不過基本上如果可能需要儲存建構好的模型，單獨使用 fit 方法比較好。

輸入

```
# KMeans 類別的初始化
kmeans = KMeans(init='random',n_clusters=3)

# 計算群體的重心
kmeans.fit(X)

# 預測群體編號
y_pred = kmeans.predict(X)
```

9-2- 2-3 確認結果

　　將 k-means 的學習結果圖形化進行確認吧。對於圖形，使用第 6 章學過的 Pandas 技巧。首先，以 concat 來結合資料。由於依照 x 座標、y 座標、群體編號的順序將資料橫向結合，指定 axis=1。

這裡的圖形化是依照群體編號來取出資料，指定顏色以圖形來表示。可以確認依據 k-means 法，資料一如預期分為 3 個群體。

輸入

```
# 以concat來橫向結合資料（指定axis=1）
merge_data = pd.concat([pd.DataFrame(X[:,0]), pd.DataFrame(X[:,1]), pd.DataFrame(y_pred)], axis=1)

# 對於上述資料，將X軸指定行名（欄位名）為feature1、Y軸指定為feature2、群體編號指定為cluster
merge_data.columns = ['feature1','feature2','cluster']

# 將聚類分析的結果圖形化
ax = None
colors = ['blue', 'red', 'green']
for i, data in merge_data.groupby('cluster'):
  ax = data.plot.scatter(x='feature1', y='feature2', color=colors[i],
                                       label=f'cluster{i}', ax=ax)
```

輸出

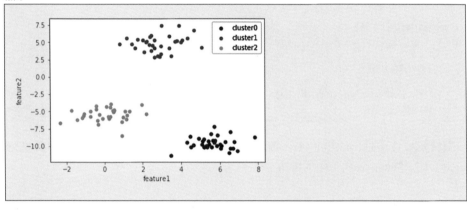

9-2- 3 將金融市場行銷資料進行聚類分析

那麼，為了強化運用聚類分析結果的印象，接下來使用金融市場行銷資料來執行聚類分析，詳細看看分析結果吧。

9-2- 3-1 分析需求

使用某金融機構的資料，資料中包含顧客是否申請開設定期存款帳戶的變數。在其他變數當中，還有活動實施狀況、顧客屬性資訊等訊息。假設資料來自客戶，對方提出分析需求：「說起來我們不太清楚有著什麼樣的顧客，希望能幫我們進行分析。」

如果以監督式學習的手法考慮，會將是否申請開設定期存款帳戶視為目標變數

來建構模型，但客戶的分析需求未必有明確的目標變數。在資料分析的現場，沒有確定的目標變數很常見，有時為了強化分析者自己對於資料的理解，也會採用非監督式學習（聚類分析）作為第一步。

9-2- 3-2 分析對象資料的下載與讀取

以下面URL發布的學習用資料作為對象資料，使用其中的bank-full.csv檔案。

http://archive.ics.uci.edu/ml/machine-learning-databases/00222/bank.zip

首先下載資料並解壓縮。使用第3章所用的方法來進行下載與ZIP檔案解壓縮。

輸入

```
# 匯入用於從web取得資料、處理zip檔案的函式庫
import requests, zipfile
import io

# 指定有著資料的url
zip_file_url = 'http://archive.ics.uci.edu/ml/machine-learning-databases/00222/bank.zip'

# 從url取得資料並展開
r = requests.get(zip_file_url, stream=True)
z = zipfile.ZipFile(io.BytesIO(r.content))
z.extractall()
```

由於對象資料是bank-full.csv，將它讀取進來。對於區隔符號，以seq參數進行設定。顯示開頭的5列，如下所示。

輸入

```
# 讀取對象資料
bank= pd.read_csv('bank-full.csv', sep=';')

# 顯示開頭的5列
bank.head()
```

輸出

	age	job	marital	education	default	balance	housing	loan	contact	day
0	58	management	married	tertiary	no	2143	yes	no	unknown	5
1	44	technician	single	secondary	no	29	yes	no	unknown	5
2	33	entrepreneur	married	secondary	no	2	yes	yes	unknown	5
3	47	blue-collar	married	unknown	no	1506	yes	no	unknown	5
4	33	unknown	single	unknown	no	1	no	no	unknown	5

month	duration	campaign	pdays	previous	poutcome	y
may	261	1	-1	0	unknown	no
may	151	1	-1	0	unknown	no
may	76	1	-1	0	unknown	no
may	92	1	-1	0	unknown	no
may	198	1	-1	0	unknown	no

　　資料的意義記載在包含於zip檔案的bank-names.txt當中。下面抽取其中一段。雖然Input variables是解釋變數、Output variable是目標變數，這裡先當作不理會是否預測目標變數吧。可以發現除了age等連續變數之外，還有job和education這樣的類型變數。

-Input variables:

銀行客戶資料		
1	**age**	年齡（numeric）
2	**job**	職業（categorical: "admin.","unknown","unemployed","management","housemaid","entrepreneur","student","blue-collar","self-employed","retired","technician","services"）
3	**marital**	婚姻狀態（categorical: "married","divorced","single"; note: "divorced" means divorced or widowed）
4	**education**	教育（categorical: "unknown","secondary","primary","tertiary"）
5	**default**	是否有過債務不履行（binary: "yes","no"）
6	**balance**	年間平均餘額（歐元）（numeric）
7	**housing**	是否有住宅貸款（binary: "yes","no"）
8	**loan**	是否有個人貸款（binary: "yes","no"）

與當前行銷活動相關的最後聯繫資訊		
9	**contact**	聯絡方式（categorical: "unknown","telephone","cellular"）
10	**day**	最後的聯絡日（numeric）
11	**month**	最後的聯絡月（categorical: "jan", "feb", "mar", ..., "nov", "dec"）
12	**duration**	最後聯絡時的時長（numeric）

其他屬性		
13	campaign	在本次活動裡聯絡過幾次（numeric, includes last contact）
14	pdays	距前次聯絡過了多久，包含本次活動（numeric, -1 means client was not previously contacted）
15	previous	在本次活動前聯絡過幾次（numeric）
16	poutcome	前次活動的結果（categorical: "unknown","other","failure","success"）

-Output variable:

預期目標	
17	y	是否有定額存款（binary: "yes","no"）

9-2- 3-3 資料的整理與標準化

先來確認資料的紀錄筆數、變數的數量和遺漏資料吧。藉由執行下面的程式，能得知資料有45211列17行。此外，可發現沒有遺漏資料。

輸入

```
print('資料形式(X,y):{}'.format(bank.shape))
print('遺漏資料的數量:{}'.format(bank.isnull().sum().sum()))
```

輸出

```
資料形式(X,y):(45211, 17)
遺漏資料的數量:0
```

為了簡單說明，將分析的對象變數限定於age（年齡）、balance（年間平均餘額）、campaign（在本次活動裡聯絡過幾次）、previous（在本次活動前聯絡過幾次）。

由於這些變數有不同的單位，進行在監督式學習裡也做過的標準化預處理。如此一來，聚類分析的學習才不致被值較大的變數影響。

輸入

```
from sklearn.preprocessing import StandardScaler

# 過濾資料的行（欄位）
bank_sub = bank[['age','balance','campaign','previous']]

# 標準化
sc = StandardScaler()
sc.fit(bank_sub)
bank_sub_std = sc.transform(bank_sub)
bank_sub.info()
```

輸出

```
<class 'pandas.core.frame.DataFrame'>
RangeIndex: 45211 entries, 0 to 45210
Data columns (total 4 columns):
age        45211 non-null int64
balance    45211 non-null int64
campaign   45211 non-null int64
previous   45211 non-null int64
dtypes: int64(4)
memory usage: 1.4 MB
```

9-2- 3-4 聚類分析處理

　　將資料標準化之後，以k-means來執行聚類分析處理。這裡將群體數設定為6。後文會說明決定這個數字的方法。聚類分析的處理結束之後，從kmeans物件的labels_屬性，可以陣列來取得各資料的所屬群體編號。

　　在下面的程式當中，轉換為pandas的Series物件，依照群體分別統計資料的件數，以長條圖來顯示群體的組成。

輸入

```
# KMeans 類別的初始化
kmeans = KMeans(init='random', n_clusters=6, random_state=0)

# 計算群體的重心
kmeans.fit(bank_sub_std)

# 將群體編號轉換為pandas的Series物件
labels = pd.Series(kmeans.labels_, name='cluster_number')

# 顯示群體編號與件數
print(labels.value_counts(sort=False))

# 描繪圖形
ax = labels.value_counts(sort=False).plot(kind='bar')
ax.set_xlabel('cluster number')
ax.set_ylabel('count')
```

輸出

```
0    24509
1      221
2     2684
3     1380
4    14734
5     1683
Name: cluster_number, dtype: int64\n

Text(0,0.5,'count')
```

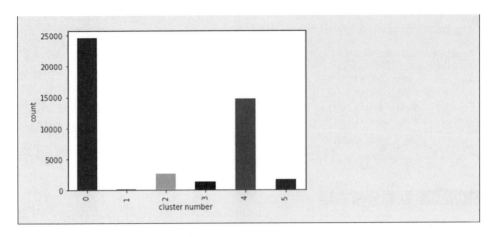

從上述結果可以觀察得知群體0與群體4裡件數較多。

9-2- 4 使用手肘法判斷群數

這裡雖然決定以6當作群體數量，要事先預估群體數量時，有一個方法是手肘法。手肘法著眼於群體的重心點與群體所屬的各點距離之總和。將群體數量從1開始增加至適當數量的過程裡，由於各點能變成屬於更接近的重心之群體，預期該總和能隨著減少。

另一方面，一旦超過適當的數量，繼續增加群體數量的過程裡，可以預期該總和的減少程度將會下降。像這樣著眼於隨著群體數量的增加時，重心點與各點之距離總和的減少程度變化轉折點，來決定適當的群體數量的方式，便是手肘法。

首先，對於「9-2-2-1 訓練資料的製作」一節一開始以make_blobs函式生成的資料X，試試手肘法。距離的總和可以從KMeans物件的inertia_屬性來取得。求得當群體數量從1到10時的距離總和，並繪出如下圖形。

如同從結果裡觀察到的，當群體數量超過3時，縱軸的減少程度突然下降。因此，可以推論適當的群體數量為3。像這樣觀察距離的總和，可看出以理想的群體數量為界線，縱軸下降的斜度有變化。由於這個形狀看起來像手肘，因而得名。

```
# 使用手肘法推論。讓群體數量從1到10逐漸增加，求得它們各自的距離總和
dist_list =[]
for i in range(1,10):
  kmeans= KMeans(n_clusters=i, init='random', random_state=0)
  kmeans.fit(X)
  dist_list.append(kmeans.inertia_)

# 顯示圖形
plt.plot(range(1,10), dist_list,marker='+')
plt.xlabel('Number of clusters')
plt.ylabel('Distortion')
```

輸出

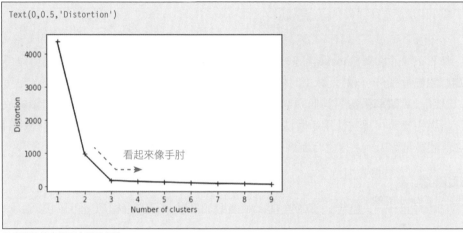

※實際的輸出裡不會顯示虛線

　　了解手肘法的機制之後，來試試對於金融機構的市場行銷資料使用手肘法吧。這裡試著將群體數量從1至20為止的距離總和繪成圖形。

輸入

```
# 使用手肘法推論。讓群體數量從1到20逐漸增加，求得它們各自的距離總和
dist_list =[]
for i in range(1,20):
  kmeans= KMeans(n_clusters=i, init='random', random_state=0)
  kmeans.fit(bank_sub_std)
  dist_list.append(kmeans.inertia_)

# 顯示圖形
plt.plot(range(1,20), dist_list,marker='+')
plt.xlabel('Number of clusters')
plt.ylabel('Distortion')
```

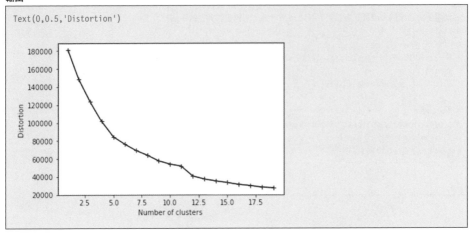

Text(0,0.5,'Distortion')

雖然不像前面對於make_blobs函式的結果進行手肘法時那麼明顯，還是可以得知群體數量在5～6附近減少的幅度稍微降低。如果用手肘法無法看出傾向，也可以試試計算**輪廓係數**等其他的群體數量判斷方法，基於分析領域的特有知識修改分析對象變數，再次使用手肘法，或是以掌握的資料概要與可能的切割解釋範圍之群體數量等方式，來進行處理吧。

Let's Try

來查查輪廓係數吧。

9-2- 5 聚類分析結果的解釋

以上便是使用k-means法的聚類分析執行方法。接下來打算利用聚類分析的處理結果，試著解釋資料。首先對於金融市場行銷資料的原始資料，附加關聯先前得到的聚類分析結果。如此一來，資料的最右側將追加cluster_number這個變數。這是分類而得的群體編號。

輸入

```
# 對金融機構的資料結合群體編號的資料
bank_with_cluster = pd.concat([bank, labels], axis=1)

# 顯示開頭的5列
bank_with_cluster.head()
```

輸出

	age	job	marital	education	default	balance	housing	loan	contact
0	58	management	married	tertiary	no	2143	yes	no	unknown
1	44	technician	single	secondary	no	29	yes	no	unknown
2	33	entrepreneur	married	secondary	no	2	yes	yes	unknown
3	47	blue-collar	married	unknown	no	1506	yes	no	unknown
4	33	unknown	single	unknown	no	1	no	no	unknown

day	month	duration	campaign	pdays	previous	poutcome	y	cluster_number
5	may	261	1	-1	0	unknown	no	4
5	may	151	1	-1	0	unknown	no	4
5	may	76	1	-1	0	unknown	no	0
5	may	92	1	-1	0	unknown	no	4
5	may	198	1	-1	0	unknown	no	0

接下來，試著確認不同群體的年齡層。這裡使用第6章學過的分箱與樞紐操作功能。基準是群體編號（cluster_number）和年齡（age）。年齡基本上從15歲開始每5歲為區隔，最後是65歲以上不到100歲。

輸入

```
# 設定用於分割的區隔
bins = [15,20,25,30,35,40,45,50,55,60,65,100]

# 基於上述區隔來分割金融機構的資料，在qcut_age變數裡設定各資料的年齡層
qcut_age = pd.cut(bank_with_cluster.age, bins, right=False)

# 結合群體編號與年齡層
df = pd.concat([bank_with_cluster.cluster_number, qcut_age], axis=1)

# 以群體編號和年齡層為基準進行統計，將年齡層設定為行
cross_cluster_age = df.groupby(['cluster_number', 'age']).size().unstack().fillna(0)
cross_cluster_age
```

輸出

age	[15, 20)	[20, 25)	[25, 30)	[30, 35)	[35, 40)	[40, 45)	[45, 50)	[50, 55)
cluster_number								
0	45.0	711.0	4024.0	8492.0	7146.0	4091.0	0.0	0.0
1	0.0	3.0	10.0	37.0	25.0	26.0	27.0	30.0
2	0.0	14.0	152.0	497.0	517.0	460.0	375.0	306.0
3	0.0	20.0	132.0	327.0	308.0	187.0	146.0	117.0
4	0.0	0.0	0.0	0.0	0.0	1155.0	4701.0	3885.0
5	2.0	14.0	146.0	387.0	353.0	266.0	221.0	150.0

[55, 60)	[60, 65)	[65, 100)
0.0	0.0	0.0
38.0	11.0	14.0
263.0	63.0	37.0
71.0	38.0	34.0
3436.0	838.0	719.0
114.0	24.0	6.0

下面計算各個年齡區間裡有多少人。

輸入

```
# 計算分割的資料數量
hist_age = pd.value_counts(qcut_age)
hist_age
```

輸出

```
[30, 35)     9740
[35, 40)     8349
[40, 45)     6185
[45, 50)     5470
[50, 55)     4488
[25, 30)     4464
[55, 60)     3922
[60, 65)      974
[65, 100)     810
[20, 25)      762
[15, 20)       47
Name: age, dtype: int64
```

由於只有數值不容易了解，來試著計算群體裡的年齡層比例並圖形化吧。這時使用能以較濃的顏色顯示比例較高的熱圖來描繪，非常方便。熱圖可以使用視覺化函式庫的 seaborn 之 heatmap 函式。其中使用 apply 與 lambda 來計算該年齡層的比例。

輸入

```
sns.heatmap(cross_cluster_age.apply(lambda x : x/x.sum(), axis=1), cmap='Blues')
```

輸出

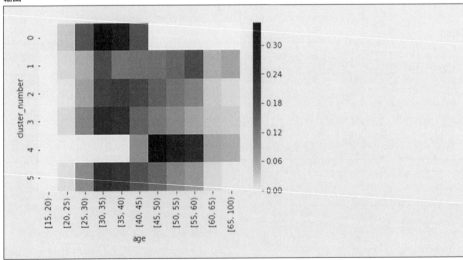

從上述熱圖可以確認得知，在群體編號0當中年齡層為30～40歲的比例較高，群體編號4裡則是45～60歲的比例較高等資訊。從這個結果來看，這兩個群體可說是有著特定年齡偏向。

同樣地，來看看表示職業的變數job吧。job不同於變數age，是類型變數。首先試著進行統計。根據群體編號的不同，可能有人數為0的職業，因此將NaN置換為0。

輸入

```
cross_cluster_job = bank_with_cluster.groupby(['cluster_number', 'job']).size().unstack().fillna(0)
cross_cluster_job
```

輸出

job cluster_number	admin.	blue-collar	entrepreneur	housemaid	management	retired	self-employed
0	3097	5610	728	426	5130	57	852
1	15	12	19	7	91	24	11
2	219	459	91	70	788	111	130
3	196	244	42	22	332	53	41
4	1467	3040	543	675	2732	1984	479
5	177	367	64	40	385	35	66

services	student	technician	unemployed	unknown
2564	813	4459	698	75
9	3	21	6	3
189	48	460	99	20
112	52	250	31	5
1124	4	2084	439	163
156	18	323	30	22

接下來試著描繪上述的熱圖。

輸入

```
sns.heatmap(cross_cluster_job.apply(lambda x : x/x.sum(), axis=1),cmap='Reds')
```

輸出

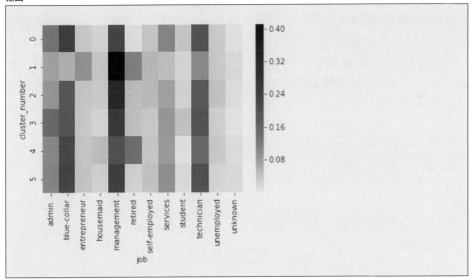

　　從上述的熱圖來看，可以得知在群體編號1當中管理層的比例特別高，而群體編號0裡藍領比例稍高。

　　從目前為止的結果來看，似乎可以解釋，群體編號0是年齡層為30～40歲的比例較高、藍領稍多的群組。在實務當中，會以更多角度來進行調查吧。然而，這並非無謀地反覆進行統計與視覺化，較好的做法是從分析的結果來考慮該進行什麼樣的動作，擬定好分析計畫。

　　雖然僅簡略說明，提出聚類分析結果解釋的流程介紹到這裡告一段落。

9-2- 6 k-means法以外的手法

　　最後，補充說明聚類分析手法的體系。本章學到的k-means法屬於稱為**非階層型**的聚類分析手法。除此之外，還有**階層型**聚類分析（hierarchical clustering）手法。在Scikit-learn當中，可使用sklearn.cluster模組的AgglomerativeClustering類別來執行。一起查詢看看樹狀圖（dendrogram）一詞吧。

　　此外，聚類分析手法的分類方式還包括**軟式聚類分析**。k-means法歸類於**硬式聚類分析**，對於每個資料給予獨一無二的群體編號；軟式聚類分析則是計算屬於各個群體的機率。比如說，屬於群體1的機率為70%、屬於群體2的機率為30%。

　　對於顧客興趣嗜好的聚類分析，或許軟式聚類分析比硬式聚類分析更可行。依照目標來選擇使用吧。軟式聚類分析可藉由sklearn.mixture模組的GaussianMixture類別等來執行。

來查查上述的階層型、非階層型聚類分析吧。此外,查詢軟式聚類分析與硬式聚類分析的差異及其方法,確認其代表性手法和執行方式吧。

【練習問題9-1】

使用sklearn.datasets模組的make_blobs函式,設定random_state=52(這個數字無特別意義)來產生資料並圖形化吧。接著請進行聚類分析。能分為幾個群組呢?分群之後,請著色讓群體編號容易辨識的方式來描繪圖形。

答案在Appendix 2

對於「9-2-3-3 資料的整理與標準化」一節處理過的資料bank_sub_std,當群體數量設定為4來執行k-means時,會得到什麼樣的結果呢?與練習問題9-1相同,取得群體編號之後,對各個群體進行分析,讀取它們的特徵吧。此外,如果將群體數量設定為8會如何呢?甚至選擇age、balance、campaign、previous以外的變數,又會如何呢?

主成分分析

Keyword PCA、特徵值、特徵向量、降低維度、線性判別分析

　　本節將學習主成分分析。如同截至目前為止所見的，資料裡有許多變數。前文的金融市場行銷資料有職業和年齡等各式各樣的變數。儘管逐一觀察解釋變數與目標變數的關聯性非常重要，但解釋變數的數量一多，對它們的理解也會受到限制。

　　由於主成分分析可以在盡可能不失去原本資料所持有資訊的條件下壓縮變數的數量，廣泛用於探索性分析的預處理與建構預測模型時的預處理。此外，本節處理的主成分分析是非監督式學習的降維，監督式學習也有降維（線性判別分析等），有興趣的讀者請試著查詢。

9-3- 1 　嘗試主成分分析

　　使用簡單的範例資料，逐步看看主成分分析是什麼吧。下面示範的程式是使用RandomState物件，產生2變數的資料集，描繪出對各變數進行標準化的結果。

　　首先，以np.Random.RandomState(1)將種子（亂數的初始值）設定為1，製作RandomState物件。

　　接著，使用這個rand函式與randn函式，產生2個亂數。請注意變數間的相關係數為0.889，有很強的相關性，而且由於進行了標準化，無論哪個變數平均都是0、變異數都是1。想知道這裡相關係數為什麼這麼高，請參考下載附錄。

輸入

```
from sklearn.preprocessing import StandardScaler

# 製作RandomState物件
sample = np.random.RandomState(1)

#生成2個亂數
X = np.dot(sample.rand(2, 2), sample.randn(2, 200)).T

# 標準化
sc = StandardScaler()
X_std = sc.fit_transform(X)

# 計算相關係數與圖形化
print('相關係數{:.3f}:'.format(sp.stats.pearsonr(X_std[:, 0], X_std[:, 1])[0]))
plt.scatter(X_std[:, 0], X_std[:, 1])
```

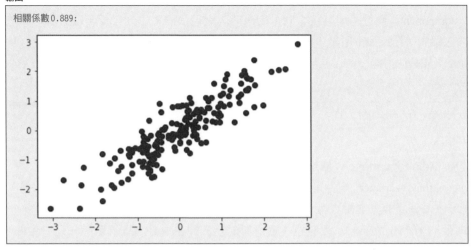

相關係數0.889:

9-3- 1-1 主成分分析的執行

主成分分析可使用sklearn.decomposition模組的PCA類別來執行。初始化物件時，可使用n_components來指定想抽出的主成分數量，亦即想將變數壓縮至幾個維度。通常設定為小於原本變數的值（將30變數減少至5變數等等），不過這裡設定為與原本資料相同的2。藉由執行fit方法，會對主成分抽出所需之資訊進行學習（具體來說，將計算特徵值與特徵向量）。

輸入

```
# 匯入
from sklearn.decomposition import PCA

# 主成分分析
pca = PCA(n_components=2)
pca.fit(X_std)
```

輸出

```
PCA(copy=True, iterated_power='auto', n_components=2, random_state=None,
  svd_solver='auto', tol=0.0, whiten=False)
```

9-3- 1-2 學習結果的確認

來確認PCA物件的學習結果吧。

下面確認的是components_屬性、explained_variance_屬性、explained_variance_ratio_屬性。

①components_屬性

components_屬性是稱為特徵向量的東西，表現依據主成分分析發現的新特徵空間之軸向，結果如下所示。向量的[-0.707, -0.707]為第1主成分、[-0.707, 0.707]為第2主成分的方向。

輸入

```
print(pca.components_)
```

輸出

```
[[-0.707 -0.707]
 [-0.707  0.707]]
```

②explained_variance_屬性

explained_variance_屬性是表現各個主成分的變異數。參見下方，可以得知這次抽出的2個主成分之變異數分別為1.889與0.111。在這裡變異數的總和為2.0並非偶然，（標準化之後的）變數原本變異數的總和與主成分之變異數總和是一致的。也就是說，變異數（資訊）被保留了。

輸入

```
print('各個主成分的變異數:{}'.format(pca.explained_variance_))
```

輸出

```
各個主成分的變異數:[1.889 0.111]
```

③explained_variance_ratio_屬性

explained_variance_ratio_屬性是各個主成分所持有的變異數之比例。第一個0.945是以1.889/(1.889+0.111)計算而得，可讀取為在第1主成分裡保持了原本資料裡94.5%的資訊。

輸入

```
print('各個主成分的變異數比例:{}'.format(pca.explained_variance_ratio_))
```

輸出

```
各個主成分的變異數比例:[0.945 0.055]
```

由於只有數字不容易了解，來試著以圖顯示吧。下面輸出的箭頭是根據主成分分析而得新的特徵空間之軸向。可得知變異數最大的方向為第1主成分，對於第2主成分的向量，互相有著正交的關係。由於[-0.707, -0.707]是第1主成分的方向、[-0.707, 0.707]是第2主成分的方向，可從下面的圖形得知這一點。

```
# 設定參數
arrowprops=dict(arrowstyle='->',
                linewidth=2,
                shrinkA=0, shrinkB=0)

# 用來描繪箭頭的函式
def draw_vector(v0, v1):
    plt.gca().annotate('', v1, v0, arrowprops=arrowprops)

# 描繪原本的資料
plt.scatter(X_std[:, 0], X_std[:, 1], alpha=0.2)

# 以箭頭顯示主成分分析的2軸
for length, vector in zip(pca.explained_variance_, pca.components_):
    v = vector * 3 * np.sqrt(length)
    draw_vector(pca.mean_, pca.mean_ + v)

plt.axis('equal')
```

輸出

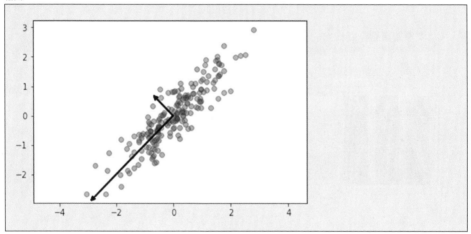

關於主成分分析，請參閱參考書籍「A-22」、「A-23」和參考URL「B-19」（A-22的英文線上版）、「B-20」。

如同看圖能了解到的，對於原本的散佈圖，變異數最大的方向之向量便是第1主成分。而接下來變異數較大的方向之向量則是第2主成分。第1主成分與第2主成分為正交。

這裡考慮原本值的各點到垂直描繪至第1主成分之點。如此一來，原本有著2變數的值將對映至第1主成分的軸上，可以降低維度至1個變數。可參考下面的示意圖，比如$(x1, y1)$的點，將成為$α1$，維度從2削減為1。

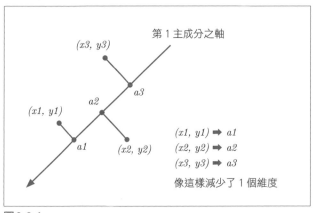

圖 9-3-1

　主成分的計算裡使用了特徵向量，但這裡不進一步細述。如下圖所示，原本的資料將依據特徵向量進行矩陣轉換。

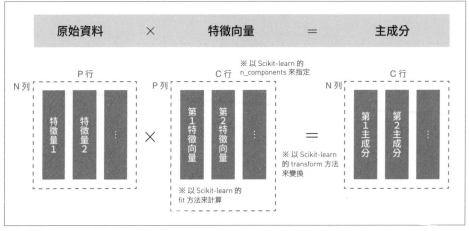

圖 9-3-2

　最後作為補充，為了更加理解降低維度的示意，來看看下面的例子吧。下面是以 3D 來看的圖形，依據描繪的位置而顏色不同。

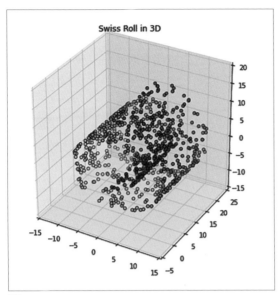

圖 9-3-3

引自 http://sebastianraschka.com/Articles/2014_kernel_pca.html

　　將這個3維的資料，使用主成分分析來降低至2維時，將如下所示。橫軸PC1為第1主成分、縱軸PC2是第2主成分的值。可發現不僅保留了3維時的資料構造，也能從顏色的關聯看出原本位置被反映出來了。像這樣，主成分分析能一邊保留著原本的資訊，而進行降低維度的處理。

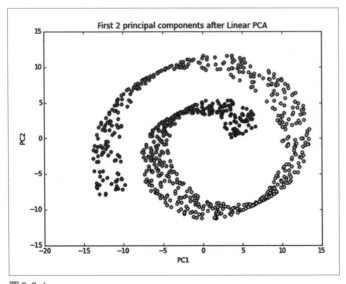

圖 9-3-4

引自 http://sebastianraschka.com/Articles/2014_kernel_pca.html

9-3-2 主成分分析的實際範例

以上便是關於主成分分析的執行方法與處理概念說明。那麼，具體看看究竟哪些地方可以使用這樣的主成分分析來降低維度吧。這裡使用乳癌的資料，來確認主成分分析的意義。

乳癌資料可使用sklearn.datasets的load_breast_cancer函式來讀入。下面示範的是實際將資料讀入，依據目標變數（cancer.target）之值為「malignant（惡性）」或「benign（良性）」，將各個解釋變數之分布圖形化。

在絕大部分的直方圖裡，malignant與benign的資料重疊著，如果維持這樣，似乎很難判斷要在哪裡拉出分辨惡性或良性的界線。

輸入

```python
# 用來讀取乳癌資料之匯入
from sklearn.datasets import load_breast_cancer

# 取得乳癌資料
cancer = load_breast_cancer()

# 用來將資料分為malignant（惡性）與benign（良性）的過濾處理
# malignant（惡性）之cancer.target為0
malignant = cancer.data[cancer.target==0]

# benign（良性）之cancer.target為1
benign = cancer.data[cancer.target==1]

# malignant（惡性）為藍色、benign（良性）為橘色之直方圖
# 各圖為表示各個解釋變數（mean radius等）與目標變數的關係之直方圖
fig, axes = plt.subplots(6,5,figsize=(20,20))
ax = axes.ravel()
for i in range(30):
    _,bins = np.histogram(cancer.data[:,i], bins=50)
    ax[i].hist(malignant[:,i], bins, alpha=.5)
    ax[i].hist(benign[:,i], bins, alpha=.5)
    ax[i].set_title(cancer.feature_names[i])
    ax[i].set_yticks(())

# 標籤的設定
ax[0].set_ylabel('Count')
ax[0].legend(['malignant','benign'],loc='best')
fig.tight_layout()
```

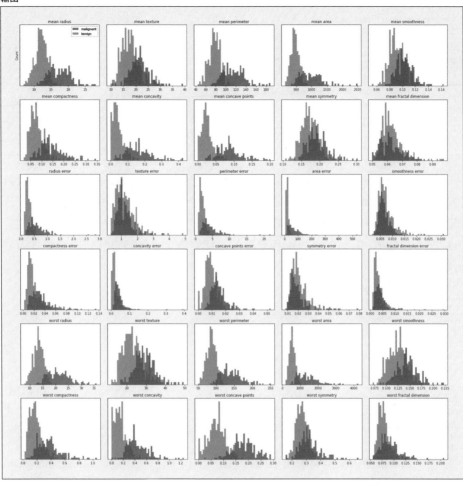

這裡使用主成分分析，試著削減這超過20個變數的維度。具體來說，將成為解釋變數的資料標準化，進行主成分分析。將抽出主成分的數量（n_components）設定為2。

執行下面的程式，確認explained_variance_ratio_屬性之值，便能發現儘管變數的數量減少至2個，原本的資訊卻約有63%（＝0.443+0.19）濃縮於第1主成分與第2主成分。

輸入

```
# 標準化
sc = StandardScaler()
X_std = sc.fit_transform(cancer.data)

# 主成分分析
pca = PCA(n_components=2)
```

```
pca.fit(X_std)
X_pca = pca.transform(X_std)

# 顯示
print('X_pca shape:{}'.format(X_pca.shape))
print('Explained variance ratio:{}'.format(pca.explained_variance_ratio_))
```

輸出

```
X_pca shape:(569, 2)
Explained variance ratio:[0.443 0.19 ]
```

上述的「X_pca shape:(569, 2)」是表示進行主成分分析之後的資料為569列2行（2變數）。之所以成為2個變數，是由於將主成分之數量設定為2的緣故。

試著將這樣降低維度之後的資料視覺化。首先，為了準備視覺化，對於第1主成分與第2主成分，附加對應於解釋變數的目標變數，之後將良性資料與惡性資料分離。

輸入

```
# 對行附加標籤，第1個為第1主成分，第2個為第2主成分
X_pca = pd.DataFrame(X_pca, columns=['pc1','pc2'])

# 對上述資料附加目標變數（cancer.target），在橫向結合
X_pca = pd.concat([X_pca, pd.DataFrame(cancer.target, columns=['target'])], axis=1)

# 分離惡性、良性
pca_malignant = X_pca[X_pca['target']==0]
pca_benign = X_pca[X_pca['target']==1]
```

那麼，試著描繪這個資料看看會如何。結果如下所示。以淺藍色描繪malignant（惡性）、深藍色描繪benign（良性），應該能看出惡性與良性的界線。

輸入

```
# 描繪惡性
ax = pca_malignant.plot.scatter(x='pc1', y='pc2', color='red', label='malignant')

# 描繪良性
pca_benign.plot.scatter(x='pc1', y='pc2', color='blue', label='benign', ax=ax)
```

9-3

輸出

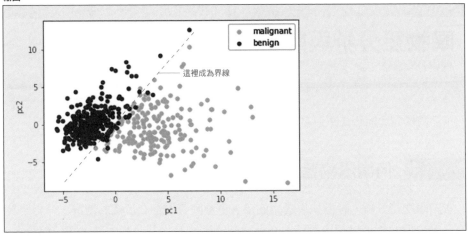

※實際的輸出裡不會顯示界線

　　就這個圖形來看，以這個狀況而言，能看出僅僅以2個主成分便能將目標變數的類型幾乎分離開來。當變數太多，不知道該如何在分析裡運用哪個變數時，像這樣進行主成分分析，(1)能讓各個主成分與目標變數的關係變得清楚、(2)能從各個主成分與原始變數的關係來解釋原始變數與目標變數的關係，藉此逐步了解資料。

　　此外，請記住建構預測模型時，若想減少變數的數量（降低維度），也能運用主成分分析。

9-3

Practice

【練習問題9-2】

請使用sklearn.datasets模組的load_iris函式來讀取鳶尾花的資料，以iris.data為對象來進行主成分分析。其中，抽出的主成分數量請設定為2。此外，請將至第2主成分為止的資料與目標變數（iris.target）的關係性進行圖形化來觀察。

答案在Appendix 2

購物籃分析與關聯規則

Keyword 關聯規則、支持度、可信度、增益值

本節將學習非監督式學習之一的購物籃分析。

9-4- 1 何謂購物籃分析？

所謂購物籃分析，意指如果購買商品A也會購買商品B這樣的情況，分析購買商品時的關聯性。以超市等結帳台通過時的購物籃作為分析的基本單位而得名，亦稱「關聯規則分析」。

從購物籃分析的結果，得到「對於購買商品A的人也能賣出商品B」這樣一起銷售商品的關聯性規則，便稱為**關聯規則**（association rule）。

常見的規則範例是啤酒與尿布的例子。由於經常出現對於購買尿布的爸爸也能推銷啤酒的傾向，這樣意外的組合一直被當成都市傳說般流傳。

關於哪些東西容易一起賣給消費者，消費品廠商和零售業非常重視這個議題，因此關聯規則當中最有用的規則，常用於市場行銷活動的設計和簡易的推薦系統。本節介紹**支持度**（support）、**可信度**（confidence）、**增益值**（lift）這些測量關聯規則有用性時的基本指標。

9-4- 2 讀取用來進行購物籃分析的樣本資料

下面使用第7章的綜合問題裡處理過的購買紀錄資料，來具體說明購物籃分析。處理的資料是可從下面URL下載的Online Retail.xlsx檔案。請下載並放置於和Jupyter Notebook的檔案相同的階層裡（存取下面的連結便能下載。如果是Linux等環境，也可以使用wget等方式取得）。

http://archive.ics.uci.edu/ml/machine-learning-databases/00352/Online%20Retail.xlsx

購買紀錄資料是所謂交易資料[1]的一種。使用它的縮寫trans這個變數名稱來讀取。下面的執行例子，使用head來顯示開頭的5筆紀錄。

依環境的差異，可能還需要xlrd模組，請執行pip3 install xlrd來進行安裝。

※1 購買紀錄資料裡的 InvoiceNo 是如交易編號的東西，相同 InvoiceNo 表示出現在同一個交易明細裡。換言之，相同 InvoiceNo 的商品，表示在該筆交易中一起購買。而相同 InvoiceNo 的 1 組東西，便是 1 個交易，亦即 transaction。

```
trans = pd.read_excel('Online Retail.xlsx', sheet_name='Online Retail')
trans.head()
```

	InvoiceNo	StockCode	Description	Quantity	InvoiceDate
0	536365	85123A	WHITE HANGING HEART T-LIGHT HOLDER	6	2010-12-01 08:26:00
1	536365	71053	WHITE METAL LANTERN	6	2010-12-01 08:26:00
2	536365	84406B	CREAM CUPID HEARTS COAT HANGER	8	2010-12-01 08:26:00
3	536365	84029G	KNITTED UNION FLAG HOT WATER BOTTLE	6	2010-12-01 08:26:00
4	536365	84029E	RED WOOLLY HOTTIE WHITE HEART.	6	2010-12-01 08:26:00

UnitPrice	CustomerID	Country
2.55	17850.0	United Kingdom
3.39	17850.0	United Kingdom
2.75	17850.0	United Kingdom
3.39	17850.0	United Kingdom
3.39	17850.0	United Kingdom

9-4- 2-1 資料的整理與確認

　　這個購買紀錄資料裡代表交易編號的InvoiceNo，它的開頭第一個字，用來表示該交易的狀態。「5」意指一般的資料，「C」表示取消，「A」則為不明資料。首先如下所示，將InvoiceNo的開頭第一個字，追加為另一個名為cancel_flg的變數。追加之後，便能對不同的cancel_flg計算紀錄筆數。由於實務上的統計條件，往往視分析目標與資料管理狀態而定，請仔細確認。

```
# 將 InvoiceNo 的開頭第一個字作為 cancel_flg 追加
trans['cancel_flg'] = trans.InvoiceNo.map(lambda x:str(x)[0])

# 以 cancel_flg 分群統計
trans.groupby('cancel_flg').size()
```

```
cancel_flg
5     532618
A          3
C       9288
dtype: int64
```

　　下面只處理表示一般資料的「5」，且CustomerID沒有遺漏的資料。為了將這些資料鎖定過濾，如下進行。如果不清楚這樣的處理，複習第7章的Pandas章節，使用搜尋引擎來試著查詢「Pandas filter」吧。

```
trans = trans[(trans.cancel_flg == '5') & (trans.CustomerID.notnull())]
```

9-4-3 關聯規則

　　資料準備好之後，說明關聯規則。首先來確認購買次數前五名的產品編號吧。產品編號儲存於StockCode行（欄位）。

　　如果使用Pandas的Series物件裡的value_counts方法，便能依據各種內容來計算紀錄筆數，預設從大到小排列。接著使用head，顯示前5件，如下所示。

輸入

```
# 依據StockCode分別計算筆數，顯示前5件
trans['StockCode'].value_counts().head(5)
```

輸出

```
85123A    2035
22423     1724
85099B    1618
84879     1408
47566     1397
Name: StockCode, dtype: int64
```

　　針對上述前五位商品當中第一名的「85123A」和第三名的「85099B」，下面說明其關聯規則、支持度、可信度、增益值。

9-4-3-1 支持度

　　所謂關聯規則的支持度，是某個商品（這裡為85123A）與其他商品（85099B）一起賣出的購物籃數量（InvoiceNo的數量），以及佔全體當中的比例。

　　下面試著計算，如果購買商品85123A則購買商品85099B，這樣的關聯規則之支持度。首先，計算交易資料（所有購買資料）裡出現的購物籃數量（InvoiceNo的數量）。一開始，將所有的InvoiceNo抽出為trans_all。

　　藉由使用集合型別（Set），可以維持InvoiceNo沒有重複的狀態。

　　接下來，將包含兩個商品的購物籃抽出為trans_ab。為此，將包含各個商品的InvoiceNo同樣抽出（在下面為trans_a與trans_b），取它們的交集。

　　其中，set用於處理集合，可持有不重複且無順序的集合物件。交集則是取出兩邊都有的東西，在set裡使用「&」。

輸入

```
# 將所有的InvoiceNo抽出為trans_all
trans_all = set(trans.InvoiceNo)

# 將購入商品85123A的資料抽出為trans_a
trans_a = set(trans[trans['StockCode']=='85123A'].InvoiceNo)
```

```
print(len(trans_a))

# 將購入商品85099B的資料抽出為trans_b
trans_b = set(trans[trans['StockCode']=='85099B'].InvoiceNo)
print(len(trans_b))

# 將購入85123A與85099B的資料置於trans_ab
trans_ab = trans_a&trans_b
print(len(trans_ab))
```

輸出

```
1978
1600
252
```

　　規則的支持度，是看包含於規則裡兩商品的購物籃數量，以及佔全體的比例。因此，可如下計算。

輸入

```
# 顯示trans_ab，亦即包含兩商品的購物籃
print('含有兩商品的購物籃數量:{}'.format(len(trans_ab)))
print('含有兩商品之購物籃佔全體的比例:{:.3f}'.format(len(trans_ab)/len(trans_all)))
```

輸出

```
含有兩商品的購物籃數量:252
含有兩商品之購物籃佔全體的比例:0.014
```

　　儘管出現0.014這個數字，但究竟算高還是低是相對的比較結果，所以無法一概而論。

　　一般來說，支持度較小的規則，有用性通常也比較低，因此支持度用作基本的過濾條件。此外，支持度不僅是規則的支持度，有時也對構成規則的商品計算支持度。

　　舉例來說，商品85123A的支持度，可如下計算。究竟是需要規則的支持度，或是構成規則的商品支持度，釐清分析目標後再進行計算吧。

輸入

```
print('含有商品85123A的購物籃數量:{}'.format(len(trans_a)))
print('含有商品85123A之購物籃佔全體的比例:{:.3f}'.format(len(trans_a)/len(trans_all)))
```

輸出

```
含有商品85123A的購物籃數量:1978
含有商品85123A之購物籃佔全體的比例:0.107
```

9-4- 3-2 可信度

所謂可信度，是基於某商品A的購買數量，表現該商品A與商品B組合購買的佔了其中多少的比例。如果購買商品85123A也購買商品85099B，這個規則的可信度可如下計算。

輸入

```
print('可信度:{:.3f}'.format(len(trans_ab)/len(trans_a)))
```

輸出

```
可信度:0.127
```

反之，如果購買商品85099B也購買商品85123A，這個規則的可信度如下所示。

輸入

```
print('可信度:{:.3f}'.format(len(trans_ab)/len(trans_b)))
```

輸出

```
可信度:0.158
```

由於可信度高便可預估商品容易一起賣，可運用於想進行交叉銷售（讓人與其他商品一起購買）等情況，從可信度高的商品當中選定商品。然而，只看可信度的絕對值容易誤判商品一起銷售的傾向，一般會連同下面的增益值一起考慮。

9-4- 3-3 增益值

關於購買商品A也購買商品B這個關聯規則，它的增益值意指將規則的可信度(%)除以商品B的支持度(%)。

也就是說，對於佔了全體購物籃的商品B之購買率，購買了商品A時的商品B購買率之比例，便是增益值。當然，也能解釋為如果增益值比1.0大則表示它是很容易一起銷售的商品，比1.0小則是不容易一起銷售的商品。如果購買商品85123A也購買商品85099B，對於這個規則的增益值可如下求得。

輸入

```
# 計算佔了全體購物籃的商品B之購買率
support_b = len(trans_b) / len(trans_all)

# 計算購買了商品A時商品B的購買率
confidence = len(trans_ab) / len(trans_a)

# 計算增益值
lift = confidence / support_b
```

```
print('lift:{:.3f}'.format(lift))
```

輸出

```
lift:1.476
```

當可信度的數值相當高，增益值卻低於1.0時，以此當作推薦給顧客的根據也許並不適當。來釐清分析的目的，將可信度與增益值配合使用吧。

關於購物籃分析的說明至此告一段落。雖然這裡對於作為統計對象的資料全體抽出關聯規則，請記住或許可以抽出更有用的規則，例如依照店鋪區域的不同、店鋪類別的不同、顧客群的不同等等。

Let's Try

使用「9-4 購物籃分析與關聯規則」一節所用的購買紀錄資料，對於其他的任意商品組合，來試著計算支持度、可信度、增益值吧。

Practice

第9章 綜合問題

【綜合問題9-1 關聯規則】

使用「9-4 購物籃分析與關聯規則」一節所用的購買紀錄資料，哪個商品與哪個商品的組合之支持度最高呢？其中，請以紀錄筆數超過1000的商品（StockCode）為對象進行計算。

提示：抽出商品組合時，使用itertools模組很方便。如果不知道方法，以「Python itertools」進行搜尋吧。

答案在Appendix 2

Chapter 10

模型的驗證方法與
性能調校方法

以監督式學習來建構的模型，套用於未知的資料時，能如模型建構者所期待地發揮性能非常重要。本章將學習用來評估模型面對這樣的未知資料時之性能（泛用性能）的驗證方法。此外，這一章也將學習提升模型的泛用性能之手法。

Goal 學習建構模型時的注意事項與評估方法，能計算評估指標。了解組合多個模型的集成學習，能使用具代表性的手法。

模型的評估與提高精確度的方法

依據模型的選擇方法、參數的設定值、學習的資料數量等，機器學習可能有非常不同的結果。因此，想提高準確度，對模型性能進行正確的測量與調校是不可或缺的。本章將說明正確地評估模型好壞的方法，以及模型的性能調校方法。

10-1- 1 機器學習的問題與手法

機器學習領域有各式各樣的課題。本章說明這些課題與解決手法。

10-1- 1-1 ① 無法套用於新資料時

依據模型的製作方法及讓它學習的方式，可能會過於適用於目前的資料，而對於新資料無法得到很好的結果。這樣的狀態稱為**過度學習**（**過適**、**過剩學習**）。為了避免出現這種現象，有預先抽出測試用資料的**Holdout 法**和**交叉驗證法**（cross validation），來學習它們的執行方法。

10-1- 1-2 ② 判斷模型好壞的指標與方法

想測量模型的好壞，其實有各式各樣的指標。例如前文提過的準確度等等，只以特定指標來考慮模型的預測準確度和好壞，但說起來對模型期待的準確度究竟是什麼非常重要。只因為某個指標的數值較佳就滿意是不行的。作為測量預測準確度的概念，本章介紹**混淆矩陣**、**ROC 曲線**，學習關於分類、迴歸的評估指標。

10-1- 1-3 ③ 製作準確度高的模型

第 8 章個別學過決策樹與邏輯迴歸等各種監督式學習的預測模型。除了該章介紹的模型之外，還有將多個模型組合起來的**集成學習**（ensemble learning），而非單獨使用個別的模型。集成學習是將個別的學習結果組合起來，以多個結果進行預測。具體的手法包括**Bagging**（bootstrap aggregating）、**Boosting** 等。藉由使用這些方法，可能提升模型的準確度。

10-1- 2 匯入用於本章的函式庫

除了第2章介紹的各種函式庫之外，本章還會使用機器學習函式庫Scikit-learn。
以如下的匯入方式作為前提，來進行說明。

輸入

```
# 資料加工、處理、分析函式庫
import numpy as np
import numpy.random as random
import scipy as sp
from pandas import Series, DataFrame
import pandas as pd

# 視覺化函式庫
import matplotlib.pyplot as plt
import matplotlib as mpl
import seaborn as sns
%matplotlib inline
sns.set()

# 機器學習函式庫
import sklearn

# 顯示到小數點後第3位
%precision 3
```

輸出

```
'%.3f'
```

模型的評估與性能調校

Keyword 過度學習（過剩學習）、Holdout法、交叉驗證法、k分割交叉驗證法、超參數、SVC、LinearSVC、格點搜尋、隨機搜尋、偏誤及變異數之抵換、特徵工程、特徵選擇、特徵抽出、側描模型、預測模型

第8章已經說明將資料分為學習用與測試用，並進行了模型的建構與驗證。像這樣準備不用於模型學習的資料，以確認模型性能這個步驟非常重要。因為機器學習的模型不僅是為了能適當解釋目前保有的資料，對於未來可能發生的未知資料，我們也期待它能同樣發揮很好的預測性能（泛用性能）。

如前所述，當過度適合於學習用資料時，對於未知的資料無法套用的狀態，稱為過度學習。本節學習如何評估模型，判斷是否發生了過度學習，以及模型的泛用效能如何。

本節將說明**Holdout法**和**交叉驗證法**。關於交叉驗證法，介紹**k分割交叉驗證**（k-fold cross validation）與**留一驗證**（leave-one-out）。此外，學習提高泛用性能的特徵量處理方法，以及演算法特有參數的調校方法。前者是**特徵工程**（feature engineering）與**降低維度**（dimension reduction）的技術領域，後者則是**超參數調校**（hyperparameter tuning）的技術領域。

10-2-1 Holdout法與交叉驗證法

所謂**Holdout法**，如同第8章監督式學習模型建構的做法，隨機分為學習資料與測試資料兩部分，先使用學習用資料來建構模型，之後再使用測試資料來驗證模型。

在監督式學習的模型裡，期待能得到高泛用性能。將學習用資料當作已知的資料，而將測試用資料視為未知的資料，以該未知資料來評估性能，這樣的方式便是Holdout法。儘管Holdout法非常簡易，但資料數量龐大時，這種評估模型的方法很實用。不過若資料的數量有限，這種方法會出現兩個問題。一是因為隨機分割而得的特定測試資料，可能碰巧獲得很高的評估結果。另一個問題則是由於將有限的資料分割為學習用資料與測試用資料，學習資料的數量減少了，最重要的學習部分無法妥善完成。

考量到如何將有限的資料盡可能運用的方法，便是**交叉驗證法**。這種驗證法將資料交叉地用於學習與驗證。交叉驗證法的代表性手法包括**k分割交叉驗證**。這

個手法先將資料隨機分割為 k 個區塊。接著,將 k 個當中的1個區塊作為驗證用,剩下的 k-1 個作為學習用資料來運用。

k分割交叉驗證的示意圖如下所示。這裡示範了 $k = 5$ 的情況。資料首先被隨機分割為5個資料群組。其中4個群組用於學習,剩下的1個用於驗證。反覆進行這5個可能性,取得在各個可能性裡的模型評估值。

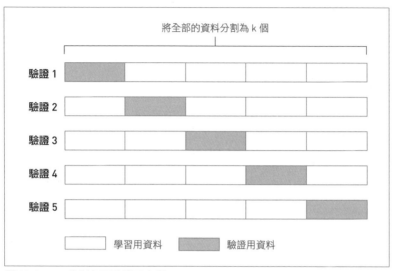

圖 10-2-1　k分割交叉驗證示意圖

在k分割交叉驗證裡,由於用作驗證的區塊有k種可能性,可減少碰巧用到讓評估過高的驗證用資料這個問題。此外,由於反覆進行k種可能性,不需要將驗證用資料排除,可讓手邊的資料全部被學習、反映於模型,這也是比Holdout法更好的優點。

k分割交叉驗證的應用方式,還包括**留一驗證**。它的特徵是將k分割交叉驗證的k設定為相同於資料樣本數的數字。與k分割交叉驗證的做法一樣,將1個留作驗證資料,剩下的視為學習資料,反覆進行k種可能性。資料非常少時,可能使用這個手法。

10-2- 1-1 k分割交叉驗證的實際範例

來實際試試k分割交叉驗證吧。這裡使用第8章學過的決策樹,試試k分割交叉驗證。處理的資料設定為乳癌資料(cancer資料)。k分割交叉驗證的結果可使用sklearn.model_selection模組的cross_val_score函式來求得。這個函式的參數,從前頭開始依序為演算法(在此使用決策樹、設定作為分歧條件的指標為熵)、解釋變數、目標變數、分割數(k)。

將意指分割數（k）的最後一個參數設定為「cv=5」。如此一來，回傳值的scores陣列裡，會含有5個分數（準確度）。輸出的第一行「Cross validation scores」顯示這些分數。

　　在輸出的第一行裡，為了對模型綜合進行評估，計算這5個分數的平均值與標準差。基本上會採用平均分數較高的模型，不過當標準差較大時，以平均分數減去標準差之後的分數來選擇模型比較好。

輸入

```
# 所需函式庫等的匯入
from sklearn.datasets import load_breast_cancer
from sklearn.tree import DecisionTreeClassifier
from sklearn.model_selection import cross_val_score

# 讀取乳癌資料
cancer = load_breast_cancer()

# 決策樹類別的初始化
tree = DecisionTreeClassifier(criterion='entropy', max_depth=3, random_state=0)

# k分割交叉驗證的執行
scores = cross_val_score(tree, cancer.data, cancer.target, cv=5)

# 結果的顯示
print('Cross validation scores: {}'.format(scores))
print('Cross validation scores: {:.3f}+-{:.3f}'.format(scores.mean(), scores.std()))
```

輸出

```
Cross validation scores: [0.904 0.913 0.956 0.938 0.956]
Cross validation scores: 0.933+-0.021
```

Practice

【練習問題10-1】

對於乳癌資料，建構決策樹以外的模型（如邏輯迴歸分析等），使用k分割交叉驗證來取得各個模型的評估分數吧。

答案在Appendix 2

10-2-2 性能調校：超參數的調校

　　本節學習提高模型泛用性能的手法。具體來說，學習演算法特有的超參數調校手法，也就是**格點搜尋**（grid search）。

　　如同第8章學過的，各種演算法有特有的參數。這並非像迴歸係數一樣在最小化損失函數時推論的參數，而是一開始由人視實作狀況決定的，稱為**超參數**，作為區別。

決策樹裡的樹深度、Ridge迴歸裡的正規化強度等參數,便是超參數。格點搜尋是對於數個超參數的所有組合進行交叉驗證,探索性能最高的參數組合來進行最佳模型的學習。

10-2- 2-1 進行格點搜尋

後文會說明使用包含於Scikit-learn裡的格點搜尋用類別,能夠簡單地使用格點搜尋,但為了理解這種思考方式,首先示範不用這種類別的程式。

這裡使用格點搜尋法,試著求得支援向量機的最佳參數。在支援向量機裡有gamma和C這些超參數。這裡讓這2個參數進行變化,試著對依它們做成的模型進行評估。對於其他模型也是如此,有著許多參數,想了解細節的讀者,請試著搜尋官方網站參考URL「B-18」。

下面的程式是在np.logspace(-3, 2, num=6)之間,反覆嘗試製作模型,求得持有最高分數時的gamma與C的組合。logspace以對數(省略底數時底為10)來指定的範圍之值生成陣列。在這個例子裡,將10的-3次方至10的2次方的範圍分割為6等分的陣列──具體來說,以[0.001, 0.01, 0.1, 1, 10, 100]反覆進行。也就是說,將gamma與C,以這個陣列的組合來嘗試並評估模型。模型的評估使用Holdout法。

執行之後,便會顯示最佳分數,以及該最佳分數時的gamma與C。此外,對每個參數也會顯示分數的熱圖。

第8章使用的是支援向量機之一的LinearSVC,這裡使用的是SVC。儘管同樣是支援向量機,有興趣的讀者請試著查詢它們的差異。

輸入

```
# 匯入
from sklearn.svm import SVC
from sklearn.model_selection import train_test_split

# 讀取乳癌資料
cancer = load_breast_cancer()

# 分為訓練資料與測試資料
X_train, X_test, y_train, y_test = train_test_split(cancer.data,
                                                    cancer.target,
                                                    stratify = cancer.target,
                                                    random_state=0)

# 以超參數的所有組合來建構並驗證模型
scores = {}
for gamma in np.logspace(-3, 2, num=6):
    for C in np.logspace(-3, 2, num=6):
        svm = SVC(gamma=gamma, C=C)
        svm.fit(X_train, y_train)
```

```
        scores[(gamma, C)] = svm.score(X_test, y_test)

# 將驗證結果儲存於scores
scores = pd.Series(scores)

# 顯示
print('最佳分數:{:.2f}'.format(scores.max()))
print('此時的參數 (gamma, C):{}'.format(scores.idxmax()))

# 顯示熱圖。縱軸顯示gamma、橫軸顯示C
sns.heatmap(scores.unstack())
```

輸出

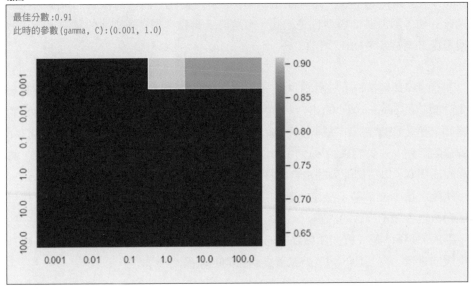

```
最佳分數:0.91
此時的參數 (gamma, C):(0.001, 1.0)
```

從這個結果可以得知，最佳分數為 0.91，此時的參數 gamma 為 0.001、C 為 1.0。

10-2- 2-2 使用模組的函式來進行格點搜尋

了解格點搜尋的機制之後，接下來將說明使用 sklearn.model_selection 模組的 GridSearchCV 類別來進行相同處理的方法。程式如下所示。

截至分離模型評估用的測試資料部分為止，如前所述。不同之處在於將學習用資料給予 GridSearchCV 類別的 fit 方法。如此一來，不只是對於超參數的組合進行了對模型的評估，也完成最佳模型的建構。實現最佳模型的參數組合與評估結果，可以從屬性值取得。

這裡需要留意的是，在 GridSearchCV 類別的 fit 方法執行時進行的模型評估，預設為 k 分割交叉驗證（嚴格來說是它的改良版）。因此，GridSearchCV 類別裡有 cv 這個初始化參數，在此設定 cv=5。

```
# 匯入
from sklearn.model_selection import GridSearchCV
from sklearn.svm import SVC

# 讀取乳癌資料
cancer = load_breast_cancer()

# 分為訓練資料與測試資料
X_train, X_test, y_train, y_test = train_test_split(cancer.data,
                                                    cancer.target,
                                                    stratify = cancer.target,
                                                    random_state=0)
# 準備給予GridSearchCV類別的參數
param_grid = { 'C': np.logspace(-3, 2, num=6)
             ,'gamma':np.logspace(-3, 2, num=6)}

# GridSearchCV類別的初始化
gs = GridSearchCV(estimator=SVC(),
                  param_grid=param_grid,
                  cv=5)

# 超參數的組合之驗證與最佳模型的建構
gs.fit(X_train, y_train)

# 顯示
print('Best cross validation score:{:.3f}'.format(gs.best_score_))
print('Best parameters:{}'.format(gs.best_params_))
print('Test score:{:.3f}'.format(gs.score(X_test, y_test)))
```

輸出

```
Best cross validation score:0.930
Best parameters:{'C': 1.0, 'gamma': 0.001}
Test score:0.909
```

10-2

　　觀察這三行的輸出結果，可得知從上往下依序是根據格點搜尋找到的模型評估分數（0.93）、此時給予的超參數組合使用測試用資料的評估分數（0.909）。

　　根據格點搜尋找到的模型評估分數，意指使用學習用資料進行k分割交叉驗證而得的評估分數，由於這裡與測試用資料的分數相當接近，可以認為沒有發生過度學習。

　　Scikit-learn裡除了格點搜尋之外，也備有隨機搜尋。詳見sklearn.model_selection模組的RandomizedSearchCV類別之使用方法。此外，還有更聰明的參數探索手法SMBO（sequential model-based optimization）。

Let's Try
　　來試著查詢隨機搜尋與Hyperopt吧。

10-2-3 性能調校：特徵的處理

本節從下面兩個觀點來說明考慮模型的性能調校時很重要的特徵（feature）。

● 學習不足的情況（underfitting）
● 過度學習的情況（overfitting）

10-2-3-1 學習不足的情況

當模型即使沒有發生過度學習，準確度也不高，亦即原本泛用性能就不佳的情況下（underfitting），一般會考慮是否能增加它的特徵。具體來說，嘗試收集新的資料、增加全新的特徵、讓特徵的計算期間有變化、增加特徵之間的比例等。此外，還有對資料灌水等方法，有興趣的讀者請試著查詢。

10-2-3-2 過度學習的情況

當懷疑發生過度學習時，和上述學習不足的情況相反，一般來說會考慮減少特徵的數量。這是因為對於資料數量而言，特徵的數量一多，會提高泛用誤差的上限。這稱為「維度的詛咒」。

特徵的數量削減，稱為**降低維度**。降低維度分為兩類。一是選擇特徵的子集合之**特徵選擇**（feature selection）；另一個則是將原本的特徵空間軸轉換至別的空間軸之**特徵抽出**（feature extraction）。第9章學過的主成分分析便是這類特徵抽出的基本手法，廣泛運用。關於前者，雖然本書未提及特徵選擇的細節，但可以使用sklearn.model_selection模組的RFE類別和RFECV類別來執行。

考慮要產生什麼樣的特徵，稱為**特徵工程**。

特徵工程在影像、聲音、自然語言、購買紀錄等構造資料，股價之類時間序列資料等不同的資料構造，或是金融、醫療、零售、市場行銷、人事、廣告、製造

等不同職業別裡，蓄積了經驗與知識。請重視在現場累積的經驗與知識，將其反映出來。此外，對於降低維度，以模型的解釋為優先時，基本上使用特徵選擇比較好吧。也請參見參考文獻「A-22」。

10-2- 4 模型的種類

本節說明模型的種類。截至目前為止，沒有特別著重建構模型的對象資料之背景，特別是關於資料的產生期間。為了建構監督式學習的模型，當然需要準備解釋變數與目標變數，但其實基於這些變數的定義期間差異，可以區分模型的種類。比如說，參考文獻「A-25」提到的書籍，將模型區分為**側描模型**與**預測模型**兩種。

側描模型是使用解釋變數與目標變數，分別以相同期間的資料產生的模型。舉例來說，將銷售員以去年度的營業成績區分為前面10%與其他，同期間裡不同銷售員的各種活動視為解釋變數。

另一方面，預測模型是解釋變數與目標變數的期間不同的模型。一般來說，解釋變數是利用在目標變數之前的期間便開始產生之資料，來建構模型。舉例來說，將職員進公司後的12個月內各種活動視為解釋變數，進入公司後13～18個月裡的離職與否視為目標變數。業務與市場行銷或人事領域的各種預測模型、優良顧客化預測、品牌購買離開者預測、品牌切換者預測、新商品購買者預測、離職者預測、高表現者預測等，基本上是以預測模型來設計解釋變數與目標變數。

除此之外，預測模型也用於股價的預測等手法。由於目標變數是未來的資訊，請留意建構模型時，對於解釋變數輸入這樣的未來資料進行預測，不具有意義。
請了解儘管都是機器學習的演算法，但隨著分析的目的為對象資料的探索性理解，還是建構預測模型，會影響該準備的資料之生成。

模型的評估指標

Keyword 混淆矩陣、準確度、精確度、召回率、調和平均、F1分數、ROC曲線、AUC、
MSE、MAE、MedAE、R2分數

在這一節，考慮用來評估模型的指標。對於模型性能的評估，可依據各式各樣的評估指標來定義。本節主要學習分類模型的評估指標。具體來說，學習**精確度**（precision）、**召回率**（recall）、**F1分數**（F1-measure）、**AUC**（Area Under Curve）。此外，為了理解這些評估指標，學習不可或缺的**混淆矩陣**（confusion matrix）與**ROC**（receiver operating characteristic，接收者操作特性）曲線。最後，簡單介紹迴歸演算法的評估指標。

10-3- 1 分類模型的評估：混淆矩陣與關聯指標

關於模型的評估，雖然目前為止著重準確度，但除此之外還有各種測量模型性能的指標。為了了解這些指標，首先介紹**混淆矩陣**。

混淆矩陣是考慮分類模型的評估時的基礎矩陣，表現模型的預測值與觀測值之關係。具體來說，如下表所示，有四個區塊。將預測值的陽性（positive）、陰性（negative）作為行，觀測值的陽性、陰性作為列來排列。預測值之值使用原本的名稱「positive」、「negative」，依照與觀測值的整合性來區分為 True、False。

	陽性（預測）	陰性（預測）
陽性（實際）	True positive (TP)	False negative (FN)
陰性（實際）	False positive (FP)	True negative (TN)

比如說，當預測為陽性而實際也是陽性為 True positive，當預測為陰性而實際也是陰性則為 True negative。這兩種情況表示我們正確地進行了預測。其他情況（False positive、False negative）表示預測不成功。

只有這樣說明不容易了解，來看看下面的實際範例。

10-3- 1-1 混淆矩陣的實際範例

使用第8章、第9章處理過的乳癌資料（cancer資料），說明混淆矩陣的取得方法。首先如下所示，建構支援向量機的分類模型。這個分類模型回傳表示為乳癌

的群組「0」（malignant ／惡性）或是「1」（benign ／良性）的其中一種值。這裡的0與1只是單純的標籤，沒有數字上的大小意義。

輸入

```
# 匯入
from sklearn.svm import SVC

# 讀取乳癌資料
cancer = load_breast_cancer()

# 分為訓練資料與測試資料
X_train, X_test, y_train, y_test = train_test_split(cancer.data,
                                                    cancer.target,
                                                    stratify=cancer.target,
                                                    random_state=66)
# 類別的初始化與學習
model = SVC(gamma=0.001,C=1)
model.fit(X_train, y_train)

# 顯示
print('{} train score: {:.3f}'.format(model.__class__.__name__, model.score(X_train, y_train)))
print('{} test score: {:.3f}'.format(model.__class__.__name__ , model.score(X_test, y_test)))
```

輸出

```
SVC train score: 0.979
SVC test score: 0.909
```

接著取得混淆矩陣。混淆矩陣可使用sklearn.metrics模組的confusion_matrix函式來取得。輸出之值的排列方式如同先前的圖表所示，依照「行」為預測值（y_pred）、「列」為觀測值（y_test）的順序來排列陽性、陰性。

輸入

```
# 匯入
from sklearn.metrics import confusion_matrix

# 使用測試資料來計算預測值
y_pred = model.predict(X_test)

m = confusion_matrix(y_test, y_pred)
print('confusion matrix:\n{}'.format(m))
```

輸出

```
confusion matrix:
[[48  5]
 [ 8 82]]
```

以表格顯示，如下所示。

	預測（0）	預測（1）
觀測（0）	48	5
觀測（1）	8	82

下面使用這個混淆矩陣來說明**準確度**（accuracy）、**精確度、召回率、F1分數**。

10-3- 1-2 準確度

準確度是表示對整體來說預測成功的比例。截至目前為止，準確度使用了Scikit-learn的各個類別之score方法來計算，如果使用混淆矩陣可如下計算。來確認看看它和score方法的結果是相同的值吧。

輸入

```
accuracy = (m[0, 0] + m[1, 1]) / m.sum()
print('準確度:{:.3f}'.format(accuracy))
```

輸出

```
準確度:0.909
```

如同可從計算式子裡看出的，這是將目標變數預測為0而觀測值為0之數量（48），以及預測為1而觀測值為1的數量（82）加總計算（48+82=130），再除以矩陣全體的數量（143），所得到的數值。整體來說，究竟多大的比例能正確進行預測的指標，便是準確度。

10-3- 1-3 精確度、召回率、F1分數

精確度、召回率可讓模型從不同的角度來進行評估。

精確度是表示預測為1當中實際上有多少為1的比例。請想像異常檢測系統發出警告的次數當中，實際上有多少異常的比例。以上述的例子來說，預測為1的有5+82=87，由於其中觀測值也為1的數量是82，因此是82/87，大約為0.943。

召回率是實際上為1的資料當中，被正確預測為1的比例。舉例來說，診斷疾病的系統如果召回率是100%，表示實際的疾病資料能全部被預測出來。以上述的例子來說，觀察為1的為8+82=90，由於其中的預測值82，因此是82/90，大約為0.911。

F1分數是精確度與召回率的調和平均。當無法決定究竟是以精確度為優先或以召回率為優先，對模型進行綜合的評估時，使用F1分數。這裡的調和平均為2/(1/0.943+1/0.911)，大約是0.927。關於調和平均，統計學專書會針對初學者解說這個部分，想進一步詳細了解的讀者請試著查詢。

使用可計算出上述三個指標的混淆矩陣之元素來表現，如下所示。

輸入

```
# 精確度的計算
precision = (m[1,1])/m[:, 1].sum()

# 召回率的計算
```

```
recall = (m[1,1])/m[1, :].sum()

# F1分數的計算
f1 = 2 * (precision * recall)/(precision + recall)

print('精確度:{:.3f}'.format(precision))
print('召回率:{:.3f}'.format(recall))
print('F1分數:{:.3f}'.format(f1))
```

輸出

```
精確度:0.943
召回率:0.911
F1分數:0.927
```

　　這些值也可以使用 Scikit-learn 的函式來計算求得，那種方式比較簡單。上述計算是為了讓讀者了解它們的概念，所以逐一進行計算，熟悉之後請使用如下的方式來撰寫程式碼。請確認它們的數值和上述資料一致。

輸入

```
from sklearn.metrics import precision_score, recall_score, f1_score

print('精確度:{:.3f}'.format(precision_score(y_test, y_pred)))
print('召回率:{:.3f}'.format(recall_score(y_test, y_pred)))
print('F1分數:{:.3f}'.format(f1_score(y_test, y_pred)))
```

輸出

```
精確度:0.943
召回率:0.911
F1分數:0.927
```

Practice

【練習問題 10-3】

對於練習問題 10-2 所用的乳癌資料，請建構支援向量機以外的模型（邏輯迴歸分析等），製作混淆矩陣。此外，對於測試資料的準確度、精確度、召回率、F1分數之值，請使用 Scikit-learn 的函式來取得。

答案在 Appendix 2

10-3- 2　分類模型的評估：ROC 曲線與 AUC

　　前一節學習的混淆矩陣，儘管將預測結果有著陽性與陰性的標籤作為前提，但在模型的評估時間點，不一定能事先決定好區分預測標籤的閾值。也就是說，想對分類模型輸出（並非預測標籤）的預測機率之值本身與它的觀測值（1或0）之

關係來對模型進行評估時，本節學習的 **ROC曲線** 與 **AUC** 會派上用場。

ROC曲線是在縱軸以**真陽性率**（tpr：true positive rate）、橫軸以**偽陽性率**（fpr：false positive rate）來描繪數值的曲線。

所謂真陽性率，表示實際的陽性當中有多少陽性被預測出來的比例（相同於召回率）；而所謂偽陽性率，則是實際為陰性卻被預測為陽性的比例。讓將預測機率轉換為預測標籤時的閾值從0.0與1.0之間慢慢變化，描繪出真陽性率與偽陽性率之關係的，便是ROC曲線。

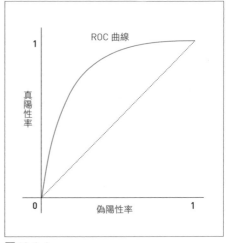

圖 10-3-1

以閾值來區分預測機率，製作預測標籤

為了理解讓閾值進行變化來描繪ROC曲線，使用乳癌資料來確認吧。下面的程式，使用處理邏輯迴歸模型的LogisticRegression類別的predict_proba方法，取得乳癌是惡性（malignant:0）或良性（benign:1）的預測機率。predict_proba方法的輸出並非0或1的標籤，而是分類於各類型的預測機率之陣列。這裡將良性（benign:1）考慮為陽性、惡性（malignant:0）考慮為陰性。

輸入

```
# 匯入
from sklearn.linear_model import LogisticRegression

# 讀取乳癌資料
cancer = load_breast_cancer()

# 分為訓練資料與測試資料
X_train, X_test, y_train, y_test = train_test_split(cancer.data,
                                                    cancer.target,
                                                    stratify = cancer.target,
                                                    random_state=66)
# LogisticRegression類別的初始化與學習
model = LogisticRegression(random_state=0)
model.fit(X_train, y_train)

# 計算測試用資料的預測機率
results = pd.DataFrame(model.predict_proba(X_test), columns=cancer.target_names)

# 顯示開頭的5列
results.head()
```

輸出

	malignant	benign
0	0.003754	0.996246
1	0.000525	0.999475
2	0.027703	0.972297
3	0.007188	0.992812
4	0.003222	0.996778

　　為了從預測機率來區分預測標籤（「malignant:0」或「benign:1」），雖然看起來似乎能單純地設定閾值為50%（0.5），以是否超過來進行判斷，但實際上會考慮模型的使用目的、陽性的自然發生率等來設定閾值。如果改變閾值，當然預測為良性（陽性）的樣本數量會隨之變動，準確度、精確度、召回率也會跟著改變。舉例來說，如下所示，考慮將閾值設定為0.4、0.3、0.15、0.05等4種情況。現在，請留意作為陽性的良性（benign）類型的預測機率。下面製作當良性的預測機率超過閾值時為1、若非如此則為0的旗標變數。

輸入

```
# 當良性（benign）類型的預測機率為0.4、0.3、0.15、0.05以上時，對各自的行設定1
for threshold in [0.4, 0.3, 0.15, 0.05]:
    results[f'flag_{threshold}'] = results['benign'].map(lambda x: 1 if x > threshold else 0)

# 顯示開頭的10列
results.head(10)
```

輸出

	malignant	benign	flag_0.4	flag_0.3	flag_0.15	flag_0.05
0	0.003754	0.996246	1	1	1	1
1	0.000525	0.999475	1	1	1	1
2	0.027703	0.972297	1	1	1	1
3	0.007188	0.992812	1	1	1	1
4	0.003222	0.996778	1	1	1	1
5	0.008857	0.991143	1	1	1	1
6	0.006012	0.993988	1	1	1	1
7	0.003220	0.996780	1	1	1	1
8	0.917849	0.082151	0	0	0	1
9	0.817335	0.182665	0	0	1	1

　　從上述的第9列與第10列（索引8與9的列），應該很容易了解預測機率與旗標的關係。像這樣從預測機率與閾值來建立預測旗標，能製作與觀測值的混淆矩陣，計算出偽陽性率與真陽性率的值（對於每個閾值）。

描繪ROC曲線

　　由於僅以上述閾值的4個情況只能表現出ROC曲線的一小部分，下面將閾值設定為從0.01到0.99之間的50種情況，來試著描繪偽陽性率與真陽性率。以labels

取得的結果，便是上述確認過的預測旗標。

輸入

```
# 將閾值設定為從0.01到0.99之間的50種情況，計算偽陽性率與真陽性率
rates = {}
for threshold in np.linspace(0.01, 0.99, num=50):
    labels = results['benign'].map(lambda x: 1 if x > threshold else 0)
    m = confusion_matrix(y_test, labels)
    rates[threshold] = {'false positive rate': m[0,1] / m[0, :].sum(),
                        'true positive rate': m[1,1] / m[1, :].sum()}

# 以橫軸為false positive rate、縱軸為true positive rate來描繪
pd.DataFrame(rates).T.plot.scatter('false positive rate', 'true positive rate')
```

輸出

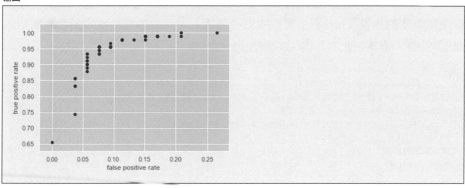

10-3- 2-2 ROC 曲線與AUC

為了理解ROC曲線，上面直接進行了描繪，但使用Scikit-learn的類別也能描繪。
具體來說，使用sklearn.metrics模組的roc_curve函式。

這裡使用相同的乳癌資料來建構支援向量機的模型，得到預測機率（y_pred）。

輸入

```
# 匯入
from sklearn import svm
from sklearn.metrics import roc_curve, auc

# 讀取乳癌資料
cancer = load_breast_cancer()

# 分為訓練資料與測試資料
X_train, X_test, y_train, y_test = train_test_split(
    cancer.data, cancer.target, test_size=0.5, random_state=66)

# 使用SVC取得預測機率
model = svm.SVC(kernel='linear', probability=True, random_state=0)
model.fit(X_train, y_train)
```

```
# 取得預測機率
y_pred = model.predict_proba(X_test)[:,1]
```

得到預測機率（y_pred）之後，連同觀測值（y_test）一起給予sklearn.metrics模組的roc_curve函式。如此一來，由於能以回傳值取得偽陽性率（fpr）與真陽性率（tpr）的各個陣列，將它們進行描繪。實際的計算與描繪在下一個段落進行。

AUC 的計算

計算了ROC曲線之後，更進一步試著計算AUC。AUC之值可對sklearn.metrics模組的auc函數依序給予fpr與tpr來取得。

ROC曲線以在AUC計算裡使用的fpr與tpr之各陣列來描繪。實線下方的面積相當於AUC。這裡一起描繪了預測分數為隨機時的ROC曲線，即圖中的虛線。

輸入

```
# 計算偽陽性率與真陽性率
fpr, tpr, thresholds = roc_curve(y_test, y_pred)

# 計算AUC
auc = auc(fpr, tpr)

# 描繪ROC曲線
plt.plot(fpr, tpr, color='red', label='ROC curve (area = %.3f)' % auc)
plt.plot([0, 1], [0, 1], color='black', linestyle='--')

plt.xlim([0.0, 1.0])
plt.ylim([0.0, 1.05])
plt.xlabel('False positive rate')
plt.ylabel('True positive rate')
plt.title('Receiver operating characteristic')
plt.legend(loc=\"best\")
```

輸出

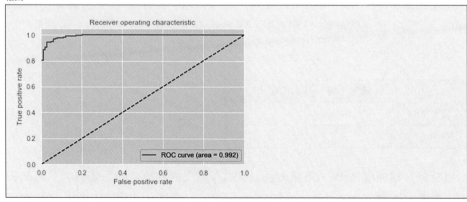

理想的 ROC 曲線與 AUC

關於ROC曲線的形狀，將閾值（從超過1.0之值）慢慢調小時，從原點開始只有真陽性率上升較理想。也就是說，從原點開始往座標(0, 1)垂直移動，之後往座標(1, 1)水平移動，便是最佳的理想曲線。反之，當預測機率為隨機的情況，由於能期待真陽性率與偽陽性率相同地上升，ROC曲線將是從原點開始的斜度1之直線。使用機器學習來建構的模型，一般來說會描繪於隨機的情況與最佳理想曲線之間，期待讓它能更為凸起。

AUC為基於ROC曲線形狀的模型評估指標，由ROC曲線與橫軸圍起來的面積之值。也就是說，最佳理想曲線的情況為1.0，當預測機率為隨機的情況則是0.5。

從上述說明可知，在這個情況裡AUC是0.992，可確認它是比隨機的情況高出不少性能的模型。關於ROC曲線與AUC，參考文獻「A-24」和「A-25」的《Fundamentals of Machine Learning for Predictive Data Analytics: Algorithms, Worked Examples, and Case Studies》（The MIT Press）會有幫助，若有餘力請試著閱讀。

混淆矩陣的製作、ROC曲線的形狀比較，還有精確率、召回率、F1分數、AUC的大小比較，是選擇模型時的基本根據。然而，這些畢竟是在作為選擇候補的模型之間，給予相對的順序而已，請留意運用模型時，不要只是單純地追求數值，必須了解數值與獲得的商業成果之間的關聯性。

不均衡資料下的 AUC 運用

最後，補充運用AUC的意義。「10-3-2 分類模型的評估：ROC曲線與AUC」一節開頭，指出在閾值不明瞭的階段，混淆矩陣無法為唯一。

如果運用AUC，也能應對不均衡資料（imbalanced data）。舉例來說，假設在某個超市裡購買商品A的人是整體的5%。來建構預測模型，對預設機率在前五位的人設定預測購買商品A的旗標吧。此時，如果被預測為購買的5人（設立了1的旗標的人）都不是正確解答（沒有購買），放進混淆矩陣將如下所示。假設全部有100人。

	預測（0）	預測（1）
觀測（0）	90	5
觀測（1）	5	0

這時雖然精確度為0%，準確度卻為90%。如果對於模型的準確與否只看準確度，乍看之下會認為是有著90%準確度的好模型。但由於想預測出的人是會購買

的人，精確度為0%的模型，無法說是有意義的模型建構結果。

像這樣的例子，「購買的人是100人當中的5人」，在各個類型裡的樣本數較為極端的狀況，準確度難以說是適當的指標。關於這一點，如果是AUC，各個類型的樣本數之偏差，由於被用於fpr（偽陽性率）與tpr（真陽性率）的分母而被吸收。也就是說，AUC對於在不均衡資料下的模型評估，可說也是個有效的指標。

Practice

【練習問題10-4】

對於第8章、第9章所用的鳶尾花資料（iris），請使用將iris.target視為目標變數的SVC來製作多類型分類的模型，計算它的ROC曲線與AUC。要製作多類型分類的模型，請使用sklearn.multiclass模型的OneVsRestClassifier類別。

答案在Appendix 2

10-3- 3 迴歸模型的評估指標

截至前一節為止，已經學到分類模型的評估指標，本節將介紹迴歸模型的評估指標。

由於在迴歸模型當中，訓練資料的目標變數是股價或物件價格等數值，因此可以使用比較直覺的指標來評估模型。主要的評估指標如下所述。

10-3- 3-1 平均平方誤差（mean squared error, MSE）

將每個樣本的預測值與正確解答之差（殘差）之平方加總所得到的，稱為「殘差平方和」（sum of squared errors, SSE）。接著將它除以樣本數量所得到的，便是平均平方誤差MSE。由於MSE是簡單易懂的指標，用於各種演算法的性能評估。

10-3- 3-2 平均絕對誤差（mean absolute error, MAE）

將每個樣本的殘差之絕對值加總，最後再除以樣本數量所得到的，便是平均絕對誤差MAE。相較於MSE，它的殘差沒有進行平方，所以特徵是不容易受到（預測的）異常值之影響。

10-3- 3-3 median absolute error（MedAE）

殘差的絕對值之中央值便是MedAE。相較於MAE，這個評估指標對於異常值更為強韌（robust）。

10-3- 3-4 決定係數（R^2）

決定係數 R^2，以驗證資料的平均值來預測時的殘差平方和 SST（sum of squared total）與模型的殘差平方和 SSE 之比例，定義為 $R^2 = 1 - SSE / SST$。這是表現對於最直覺的平均值預測、將平方誤差減少了多少的指標，如果讓誤差全部消失則為 1.0，如果相等於平均值預測則為 0.0。請留意 R^2 的範圍儘管通常在 0 ～ 1 之間的值，但也可能出現負的情況。

10-3- 3-5 迴歸模型評估的實際範例

那麼來使用迴歸用樣本資料集、Housing 資料集，逐步看看迴歸模型之評估指標的取得方法吧。

Housing 資料集有關於波士頓近郊區域的區域屬性（犯罪發生率與低所得者的比例等）及住宅價格的中央值（MEDV）等變數。顯示資料的開頭 5 列之結果，如下所示。

輸入

```
# 匯入
from sklearn.datasets import load_boston

# 讀取 Housing 資料集
boston = load_boston()

# 將資料儲存於 DataFrame
X = pd.DataFrame(boston.data, columns=boston.feature_names)

# 準備住宅價格的中央值（MEDV）資料
y = pd.Series(boston.target, name='MEDV')

# 結合 X 與 y 並顯示開頭的 5 列
X.join(y).head()
```

輸出

	CRIM	ZN	INDUS	CHAS	NOX	RM	AGE	DIS	RAD	TAX
0	0.00632	18.0	2.31	0.0	0.538	6.575	65.2	4.0900	1.0	296.0
1	0.02731	0.0	7.07	0.0	0.469	6.421	78.9	4.9671	2.0	242.0
2	0.02729	0.0	7.07	0.0	0.469	7.185	61.1	4.9671	2.0	242.0
3	0.03237	0.0	2.18	0.0	0.458	6.998	45.8	6.0622	3.0	222.0
4	0.06905	0.0	2.18	0.0	0.458	7.147	54.2	6.0622	3.0	222.0

PTRATIO	B	LSTAT	MEDV
15.3	396.90	4.98	24.0
17.8	396.90	9.14	21.6
17.8	392.83	4.03	34.7
18.7	394.63	2.94	33.4
18.7	396.90	5.33	36.2

10-3

下面是將MEDV視為目標變數，建構「多元線性迴歸模型（LinearRegression）」、「Ridge迴歸模型（Ridge）」、「決策樹（迴歸樹）模型（DecisionTreeRegressor）」、「線性支援向量迴歸（LinearSVR）」等模型，對各個模型分別計算MAE、MSE、MedAE、R2等各個評估值的程式。評估裡採用了Holdout法。

輸入

```
# 匯入
from sklearn.preprocessing import StandardScaler
from sklearn.model_selection import cross_val_score
from sklearn.linear_model import LinearRegression, Ridge
from sklearn.tree import DecisionTreeRegressor
from sklearn.svm import LinearSVR
from sklearn.metrics import mean_squared_error, mean_absolute_error, median_absolute_error, r2_score

# 分為訓練資料與測試資料
X_train, X_test, y_train, y_test = train_test_split(X, y, test_size=0.5, random_state=0)

# 標準化處理
sc = StandardScaler()
sc.fit(X_train)
X_train = sc.transform(X_train)
X_test = sc.transform(X_test)

# 模型的設定
models = {
    'LinearRegression': LinearRegression(),
    'Ridge': Ridge(random_state=0),
    'DecisionTreeRegressor': DecisionTreeRegressor(random_state=0),
    'LinearSVR': LinearSVR(random_state=0)
}

# 評估值的計算
scores = {}
for model_name, model in models.items():
    model.fit(X_train, y_train)
    scores[(model_name, 'MSE')] = mean_squared_error(y_test, model.predict(X_test))
    scores[(model_name, 'MAE')] = mean_absolute_error(y_test, model.predict(X_test))
    scores[(model_name, 'MedAE')] = median_absolute_error(y_test, model.predict(X_test))
    scores[(model_name, 'R2')] = r2_score(y_test, model.predict(X_test))

#顯示
pd.Series(scores).unstack()
```

輸出

	MAE	MSE	MedAE	R2
DecisionTreeRegressor	3.054150	24.556877	2.100000	0.676096
LinearRegression	3.627793	25.301662	2.903830	0.666272
LinearSVR	3.278936	26.818784	2.077575	0.646261
Ridge	3.618201	25.282890	2.930524	0.666520

從上述結果來看，決策樹模型的R2最高、MAE與MSE也最低，似乎是最好的模型。

　　在上述過程裡，使用了Holdout法來取得評估指標，當然也能用交叉驗證來取得各個評估指標。如果是k分割交叉驗證，可藉由設定執行它的cross_val_score函式之scoring引數，變更回傳值。細節請參見Scikit-learn的官方文件確認。

Chapter 10-4

集成學習

Keyword Bagging、取出放回、Bootstrap、Boosting、AdaBoost、隨機森林、梯度提升、
變數的重要度、Partial Dependence Plots

第8章個別學習了監督式學習的各種演算法（決策樹、邏輯迴歸、支援向量
機等），本節則學習將多個模型組合起來進行預測的**集成學習**。具體來說，學習
Bagging、**Boosting**。此外，學習在Bagging和Boosting當中具代表性的演算法，
亦即**隨機森林**和**梯度提升**。

對於調校個別演算法卻無法有性能上的突破時，藉由集成學習可能得以實現。若
重視準確度，集成學習是一個重要的選項。集成學習經常被比喻為「三個臭皮匠」。

10-4-1 Bagging

Bagging 首先從原本的學習資料（ n 列）隨機取出放回（允許重複去取出） n 列
資料，反覆進行製作新的學習資料（稱為 Bootstrap）。

接著，對於取出的資料，分別對其逐一製作模型，將模型的結果集成進行預測。
關於結果的集成，如果是分類便以多數決，如果是迴歸則取平均值。由於使用和
原本的學習資料多少有些差異之學習資料來建構模型，當模型有過度學習的傾向
時，使用 bagging 可能得以提高泛用性能。下面的示意圖應該有助於理解。其中所
謂學習器，係指目前為止處理過的 k-NN 等。

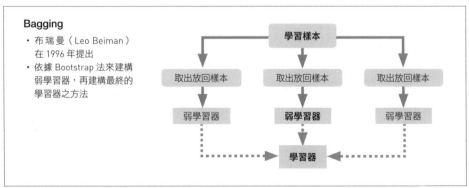

圖 10-4-1 關於 Bagging

引用並編輯自 https://image.slidesharecdn.com/random-120310022555-phpapp02/95/-14-728.jpg?cb=1331347003

Bagging 的實際範例

下面是 Bagging 的執行範例。這個例子使用乳癌資料以 k-NN 模型進行 Bagging 的模型建構。使用 sklearn.ensemble 模組的 BaggingClassifier 類別。另外還有迴歸用的類別，細節請參見 Scikit-learn 的官方文件確認。

輸入

```
# 匯入
from sklearn.ensemble import BaggingClassifier
from sklearn.neighbors import KNeighborsClassifier
from sklearn.model_selection import train_test_split

# 讀取乳癌資料
cancer = load_breast_cancer()

# 分為訓練資料與測試資料
X_train, X_test, y_train, y_test = train_test_split(
    cancer.data, cancer.target, stratify = cancer.target, random_state=66)

# k-NN模型與其Bagging之設定
models = {
    'kNN': KNeighborsClassifier(),
    'bagging': BaggingClassifier(KNeighborsClassifier(), n_estimators=100, random_state=0)
}

# 模型建構
scores = {}
for model_name, model in models.items():
    model.fit(X_train, y_train)
    scores[(model_name, 'train_score')] = model.score(X_train, y_train)
    scores[(model_name, 'test_score')] = model.score(X_test, y_test)

# 顯示結果
pd.Series(scores).unstack()
```

輸出

	test_score	train_score
bagging	0.937063	0.950704
kNN	0.923077	0.948357

上面將引數 n_estimators 設定為 100，以 100 個 k-NN 模型來進行 Bagging。儘管訓練分數（train_score）的值大致相等，但可發現測試分數（test_score）的值上升了。

BaggingClassifier 類別裡還有 max_samples（預設為 1.0）、max_features（預設為 1.0）等參數。前者是用來指定再進行 Bootstrap 時，要從原本的資料裡取出多少比例。如果設定為 0.5 而原本的訓練資料有 100 筆，會取出 50 件樣本。後者是用來指定要對解釋變數以多少的程度來進行取樣，如果是 0.5 則全部的變數當中有一半會被模型進行學習。

當原本的模型有過度學習的情況，請記住可讓手邊的資料不要全部直接用上，而是對解釋變數（依每個樣本）給予多樣性，這種方法可能有效處理過度學習。

Let's Try

來查查 BaggingClassifier 的參數吧。

Practice

【練習問題 10-5】

以鳶尾花的資料集為對象，使用 Bagging，建構預測目標變數（iris.target）的模型並進行驗證吧。此外，能調整什麼參數呢？來查詢並試著執行吧。

答案在 Appendix 2

10-4- 2 Boosting

在前一節的 Bagging 裡，對於以 Bootstrap 取出的多個樣本（個別地）建構了多個模型。另一方面，本節學習的 Boosting，學習資料與模型都會逐步被生成、建構。

再稍微詳細說明，首先是對於原始的學習資料建構一開始的模型。在這個時間點，對預測與正確解答進行比較，掌握一致的樣本與偏離的樣本。接著對於偏離的樣本，讓它們在下一個模型建構的階段受到重視，以便能生成新的學習資料。

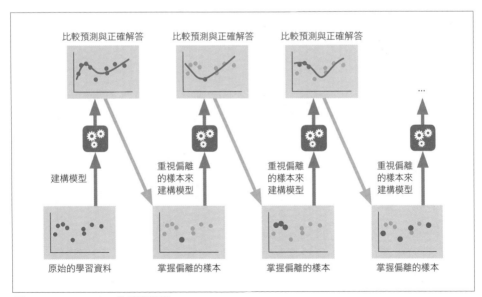

圖 10-4-2　Boosting 的模型建構

引用並編輯自 https://cdn-ak.f.st-hatena.com/images/fotolife/S/St_Hakky/20170728/20170728171209.jpg

像這樣反覆進行步驟，過程中逐步建構多個模型。最後，將這些預測值組合起來，嘗試提高泛用性能。Boosting被認為是有學習不足傾向時的有效手法。

前頁所示為參考用圖解，依序（逐步地）建構模型的示意圖。

10-4- 2-1 Boosting 的實際範例

下面是Boosting的執行範例。這是對決策樹模型（DecisionTreeRegressor）進行Boosting。若要進行Boosting，使用sklearn.ensemble模組的AdaBoostRegressor類別。Boosting的演算法還有LPBoost、BrownBoost、LogitBoost等，有興趣的讀者請以「Boosting」和這些關鍵字試著搜尋。

輸入

```
# 匯入
from sklearn.tree import DecisionTreeRegressor
from sklearn.ensemble import AdaBoostRegressor

# 讀取Housing資料
boston = load_boston()
X_train, X_test, y_train, y_test = train_test_split(
    boston.data, boston.target, random_state=66)

# 決策樹與AdaBoostRegressor的參數設定
models = {
    'tree': DecisionTreeRegressor(random_state=0),
    'AdaBoost': AdaBoostRegressor(DecisionTreeRegressor(), random_state=0)
}

# 模型建構
scores = {}
for model_name, model in models.items():
    model.fit(X_train, y_train)
    scores[(model_name, 'train_score')] = model.score(X_train, y_train)
    scores[(model_name, 'test_score')] = model.score(X_test, y_test)

# 顯示結果
pd.Series(scores).unstack()
```

輸出

	test_score	train_score
AdaBoost	0.923301	0.99944
tree	0.687582	1.00000

從上述可發現雖然使用單個決策樹時測試分數僅止於0.687，但切換為使用AdaBoostRegressor類別來進行集成學習，測試分數為0.923，大幅地提升。請記住集成學習在這樣追求準確度的情況，可能是非常強效的選項。

但請留意，這次的AdaBoost結果稍有過度學習的傾向（學習資料與測試資料的

分數有些偏離）。

10-4- 3 隨機森林、梯度提升

本節介紹 Bagging 和 Boosting 裡具代表性的**隨機森林**與**梯度提升**之使用方法。兩者的基底演算法都是決策樹。

想簡易執行集成學習時，常採用這兩種演算法其中之一。如果是機器學習初學者，以前述的兩節「10-3-1」和「10-3-2」來理解思考方式，實際建構模型時則以這些演算法來開始應該比較好。

此外，想重視模型結果的解釋性時，請留意有時使用邏輯迴歸與決策樹等更簡單的模型會比較好。

10-4- 3-1 隨機森林與梯度提升的實際範例

來實際看看使用隨機森林與梯度提升的程式範例吧。這裡使用 Housing 資料。

輸入

```
# 匯入
from sklearn.ensemble import RandomForestRegressor, GradientBoostingRegressor

# 讀取Housing資料
boston = load_boston()

# 分為訓練資料與測試資料
X_train, X_test, y_train, y_test = train_test_split(
    boston.data, boston.target, random_state=66)

# 隨機森林與梯度提升的參數設定
models = {
    'RandomForest': RandomForestRegressor(random_state=0),
    'GradientBoost': GradientBoostingRegressor(random_state=0)
}
```

```
# 模型建構
scores = {}
for model_name, model in models.items():
    model.fit(X_train, y_train)
    scores[(model_name, 'train_score')] = model.score(X_train, y_train)
    scores[(model_name, 'test_score')] = model.score(X_test, y_test)

# 顯示結果
pd.Series(scores).unstack()
```

輸出

	test_score	train_score
GradientBoost	0.921616	0.976947
RandomForest	0.844031	0.969487

10-4- 3-2 變數的重要度

　　從上述結果可知，對於 Housing 資料來說，梯度提升的性能似乎較高。

　　前面雖然提過集成學習的模型解釋性（較低），但能夠在模型建構時定量掌握哪個變數扮演著重要的角色。具體來說，藉由存取各個物件持有的 feature_importances_ 屬性，可以取得**變數的重要度**（feature importance）。如下所示便可實際取得。

輸入

```
# 取得 feature_importances 屬性
s = pd.Series(models['RandomForest'].feature_importances_,
              index=boston.feature_names)

# 從大到小依序顯示取得的值
s.sort_values(ascending=False).plot.bar(color='C0')
```

輸出

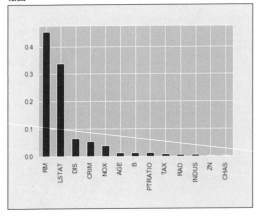

　　變數的重要度，以第8章說明的資訊獲利為基礎來進行計算。因此，即使觀察變數的重要度，也很難如迴歸係數一般來解釋。但從相對的大小關係，可為我們顯示哪個變數在模型建構時是否重要，經常能讓我們對某變數應該有效這樣的直覺進行連結，所以習慣性地確認這些變數很重要。

　　此外，如果鎖定重要變數，深

入發掘解釋變數與目標變數之間的關聯性，也能考察為何它們有助於模型的建構。

雖然本書不進一步詳細說明，但還有稱為Partial Dependence Plots（PDP）的方式，這是能為我們圖解說明解釋變數的大小與預測值的大小關聯性之函數。Scikit-learn裡準備了plot_partial_dependence函式，想進一步理解的讀者，請參見官方文件（參考URL「B-14」）。

10-4- 4 進一步了解

最後，介紹有助於往後進一步了解的參考書籍。具體的書籍資訊整理於「A-25」。後半部是稍有難度的機器學習書籍，非常推薦給想更加培養理論知識與實作的讀者。雖然需要某種程度的數學背景知識，但讀完本書之後應該沒問題。

「A-25」所列書籍的數學式子較多，大多不是以商業的角度撰寫。「A-26」的參考文獻則以在商務上運用資料科學的角度撰寫，務必參酌。

Practice

【練習問題10-7】

以鳶尾花的資料集為對象，使用隨機森林與梯度提升，建構預測目標變數（iris.target）的模型並進行驗證吧。此外，能調整什麼參數呢？來查詢並試著執行吧。

答案在Appendix 2

Practice

第10章 綜合問題

【綜合問題10-1 監督式學習的用語 (2) 】

對於監督式學習的相關用語，請描述它們各自的用途與意義。

・過度學習	・Holdout法	・交叉驗證法	・格點搜尋	・特徵量
・特徵選擇	・特徵抽出	・混淆矩陣	・ROC曲線	・精確度
・召回率	・準確度	・F1分數	・真陽性率	・偽陽性率
・AUC	・Bootstrap法	・集成學習	・Bagging	・Boosting
・隨機森林				

【綜合問題10-2 交叉驗證】

請使用乳癌資料集，建構預測模型（邏輯迴歸、SVM、決策樹、k-NN、隨機森林、梯度提升）並進行交叉驗證（一半），確認哪一個模型最好。

答案在Appendix 2

Chapter 11

綜合練習問題

終於到了最後一章。本章要請讀者進行綜合問題的練習。為了確認
是否確實培養好截至目前所學的資料科學相關手法（資料的讀取、
加工、機器學習的模型化、驗證等）的實力，請務必試著練習。解
答在 Appendix 2。

Goal 能尋找解決問題所需的手法，適當使用。

綜合練習問題

輸入

```
# 下面是所需的函式庫，請預先匯入
import numpy as np
import numpy.random as random
import scipy as sp
from pandas import Series, DataFrame
import pandas as pd
import time

# 視覺化函式庫
import matplotlib.pyplot as plt
import matplotlib as mpl
import seaborn as sns
%matplotlib inline

# 機器學習函式庫
import sklearn

# 顯示到小數點後第3位
%precision 3
```

輸出

```
'%.3f'
```

11-1 1 綜合練習問題(1)

Keyword 監督式學習、影像辨識、多個類別的分類、混淆矩陣

　　將包含於 Scikit-learn 之 sklearn.datasets 套件裡的手寫數字資料集如下所示讀取，來建構預測各數字（0～9）的模組吧。這個資料是手寫的數字、從0到9的影像資料。在下面的實作當中，將讀取資料，顯示範本的數字影像資料。

　　數字的標籤（目標變數）是 digits.target，資料的特徵量（解釋變數）則是 digits.data。在這裡，請將該資料分離為測試資料與學習資料來建構模型，顯示混淆矩陣的結果。此時，請在 train_test_split 的參數裡設定 random_state=0，讓每次執行都能相同地分離。

　　此外，請製作多個模型，試著進行比較。要選擇哪個模型呢？

輸入

```
# 分析對象資料
from sklearn.datasets import load_digits

digits = load_digits()

# 顯示影像
plt.figure(figsize=(20,5))
for label, img in zip(digits.target[:10], digits.images[:10]):
    plt.subplot(1,10,label+1)
    plt.axis('off')
    plt.imshow(img,cmap=plt.cm.gray_r,interpolation='nearest')
    plt.title('Number:{0}'.format(label))
```

輸出

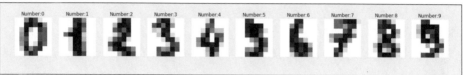

11-1 2 綜合練習問題(2)

Keyword 監督式學習、迴歸、多個模型的比較

讀取下面的資料，建構預測鮑魚年齡的模型吧。目標變數是「Rings」。參考 URL「B-26」雖然是英文資料，但不妨參閱。

http://archive.ics.uci.edu/ml/machine-learning-databases/abalone/abalone.data

11-1 3 綜合練習問題(3)

Keyword 監督式學習、分類、市場行銷分析、驗證、混淆矩陣、準確度、精確度、召回率、F1 分數、ROC曲線、AUC

請讀取第9章處理過的如下金融機關資料（bank-full.csv），回答下面的問題。

http://archive.ics.uci.edu/ml/machine-learning-databases/00222/bank.zip

【問題1】

請計算數值資料（age, balance, day, duration, campaign, pdays, previous）的基本統計量（紀錄筆數、最大值、最小值、標準差等）。

【問題2】

請分別對於資料的job、marital、education、default、housing、loan，計算申請與不申請存款帳戶的人數。

【問題3】

請將y（申請或不申請存款帳戶）作為目標變數，建構預測模型。請嘗試多種模型（邏輯迴歸、SVM、決策樹、k-NN、隨機森林等）。不過，請預先將測試用的資料抽出（此時請在train_test_split的參數裡設定random_state=0）。

接著，來驗證各個模型吧。請顯示各個模型對於測試資料的準確度、精確度、召回率、F1分數、混淆矩陣。要選擇哪個模型呢？

【問題4】

對於在上述問題3裡所選擇的模型，描繪ROC曲線，計算AUC，讓它們得以進行比較。

11-1 4 綜合練習問題(4)

Keyword 監督式學習、非監督式學習、混合手法

使用第8章處理過的load_breast_cancer，試著製作進一步提高預測準確度的模型吧。請預先將測試用資料抽出，以進行驗證。在這裡，請在train_test_split的參數裡設定random_state=0。如下所示。

輸入

```
# 前次的解答
# 用於標準化的模組
from sklearn.preprocessing import StandardScaler

# 邏輯迴歸
from sklearn.linear_model import LogisticRegression
from sklearn.metrics import confusion_matrix

from sklearn.model_selection import train_test_split
from sklearn.datasets import load_breast_cancer

cancer = load_breast_cancer()
X_train, X_test, y_train, y_test = train_test_split(
    cancer.data, cancer.target, stratify = cancer.target, random_state=0)

# 標準化
sc = StandardScaler()
sc.fit(X_train)
```

```
X_train_std = sc.transform(X_train)
X_test_std = sc.transform(X_test)

from sklearn.metrics import confusion_matrix

model = LogisticRegression()
clf = model.fit(X_train_std, y_train)
print("train:",clf.__class__.__name__ ,clf.score(X_train_std, y_train))
print("test:",clf.__class__.__name__ ,clf.score(X_test_std, y_test))

pred_y = clf.predict(X_test_std)
confusion_m = confusion_matrix(y_test,pred_y)

print("Confusion matrix:\n{}".format(confusion_m))
```

輸出

```
train: LogisticRegression 0.990610328638
test: LogisticRegression 0.958041958042
Confusion matrix:
[[50  3]
 [ 3 87]]
```

將資料標準化，單純地適用於模型時，對於測試資料的準確度為95.8%。請試著思考比這個結果更好的方法。

11-1 5 綜合練習問題(5)

Keyword　時間序列資料、遺漏資料的填補、偏移、直方圖、監督式學習

如下所示，讀取2001/1/2至2016/12/30為止的匯率資料（美元/日圓匯率的JPYUSD、歐元/美元匯率的USDEUR），回答下面的問題。其中，DEXJPUS與DEXUSEU分別假定為JPYUSD與USDEUR。

請參考Appendix 1，預先安裝pandas-datareader。接著，如下讀取對象期間的匯率資料。

輸入

```
import pandas_datareader.data as pdr

start_date = '2001-01-02'
end_date = '2016-12-30'

fx_jpusdata = pdr.DataReader("DEXJPUS","fred",start_date,end_date)
fx_useudata = pdr.DataReader("DEXUSEU","fred",start_date,end_date)
```

【問題 1】

在讀取的資料裡，有節日和假日等遺漏（NaN）。為了進行填補，請使用它們前一天的資料來補上。儘管也有缺少年月資料的情況，這次請忽略這樣的狀況（雖然可以重新製作日期資料來進行分析，這次不採用這樣的手法）。

【問題 2】

對於上述的資料，請確認各個統計量並將時間序列資料圖形化。

【問題 3】

請取得當日與前日的差，將各自的變化率「（當日－前日）/前日」的資料以直方圖顯示。

【問題 4】

試著建構預測未來（例如下一日）價格的模型吧。具體來說，將2016年11月作為訓練資料，當日的價格作為目標變數，使用前日、兩日前、三日前的價格資料來建構模型（線性迴歸），將2016年12月作為測試資料來進行驗證。此外，如果以其他的月或年來進行，會得到什麼樣的結果呢？

11-1 6　綜合練習問題(6)

Keyword　時間序列資料、迴歸分析

請取得並讀取如下的美國旅客飛機航班資料，回答下面的問題。然而，這次以1980年代為分析對象（電腦硬體規格較高的讀者，請將所有資料視為對象）。

http://stat-computing.org/dataexpo/2009/the-data.html

關於資料的取得，請參考下面的Script，進行實作與執行。不過，Shell Script只適用於Linux與macOS環境，Windows環境的讀者請以更下方的Script來下載壓縮檔並解壓縮。請留意需要花一些時間下載資料。

下載用Shell Script (Linux & macOS)

```
# 參考Shell Script：

#!/bin/sh

for year in {1987..1999} ; do
    echo \$year
    wget http://stat-computing.org/dataexpo/2009/${year}.csv.bz2
```

```
    bzip2 -d ${year}.csv.bz2
done
```

輸入(Windows)

```
import urllib.request

for year in range(1987,1990):
    url = 'http://stat-computing.org/dataexpo/2009/'
    savename = str(year) + '.csv.bz2'
    #下載
    urllib.request.urlretrieve(url + savename, savename)
    print('已儲存{}年的檔案'.format(year))
```

【問題1】

讀取上述的資料之後，請計算「年（Year）×月（Month）的平均延遲時間（DepDelay）」。是否發現了什麼呢？

【問題2】

對於問題1裡計算得到的資料，請將1月到12月為止的結果描繪為時間序列的折線圖。此時，為了能對每年進行比較，請統整於1個圖形裡。也就是說，對於1987年到1989年為止的資料，排列出它們各自的時間序列圖形。

【問題3】

請計算各個航空公司（UniqueCarrier）的平均延遲時間。此外，請以出發地（Origin）、目的地（Dest）為基準，計算平均延遲時間。

【問題4】

建構用於預測延遲時間的預測模型。將DepDelay視為目標變數、ArrDelay與Distance視為解釋變數，來建構模型吧。

　　下面是一些參考資訊，可使用如下的公開資料試著進行資料分析。雖然課題並不明確，但找出課題也是資料分析的重要工作。

- 要將哪個資料作為分析對象？此外，為了什麼樣的目的對資料進行分析？要將什麼樣的事視為目標？
- 作為分析對象的資料有著什麼樣的特徵或傾向？來試著簡單地統計吧。從這裡能建立什麼樣的假設？
- 如果目標與假設變得明確，要用什麼樣的手法來進行？請實作並進行驗證。
- 假如要對不了解資料分析的人（假設只知道國中程度的數學）報告這次分析結果，要製作什麼樣的報告呢（包含圖形與 Insight 等）？

　　其中，關於逐步鎖定課題的重要性，參考書籍「A-35」會有幫助，有興趣的讀者請試著閱讀。

資料來源範例

- **UCI DATA**

  http://archive.ics.uci.edu/ml/

- **Bay Area Bike Share**

  http://www.bayareabikeshare.com/open-data

- **movielens**

  http://grouplens.org/datasets/movielens/

- **MLDATA**

  http://mldata.org/

- **Churn Data Set（provided by IBM）**

  https://community.watsonanalytics.com/wp-content/uploads/2015/03/WA_Fn-UseC_-Telco-Customer-Churn.csv

- **Netflix Prize Data Set**

  http://academictorrents.com/details/9b13183dc4d60676b773c9e2cd6de5e5542cee9a

除了上述資料之外，還有Kaggle等資料科學的競賽等，想提高技能的讀者請試著挑戰看看。即使尚無法遞交課題，在Discussion等有許多人介紹自己的手法，非常有助於學習資料分析。

Appendix

本書的環境建置方法
練習問題的解答
參考文獻、參考URL

Appendix 1

關於本書的環境建置

本篇說明使用本書裡介紹的資料科學教材所需之環境建置。由於動手實作對於資料分析和程式設計是非常重要的，請勿只是閱讀本書的程式碼，務必準備好環境，一邊執行一邊學習。

A-1- 1 關於 Anaconda

本書主要使用Python，因此準備Python與所需的函式庫（Numpy與Scipy等）。此外，由於範例程式是Jupyter Notebook格式，將準備執行它們的環境。儘管能逐一下載安裝，但非常耗時。這裡使用Anaconda，一次下載全部所需的東西。所謂Anaconda，是包含資料科學裡所需的Python模組與函式庫的套件。藉由下載並安裝Anaconda，可以一次準備好資料科學所需的東西，非常方便。

A-1- 2 下載 Anaconda 的套件

首先，為了下載 Anaconda的套件，請存取下面的URL。

https://www.anaconda.com/

畫面的右上方有 Downloads 按鈕，請點擊該處。

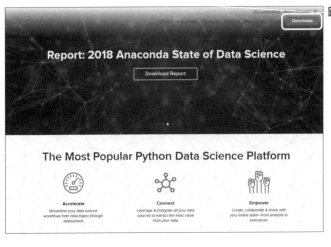

圖 A1-2-1

在下一個畫面裡選擇作業系統。依據使用的作業系統不同，下載方式也不一樣，請依照自己使用的作業系統進行選擇。

圖 A1-2-2

在接下來的畫面裡，選擇 Python 的版本。有「Python 3.x version」和「Python 2.7 version」，請下載「Python 3.x version」。雖然幾年前仍大多推薦使用 Python 2.7，但由於近來支援版本 3 的模組與函式庫增多，本書使用 Python 3 的版本。

圖 A1-2-3

A-1- 3 安裝 Anaconda

接著，安裝 Anaconda。由於依據使用的作業系統不同（Windows、macOS、Linux），步驟有差異，請依照自己正在使用的作業系統相關小節來進行。

A-1- 3-1 Windows 的情況

Step 1

如果是 Windows，可以非常簡單地建構環境。

依照前述步驟下載好 Anaconda 的套件，雙擊執行。接著會出現如右方的畫面，請依照顯示內容進行。

圖 A1-3-1

過程中會出現如右方的畫面，選擇安裝的位置。如果沒有特別安排，直接使用預設位置也無妨。此外，請在這裡顯示的安裝位置做個筆記留存，之後需要用到。

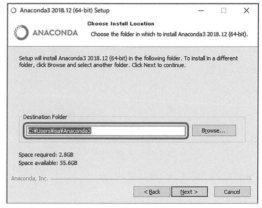

圖A1-3-2

Step 3

此外，如果出現如右方的畫面，只勾選下方的選項繼續進行。

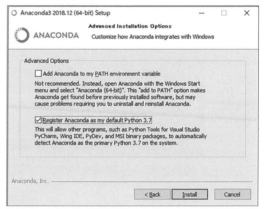

圖A1-3-3

Step 4

安裝完成之後，進行環境變數的註冊。在畫面左下角「開始」按鈕右側的搜尋窗格裡輸入「環境變數」，選擇出現的「編輯您的帳戶的環境變數」。

圖A1-3-4

Step 5

在開啟的「環境變數」畫面裡冊 PATH。在上方的「〈使用者名稱〉的使用者變數」裡點擊「Path」，並按下「編輯」按鈕。

圖 A1-3-5

Step 6

接下來，在「編輯環境變數」的畫面裡，點擊「新增」，註冊下面兩個項目。

● 在上述「Step 2」步驟筆記下來的 Anaconda 安裝資料夾
● 在 Anaconda 的安裝資料夾之後接上「\Scripts」

註冊好之後，各自選擇它們並按下「上移」按鈕，移動至畫面的上方。接下來，點擊「確定」來關閉畫面。

圖 A1-3-6

完成之後，請試著啟動Jupyter Notebook吧。在畫面左下角的「開始選單」裡選擇「Anaconda3 (64-bit) Jupyter Notebook」，Jupyter Notebook便會在瀏覽器裡啟動。

圖A1-3-7

如此一來，Web瀏覽器裡將顯示如下的Jupyter Notebook畫面，列出工作資料夾的內容。

預設的工作資料夾在Windows 10裡是「C:\Users\<使用者名稱>」。請在這裡配置本書的範例檔案。

圖A1-3-8

新增名為「DataScience」的資料夾，於其中配置範例檔案。雙擊檔案便能啟動，執行本書的內容。

圖A1-3-9

Point

若要新增Notebook，點擊畫面右上方的[New]按鈕，並點擊[Python 3]。

圖A1-3-10

`A-1-` `3-2` macOS的情況

　和Windows情況的步驟幾乎相同。雙擊下載的套件之後便會開始安裝，請依照畫面指示進行。

圖A1-3-11

圖A1-3-12

　PATH會自動被註冊，不需要額外的操作。安裝完成之後，啟動終端機輸入。

終端機
```
$ jupyter notebook
```

　如此一來，Jupyter Notebook便會在Web瀏覽器裡啟動。在macOS裡，會顯示「<硬碟>\Users\<使用者名稱>」作為工作目錄，請在這裡配置本書的範例檔案。

`A-1-` `3-3` Linux的情況

　下載Anaconda的套件之後，請開啟終端機，移動至有著下載檔案的位置。移動時請執行下面的指令。

終端機
```
$ cd <有著下載檔案的目錄名稱>
```

　移動之後，首先以chmod指令來賦予執行權限。

終端機
```
$ chmod u+x <下載檔案名稱>
```

　接著如下執行。

```
$ bash <下載檔案名稱>
```

如此一來，便會開始安裝，請依照畫面指示進行。

過程中，如果出現詢問「Do you wish the installer to prepend the Anaconda3 install location to PATH in your <目錄>/.bashrc?」，請輸入「yes」繼續。

安裝完成之後，重新啟動電腦，再次開啟終端機如下輸入，Jupyter Notebook便會啟動。

終端機

```
$ jupyter notebook
```

A-1- 4　安裝pandas-datareader與Plotly

安裝好Anaconda之後，雖然幾乎能執行本書的大部分內容，但如下所示，有幾個不包含於Anaconda的函式庫，本書也會用到這些需要額外準備的函式庫。

● **pandas-datareader**（用於第6章）
● **Plotly**（用於第7章）

對於pandas-datareader與Plotly，可使用相同的方法安裝。

在Windows裡，於畫面左下角「開始」按鈕右側的搜尋窗格裡輸入「cmd」，選擇出現的「命令提示字元」，啟動命令提示字元。

在macOS與Linux裡，啟動終端機。接下來，如下所示輸入。

【安裝 pandas-datareader 的情況】

終端機

```
$ pip install pandas-datareader
```

【安裝 Plotly 的情況】

終端機

```
$ pip install Plotly
```

Appendix **2**

練習問題解答

A-2- **1** Chapter1練習問題

【練習問題 1-1】

輸入（解答範例1）

```
sampl_str = "Data Science"

for i in range(0,len(sampl_str)):
    print(sampl_str[i])
```

輸出

```
D
a
t
a

S
c
i
e
n
c
e
```

輸入（解答範例2）

```
for i in sampl_str:
    print(i)
```

輸出

```
D
a
t
a

S
c
i
e
n
c
e
```

輸入（解答範例3：不想換行時）

```
for i in sampl_str:
    print(i,end = " ")
```

輸出

```
D a t a   S c i e n c e
```

【練習問題 1-2】

輸入（解答範例 1：普通的方法）

```
s = 0
for x in range(1,51):
  s += x
  # s = s + x亦同
print(s)
```

輸出

```
1275
```

輸入（解答範例 2：使用sum的方法）

```
print(sum(range(1,51)))
```

輸出

```
1275
```

輸入（解答範例 3：使用for的方法）

```
print(sum(x for x in range(1,51)))
```

輸出

```
1275
```

A-2- 1-1 綜合問題解答

【綜合問題 1-1 質數判定】1.

輸入

```
n_list = range(2, 10 + 1)

for i in range(2, int(10 ** 0.5) + 1):
  # 依照2, 3, …的順序查看是否能整除
  n_list = [x for x in n_list if (x == i or x % i != 0)]

for j in n_list:
  print(j)
```

輸出

```
2
3
5
7
```

【綜合問題 1-1 質數判定】2.

輸入

```
# 函式的定義
def calc_prime_num(N):
  n_list = range(2, N + 1)

  for i in range(2, int(N ** 0.5) + 1):
      # 依照2, 3, …的順序查看是否能整除
      n_list = [x for x in n_list if (x == i or x % i != 0)]

  for j in n_list:
      print(j)

# 執行計算
calc_prime_num(10)
```

輸出

```
2
3
5
7
```

A-2- 2 Chapter2 練習問題

下面是所需的函式庫，請預先匯入。

輸入

```
import numpy as np
import numpy.random as random
import scipy as sp
import pandas as pd
from pandas import Series, DataFrame

# 視覺化函式庫
import matplotlib.pyplot as plt
import matplotlib as mpl
import seaborn as sns
%matplotlib inline

# 顯示到小數點後第3位
%precision 3
```

輸出

```
'%.3f'
```

【練習問題 2-1】

輸入

```
numpy_sample_data = np.array([i for i in range(1,51)])
print(numpy_sample_data.sum())
```

輸出

```
1275
```

【練習問題 2-2】

輸入

```
# 藉由設定seed能讓亂數固定
random.seed(0)

# 產生標準常態分布（平均0、變異數1的常態分布）的10個亂數
norm_random_sample_data = random.randn(10)

print("最小值：",norm_random_sample_data.min())
print("最大值：",norm_random_sample_data.max())
print("總和：",norm_random_sample_data.sum())
```

輸出

```
最小值：-0.977277879876
最大值：2.2408931992
總和：7.38023170729
```

【練習問題 2-3】

輸入

```
m = np.ones((5,5),dtype='i') * 3
print(m.dot(m))
```

輸出

```
[[45 45 45 45 45]
 [45 45 45 45 45]
 [45 45 45 45 45]
 [45 45 45 45 45]
 [45 45 45 45 45]]
```

【練習問題 2-4】

輸入

```
a = np.array([[1,2,3],[1,3,2],[3,1,2]])
print(np.linalg.det(a))
```

輸出

```
-12.0
```

【練習問題 2-5】

輸入

```
import scipy.linalg as linalg

a = np.array([[1,2,3],[1,3,2],[3,1,2]])

# 反矩陣
print("反矩陣")
print(linalg.inv(a))

# 特徵值與特徵向量
eig_value, eig_vector = linalg.eig(a)

print("特徵值")
print(eig_value)
print("特徵向量")
print(eig_vector)
```

輸出

```
反矩陣
[[-0.333  0.083  0.417]
 [-0.333  0.583 -0.083]
 [ 0.667 -0.417 -0.083]]
特徵值
[ 6.000+0.j -1.414+0.j  1.414+0.j]
特徵向量
[[-0.577 -0.722  0.16 ]
 [-0.577 -0.143 -0.811]
 [-0.577  0.677  0.563]]
```

【練習問題 2-6】

輸入

```
from scipy.optimize import newton

# 函式的定義
def sample_function1(x):
    return (x**3 + 2*x + 1)

# 執行計算
print(newton(sample_function1,0))

# 確認
print(sample_function1(newton(sample_function1,0)))
```

輸出

```
-0.4533976515164037
1.1102230246251565e-16
```

【練習問題 2-7】

輸入

```
attri_data1 = {
    'ID':['1','2','3','4','5']
    ,'Sex':['F','F','M','M','F']
    ,'Money':[1000,2000,500,300,700]
    ,'Name':['Saito','Horie','Kondo','Kawada','Matsubara']
}

attri_data_frame1 = DataFrame(attri_data1)
```

```
# 以下為解答
attri_data_frame1[attri_data_frame1.Money>=500]
```

輸出

	ID	Money	Name	Sex
0	1	1000	Saito	F
1	2	2000	Horie	F
2	3	500	Kondo	M
4	5	700	Matsubara	F

【練習問題 2-8】

輸入

```
attri_data_frame1.groupby("Sex")["Money"].mean()
```

輸出

```
Sex
F    1233.333333
M     400.000000
Name: Money, dtype: float64
```

【練習問題 2-9】

輸入

```
attri_data2 = {
    'ID':['3','4','7']
    ,'Math':[60,30,40]
    ,'English':[80,20,30]
}

attri_data_frame2 = DataFrame(attri_data2)

# 以下為解答
merge_data = attri_data_frame1.merge(attri_data_frame2)
merge_data.mean()
```

輸出

```
ID        17.0
Money    400.0
English   50.0
Math      45.0
dtype: float64
```

【練習問題 2-10】

輸入

```
x = np.linspace(-10, 10,100)
plt.plot(x, 5*x + 3)
plt.xlabel("X value")
plt.ylabel("Y value")
plt.grid(True)
```

輸出

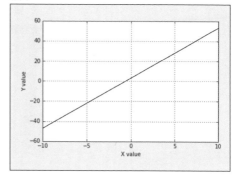

【練習問題 2-11】

輸入

```
x = np.linspace(-10, 10,100)
plt.plot(x, np.sin(x))
plt.plot(x, np.cos(x))

plt.grid(True)
```

輸出

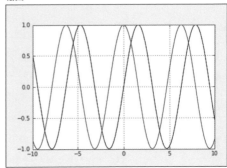

【練習問題 2-12】

輸入（產生2組1000個均勻亂數的程式）

```
import math

def uni_hist(N):
    # 均勻亂數的產生
    x = np.random.uniform(0.0, 1.0, N)
    y = np.random.uniform(0.0, 1.0, N)

    plt.subplot(2, 1, 1)
    plt.hist(x)
    plt.title("No1:histogram")

    plt.subplot(2, 1, 2)
    plt.hist(y)
    plt.title("No2:histogram")

    plt.grid(True)

    #防止標題重疊
    plt.tight_layout()

uni_hist(1000)
```

輸出

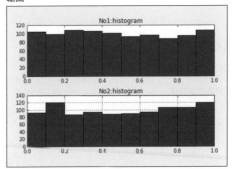

輸入（產生2組100個均勻亂數的程式）

```
# N=100
uni_hist(100)
```

輸出

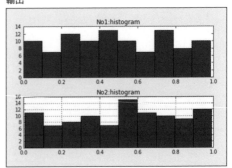

輸入（產生2組10000個均勻亂數的程式）

```
# N = 10000
uni_hist(10000)
```

輸出

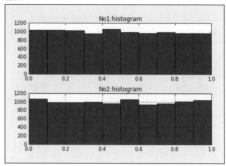

其中，可以發現2組均勻亂數隨著N變大，長條圖會變得比較均勻一致。

A-2- 2-1 綜合問題解答

【綜合問題2-1 蒙地卡羅法】1.

輸入

```
import math

N = 10000

# 產生均勻亂數
x = np.random.uniform(0.0, 1.0, N)
y = np.random.uniform(0.0, 1.0, N)
```

【綜合問題2-1 蒙地卡羅法】2.

輸入

```
# 在圓形內部的x與y
inside_x = []
inside_y = []

# 在圓形外部的x與y
outside_x = []
outside_y = []

count_inside = 0
for count in range(0, N):
  d = math.hypot(x[count],y[count])
  if d < 1:
     count_inside += 1
     # 在圓形內部時的x與y之組合
     # append是對List增加元素的方法
     inside_x.append(x[count])
     inside_y.append(y[count])
  else:
     # 在圓形外部時的x與y之組合
     outside_x.append(x[count])
```

輸出

```
在圓形內部的數量：7891
```

Appendix

```
        outside_y.append(y[count])

print("在圓形內部的數量:",count_inside)
```

輸入（要進一步繪圖時）

```
# 圖形大小
plt.figure(figsize=(5,5))

# 用來描繪圓形的資料
circle_x = np.arange(0,1,0.001)
circle_y = np.sqrt(1- circle_x * circle_x)

# 描繪圓形
plt.plot(circle_x, circle_y)

# 在圓形內部的點為 red
plt.scatter(inside_x,inside_y,color="r")
# 在圓形外部的點為 blue
plt.scatter(outside_x,outside_y,color="b")

plt.xlabel("x")
plt.ylabel("y")
plt.grid(True)
```

輸出

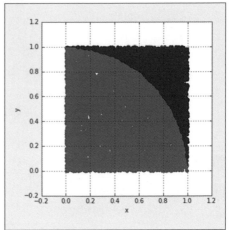

【綜合問題 2-1 蒙地卡羅法】3.

輸入

```
print ("圓周率的近似值:",4.0 * count_inside / N)
```

輸出

圓周率的近似值：3.1564

A-2- 3 Chapter3練習問題

下面是所需的函式庫，請預先匯入。

輸入

```
import numpy as np
import numpy.random as random
import scipy as sp
import pandas as pd
from pandas import Series, DataFrame

# 視覺化函式庫
import matplotlib.pyplot as plt
import matplotlib as mpl
import seaborn as sns
sns.set()
%matplotlib inline

# 顯示到小數點後第3位
%precision 3
```

輸出

```
'%.3f'
```

【練習問題 3-1】

輸入

```
# 使用cd ./chap3等指令，移動至有著student-por.csv、student-mat.csv的目錄之後，執行下面的部分
student_data_por = pd.read_csv('student-por.csv', sep=';')
student_data_por.describe()
```

輸出

	age	Medu	Fedu	traveltime	studytime	failures	famrel
count	649.000000	649.000000	649.000000	649.000000	649.000000	649.000000	649.000000
mean	16.744222	2.514638	2.306626	1.568567	1.930663	0.221880	3.930663
std	1.218138	1.134552	1.099931	0.748660	0.829510	0.593235	0.955717
min	15.000000	0.000000	0.000000	1.000000	1.000000	0.000000	1.000000
25%	16.000000	2.000000	1.000000	1.000000	1.000000	0.000000	4.000000
50%	17.000000	2.000000	2.000000	1.000000	2.000000	0.000000	4.000000
75%	18.000000	4.000000	3.000000	2.000000	2.000000	0.000000	5.000000
max	22.000000	4.000000	4.000000	4.000000	4.000000	3.000000	5.000000

freetime	goout	Dalc	Walc	health	absences	G1
649.000000	649.000000	649.000000	649.000000	649.000000	649.000000	649.000000
3.180277	3.184900	1.502311	2.280431	3.536210	3.659476	11.399076
1.051093	1.175766	0.924834	1.284380	1.446259	4.640759	2.745265
1.000000	1.000000	1.000000	1.000000	1.000000	0.000000	0.000000
3.000000	2.000000	1.000000	1.000000	2.000000	0.000000	10.000000
3.000000	3.000000	1.000000	2.000000	4.000000	2.000000	11.000000
4.000000	4.000000	2.000000	3.000000	5.000000	6.000000	13.000000
5.000000	5.000000	5.000000	5.000000	5.000000	32.000000	19.000000

G2	G3
649.000000	649.000000
11.570108	11.906009
2.913639	3.230656
0.000000	0.000000
10.000000	10.000000
11.000000	12.000000
13.000000	14.000000
19.000000	19.000000

【練習問題 3-2】

輸入

```
student_data_math = pd.read_csv('student-mat.csv', sep=';')

student_data_merge = pd.merge(student_data_math
                    , student_data_por
                    , on=['school', 'sex', 'age', 'address', 'famsize', 'Pstatus', 'Medu'
                          , 'Fedu', 'Mjob', 'Fjob', 'reason', 'nursery', 'internet']
                    , suffixes=('_math', '_por'))
student_data_merge.describe()
```

輸出

	age	Medu	Fedu	traveltime_math	studytime_math	failures_math
count	382.000000	382.000000	382.000000	382.000000	382.000000	382.000000
mean	16.586387	2.806283	2.565445	1.442408	2.034031	0.290576
std	1.173470	1.086381	1.096240	0.695378	0.845798	0.729481
min	15.000000	0.000000	0.000000	1.000000	1.000000	0.000000
25%	16.000000	2.000000	2.000000	1.000000	1.000000	0.000000
50%	17.000000	3.000000	3.000000	1.000000	2.000000	0.000000
75%	17.000000	4.000000	4.000000	2.000000	2.000000	0.000000
max	22.000000	4.000000	4.000000	4.000000	4.000000	3.000000

8 rows × 29 columns

famrel_math	freetime_math	goout_math	Dalc_math	...	famrel_por	freetime_por	goout_por
382.000000	382.000000	382.000000	382.000000	...	382.000000	382.000000	382.000000
3.939791	3.222513	3.112565	1.473822	...	3.942408	3.230366	3.117801
0.921620	0.988233	1.131927	0.886229	...	0.908884	0.985096	1.133710
1.000000	1.000000	1.000000	1.000000	...	1.000000	1.000000	1.000000
4.000000	3.000000	2.000000	1.000000	...	4.000000	3.000000	2.000000
4.000000	3.000000	3.000000	1.000000	...	4.000000	3.000000	3.000000
5.000000	4.000000	4.000000	2.000000	...	5.000000	4.000000	4.000000
5.000000	5.000000	5.000000	5.000000	...	5.000000	5.000000	5.000000

Dalc_por	Walc_por	health_por	absences_por	G1_por	G2_por	G3_por
382.000000	382.000000	382.000000	382.000000	382.000000	382.000000	382.000000
1.476440	2.290576	3.575916	3.672775	12.112565	12.238220	12.515707
0.886303	1.282577	1.404248	4.905965	2.556531	2.468341	2.945438
1.000000	1.000000	1.000000	0.000000	0.000000	5.000000	0.000000
1.000000	1.000000	3.000000	0.000000	10.000000	11.000000	11.000000
1.000000	2.000000	4.000000	2.000000	12.000000	12.000000	13.000000
2.000000	3.000000	5.000000	6.000000	14.000000	14.000000	14.000000
5.000000	5.000000	5.000000	32.000000	19.000000	19.000000	19.000000

輸入（補充）

```
# 補充：雖然變數名稱相同，但由於資料來源不同，並非相同的資料
# 計數「student_data_merge.traveltime_math」與「student_data_merge.traveltime_por」的資料相同的列
sum(student_data_merge.traveltime_math==student_data_merge.traveltime_por)
```

輸出

```
377
```

【練習問題 3-3】

輸入（補充）

```
sns.pairplot(student_data_merge[['Medu', 'Fedu', 'G3_math']])
plt.grid(True)
```

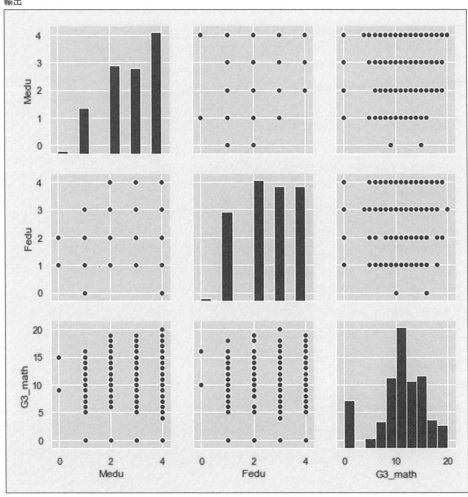

　關於結果的觀察，比如從上圖來看，當Medu或Fedu增加時，雖然G3的分數看起來也上升了，但由於差異有點小，似乎沒有明顯的這種傾向。

【練習問題 3-4】

輸入

```
student_data_por = pd.read_csv('student-por.csv', sep=';')

# 生成線性迴歸的實例
reg = linear_model.LinearRegression()

# 在解釋變數裡使用「第一學期成績」
X = student_data_por.loc[:, ['G1']].values

# 在目標變數裡使用「最終成績」
Y = student_data_por['G3'].values

# 計算預測模型
reg.fit(X, Y)

# 迴歸係數
print('迴歸係數:', reg.coef_)

# 截距
print('截距:', reg.intercept_)

# 也稱為決定係數、貢獻度
print('決定係數:', reg.score(X, Y))
```

輸出

```
迴歸係數：[0.973]
截距：0.8203984121064565
決定係數：0.6829156800171085
```

【練習問題 3-5】

輸入

```
# 散佈圖
plt.scatter(X, Y)
plt.xlabel('G1 grade')
plt.ylabel('G3 grade')

# 在其上拉出線性迴歸直線
plt.plot(X, reg.predict(X))
plt.grid(True)
```

輸出

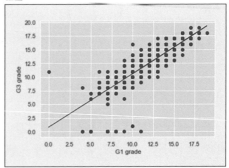

【練習問題 3-6】

輸入（求得迴歸係數、截距、決定係數）

```
from sklearn import linear_model

# 生成線性迴歸的實例
reg = linear_model.LinearRegression()

# 在解釋變數裡使用「缺席次數」
X = student_data_por.loc[:, ['absences']].values
```

輸出

```
迴歸係數：[-0.064]
截距：12.138800862687443
決定係數：0.008350131955637385
```

```
# 在目標變數裡使用「最終成績」
Y = student_data_por['G3'].values

# 計算預測模型
reg.fit(X, Y)

# 迴歸係數
print('迴歸係數:', reg.coef_)

# 截距
print('截距:', reg.intercept_)

# 也稱為決定係數、貢獻度
print('決定係數:', reg.score(X, Y))
```

輸入（將散佈圖與迴歸直線圖形化）

```
# 散佈圖
plt.scatter(X, Y)
plt.xlabel('absences')
plt.ylabel('G3 grade')

# 在其上拉出線性迴歸直線
plt.plot(X, reg.predict(X))
plt.grid(True)
```

輸出

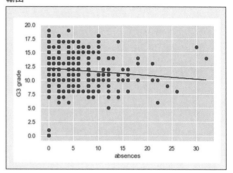

從圖形來說，看起來似乎往右下降（缺席次數越增加，G3的結果越下降），但由於決定係數相當低，只能說是當作參考的程度。

A-2- 3-1 綜合問題解答1

【綜合問題 3-1 統計的基礎與視覺化】1.

輸入（資料的讀取與確認）

```
# 首先讀取資料，輸出開頭5列
wine = pd.read_csv('http://archive.ics.uci.edu/ml/machine-learning-databases/wine-quality/
winequality-red.csv', sep=';')
wine.head()
```

輸出

	fixed acidity	volatile acidity	citric acid	residual sugar	chlorides	free sulfur dioxide
0	7.4	0.70	0.00	1.9	0.076	11.0
1	7.8	0.88	0.00	2.6	0.098	25.0
2	7.8	0.76	0.04	2.3	0.092	15.0
3	11.2	0.28	0.56	1.9	0.075	17.0
4	7.4	0.70	0.00	1.9	0.076	11.0

total sulfur dioxide	density	pH	sulphates	alcohol	quality
34.0	0.9978	3.51	0.56	9.4	5
67.0	0.9968	3.20	0.68	9.8	5
54.0	0.9970	3.26	0.65	9.8	5
60.0	0.9980	3.16	0.58	9.8	6
34.0	0.9978	3.51	0.56	9.4	5

其中，上述資料的項目有如下所示的意義。

- fixed acidity：酒石酸濃度
- volatile acidity：醋酸酸度
- citric acid：檸檬酸濃度
- residual sugar：殘糖濃度
- chlorides：氯化物濃度
- free sulfur dioxide：游離二氧化硫濃度
- total sulfur dioxide：二氧化硫濃度
- density：密度
- pH：pH
- sulphates：硫酸鹽濃度
- alcohol：酒精度數
- quality：以0~10之值顯示品質的分數

這裡如果想儲存至名為wine_data.csv的檔案，可如下執行。

輸入（儲存）

```
file_name = 'wine_data.csv'
wine.to_csv(file_name)
```

接著計算摘要統計量。

輸入（摘要統計量的計算）

```
wine.describe()
```

輸出

	fixed acidity	volatile acidity	citric acid	residual sugar	chlorides
count	1599.000000	1599.000000	1599.000000	1599.000000	1599.000000
mean	8.319637	0.527821	0.270976	2.538806	0.087467
std	1.741096	0.179060	0.194801	1.409928	0.047065
min	4.600000	0.120000	0.000000	0.900000	0.012000
25%	7.100000	0.390000	0.090000	1.900000	0.070000
50%	7.900000	0.520000	0.260000	2.200000	0.079000

75%	9.200000	0.640000	0.420000	2.600000	0.090000
max	15.900000	1.580000	1.000000	15.500000	0.611000

free sulfur dioxide	total sulfur dioxide	density	pH	sulphates	alcohol	quality
1599.000000	1599.000000	1599.000000	1599.000000	1599.000000	1599.000000	1599.000000
15.874922	46.467792	0.996747	3.311113	0.658149	10.422983	5.636023
10.460157	32.895324	0.001887	0.154386	0.169507	1.065668	0.807569
1.000000	6.000000	0.990070	2.740000	0.330000	8.400000	3.000000
7.000000	22.000000	0.995600	3.210000	0.550000	9.500000	5.000000
14.000000	38.000000	0.996750	3.310000	0.620000	10.200000	6.000000
21.000000	62.000000	0.997835	3.400000	0.730000	11.100000	6.000000
72.000000	289.000000	1.003690	4.010000	2.000000	14.900000	8.000000

【綜合問題 3-1 統計的基礎與視覺化】2.

輸入

```
sns.pairplot(wine)
```

輸出

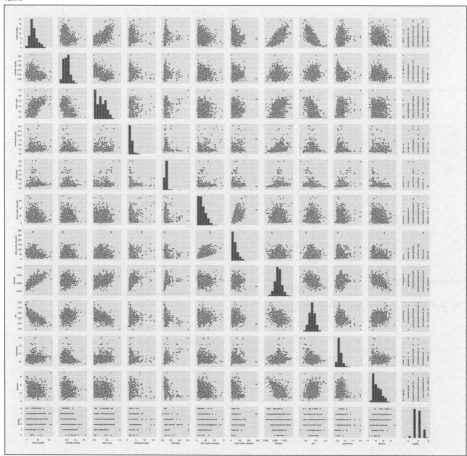

從上述散佈圖來看，似乎有著存在相關性的東西，也有不相關的東西。

A-2- 3-2 綜合問題解答2

【綜合問題 3-2 勞倫茨曲線與吉尼係數】1.

輸入

```
student_data_math_F = student_data_math[student_data_math.sex=='F']
student_data_math_M = student_data_math[student_data_math.sex=='M']

# 依照由小到大的順序排列
sorted_data_G1_F = student_data_math_F.G1.sort_values()
sorted_data_G1_M = student_data_math_M.G1.sort_values()

# 用於製作圖形的資料
len_F = np.arange(len(sorted_data_G1_F))
len_M = np.arange(len(sorted_data_G1_M))

# 勞倫茨曲線
plt.plot(len_F/len_F.max(), len_F/len_F.max(), label='E')
plt.plot(len_F/len_F.max(), sorted_data_G1_F.cumsum()/sorted_data_G1_F.sum(), label='F')
plt.plot(len_M/len_M.max(), sorted_data_G1_M.cumsum()/sorted_data_G1_M.sum(), label='M')
plt.legend()
plt.grid(True)
```

輸出

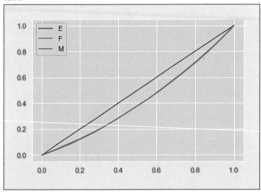

【綜合問題 3-2 勞倫茨曲線與吉尼係數】2.

輸入

```
# 用於計算吉尼係數的函式
def heikinsa(data):
    subt = []
    for i in range(0, len(data)-1):
        for j in range(i+1, len(data)):
            subt.append(np.abs(data[i] - data[j]))
    return float(sum(subt))*2 / (len(data) ** 2)
```

```
def gini(heikinsa, data):
    return heikinsa / (2 * np.mean(data))

print('關於男性數學成績的吉尼係數:', gini(heikinsa(np.array(sorted_data_G1_M)), np.array(sorted_
data_G1_M)))
print('關於女性數學成績的吉尼係數:', gini(heikinsa(np.array(sorted_data_G1_F)), np.array(sorted_
data_G1_F)))
```

輸出

```
關於男性數學成績的吉尼係數:0.17197351667939903
關於女性數學成績的吉尼係數:0.1723782950865341
```

A-2- 4　Chapter4練習問題

....

下面是所需的函式庫，請預先匯入。

輸入

```
import numpy as np
import numpy.random as random
import scipy as sp
import pandas as pd
from pandas import Series, DataFrame

# 視覺化函式庫
import matplotlib.pyplot as plt
import matplotlib as mpl
import seaborn as sns
%matplotlib inline

# 顯示到小數點後第3位
%precision 3
```

輸出

```
'%.3f'
```

【練習問題 4-1】

輸入

```
# 代表硬幣的資料
# 注意：雖然陣列有著順序，嚴格來說並非集合，但這裡視為集合
# 0:head , 1:tail
coin_data = np.array([0,1])

# 丟擲硬幣1000次
N = 1000

# 固定seed
random.seed(0)

# 使用choice
count_all_coin = random.choice(coin_data, N)
```

```
# 計算各個數字分別以多少的比例被取出
for i in [0,1]:
    print(i,'出現的機率',len(count_all_coin[count_all_coin==i]) / N)
```

輸出

```
0 出現的機率 0.496
1 出現的機率 0.504
```

【練習問題 4-2】

假設 X：A 抽中的事件

Y：B 抽中的事件

則可如下計算。

$$P(X \cap Y) = P(Y|X)P(X) = \frac{99}{999} * \frac{100}{1000} = \frac{1}{1110}$$ （式A2-3-1）

【練習問題 4-3】

各個事件如下所示。

A：罹患疾病（X）

B：呈現陽性反應

則可得知以下幾點。

$P(B|A)$：罹患疾病 X 的人呈現陽性反應

$P(A)$：罹患疾病 X 的人之比例

$P(B|A^c)$：沒有罹患疾病 X 的人呈現陽性反應

$P(B|A^c)$：沒有罹患疾病 X 的人之比例

接著，使用貝氏定理，可如下計算想求得的機率。

$$P(A|B) = \frac{P(B|A) * P(A)}{P(B)} = \frac{P(B|A) * P(A)}{P(B|A)P(A) + P(B|A^c)P(A^c)} = 0.032$$ （式A2-3-2）

輸入（實際的計算範例）

```
0.99*0.001/(0.99*0.001+0.03*0.99)
```

輸出

```
0.032
```

【練習問題 4-4】

輸入

```
N = 10000
# normal version
normal_sample_data = [np.random.normal(0, 1, 100).mean() for _ in range(N)]

plt.hist(normal_sample_data)
plt.grid(True)
```

輸出

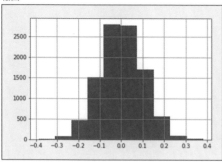

【練習問題 4-5】

輸入

```
N = 10000
# normal version
normal_sample_data = [np.random.lognormal(0, 1, 100).mean() for _ in range(N)]

plt.hist(normal_sample_data)
plt.grid(True)
```

輸出

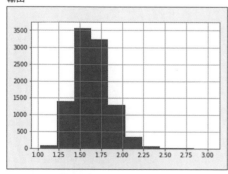

（練習問題 4-6）輸出

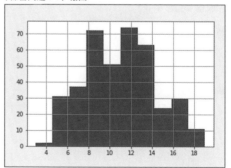

【練習問題 4-6】

輸入（描繪直方圖）

```
student_data_math = pd.read_csv('student-mat.csv', sep=';')
plt.hist(student_data_math.G1)
plt.grid(True)
```

輸入（描繪核密度函數）

```
student_data_math.G1.plot(kind='kde',style='k--')
plt.grid(True)
```

輸出

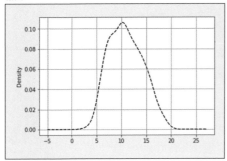

【練習問題 4-7】

輸入

```
for df, c in zip([5,25,50], 'bgr'):
    x = random.chisquare(df, 1000)
    plt.hist(x, 20, color=c)
```

輸出

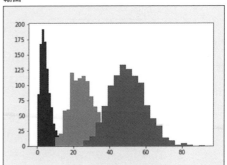

【練習問題 4-8】

輸入

```
x = random.standard_t(100, 1000)
plt.hist(x)
plt.grid(True)
```

輸出

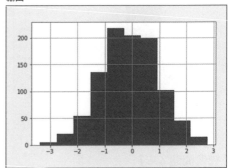

【練習問題 4-9】

輸入

```
for df, c in zip([(10,30), (20,25)], 'bg'):
    x = random.f(df[0], df[1], 1000)
    plt.hist(x, 100, color=c)
```

輸出

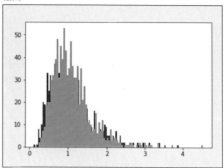

【練習問題 4-10】

關於樣本平均：

$$\overline{X} = \frac{1}{n} \sum_{i=1}^{n} X_i \qquad （式A2-4-1）$$

如果能使得：

$$E[\overline{X}] = \mu \qquad （式A2-4-2）$$

則能說有著無偏性。在這裡，由於成立下式：

$$E[\overline{X}] = E[\frac{1}{n} \sum_{i=1}^{n} X_i] = \frac{1}{n} E[\sum_{i=1}^{n} X_i] \qquad （式A2-4-3）$$

從問題敘述可使用 $E[\overline{X_i}] = \mu$，可得：

$$E[\overline{X}] = \mu \qquad （式A2-4-4）$$

因此可說有著無偏性。

【練習問題 4-11】

如果出現硬幣正面的機率為 θ，則出現反面的機率為 $1 - \theta$。似然函數為：

$$L(\theta) = \theta^3 (1 - \theta)^2 \qquad （式A2-4-5）$$

如果將此函數進行微分求取最大值，可得知在0.6時最大，這即為最大概似估計量。此外，如下所示繪圖便能得知大略的值。

輸入

```
# 似然函數
def coin_likeh_fuc(x):
    return (x**3) * ((1-x)**2)

x = np.linspace(0, 1, 100)
plt.plot(x,coin_likeh_fuc(x))
plt.grid(True)
```

輸出

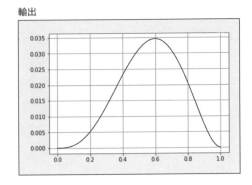

【練習問題 4-12】

對於給予的式子，兩邊取對數，考慮對數似然度可得：

$$n \log(\lambda) - (\lambda) \sum_{i=1}^{n} x_i \qquad （式A2-4-6）$$

因此，將此對 λ 微分求解可得：

$$\frac{n}{\sum_{i=1}^{n} x_i} \qquad （式A2-4-7）$$

這即為最大概似估計量。

【練習問題 4-13】

輸入（資料的讀取與G2平均的確認）

```
student_data_math = pd.read_csv('student-mat.csv',sep=';')
student_data_por = pd.read_csv('student-por.csv',sep=';')
student_data_merge = pd.merge(student_data_math
                        ,student_data_por
                        ,on=['school','sex','age','address','famsize','Pstatus','Medu'
                            ,'Fedu','Mjob','Fjob','reason','nursery','internet']
                        ,how='inner'
                        ,suffixes=('_math', '_por'))

from scipy import stats

print('G2數學成績之平均：',student_data_merge.G2_math.mean())
print('G2葡萄牙語成績之平均：',student_data_merge.G2_por.mean())

t, p = stats.ttest_rel(student_data_merge.G2_math, student_data_merge.G2_por)
print( 'p值 =',p )
```

輸出

```
G2 數學成績之平均：10.712041884816754
G2 葡萄牙語成績之平均：12.238219895287958
p值 = 4.0622824801348043e-19
```

輸入（確認G3的平均）

```
print('G3數學成績之平均：',student_data_merge.G3_math.mean())
print('G3葡萄牙語成績之平均：',student_data_merge.G3_por.mean())

t, p = stats.ttest_rel(student_data_merge.G3_math, student_data_merge.G3_por)
print( 'p值 = ',p)
```

輸出

```
G3 數學成績之平均：10.387434554973822
G3 葡萄牙語成績之平均：12.515706806282722
p值 = 5.561492113688385e-21
```

由於無論哪邊的顯著差異都不滿1%，可得到「存在差異」的結論。

A-2- 4-1 綜合問題解答

【綜合問題 4-1 檢驗】1.

輸入

```
print('數學缺席次數之平均：',student_data_merge.absences_math.mean())
print('葡萄牙語缺席次數之平均：',student_data_merge.absences_por.mean())

t, p = stats.ttest_rel(student_data_merge.absences_math, student_data_merge.absences_por)
print( 'p值 = ',p )
```

輸出

```
數學缺席次數之平均：5.319371727748691
葡萄牙語缺席次數之平均：3.6727748691099475
p值 = 2.3441656888384195e-06
```

由於顯著差異不滿1%，可得到「存在差異」的結論。

【綜合問題 4-1 檢驗】2.

輸入

```
print('數學學習時間之平均：',student_data_merge.studytime_math.mean())
print('葡萄牙語學習時間之平均：',student_data_merge.studytime_por.mean())

t, p = stats.ttest_rel(student_data_merge.studytime_math, student_data_merge.studytime_por)
print( 'p值 = ',p)
```

輸出

```
數學學習時間之平均：2.0340314136125652
葡萄牙語學習時間之平均：2.0392670157068062
p值 = 0.5643842756976525
```

顯著差異為 5%，似乎也難說是「存在差異」。

A-2- 5 Chapter5 練習問題

下面是所需的函式庫，請預先匯入。

輸入

```
import numpy as np
import numpy.random as random
import scipy as sp
from pandas import Series, DataFrame
import pandas as pd

# 視覺化函式庫
import matplotlib.pyplot as plt
import matplotlib as mpl
import seaborn as sns
%matplotlib inline

# 顯示到小數點後第3位
%precision 3
```

輸出

```
'%.3f'
```

【練習問題 5-1】

輸入

```
sample_names = np.array(['a','b','c','d','a'])
random.seed(0)
data = random.randn(5,5)

print(sample_names)
print(data)
```

輸出

```
['a' 'b' 'c' 'd' 'a']
[[ 1.764  0.4    0.979  2.241  1.868]
 [-0.977  0.95  -0.151 -0.103  0.411]
 [ 0.144  1.454  0.761  0.122  0.444]
 [ 0.334  1.494 -0.205  0.313 -0.854]
 [-2.553  0.654  0.864 -0.742  2.27 ]]
```

輸入（資料的抽出）

```
data[sample_names == 'b']
```

輸出

```
array([[-0.977,  0.95 , -0.151, -0.103,  0.411]])
```

【練習問題 5-2】

輸入

```
data[sample_names != 'c']
```

輸出

```
array([[ 1.764,  0.4  ,  0.979,  2.241,  1.868],
       [-0.977,  0.95 , -0.151, -0.103,  0.411],
       [ 0.334,  1.494, -0.205,  0.313, -0.854],
       [-2.553,  0.654,  0.864, -0.742,  2.27 ]])
```

【練習問題 5-3】

輸入

```
x_array= np.array([1,2,3,4,5])
y_array= np.array([6,7,8,9,10])

cond_data = np.array([False,False,True,True,False])

# 進行條件控制
print(np.where(cond_data,x_array,y_array))
```

輸出

```
[ 6  7  3  4 10]
```

【練習問題 5-4】

輸入

```
np.sqrt(sample_multi_array_data2)
```

輸出

```
array([[0.   , 1.   , 1.414, 1.732],
       [2.   , 2.236, 2.449, 2.646],
       [2.828, 3.   , 3.162, 3.317],
       [3.464, 3.606, 3.742, 3.873]])
```

【練習問題 5-5】

輸入

```
print('最大值：',sample_multi_array_data2.max())
print('最小值：',sample_multi_array_data2.min())
print('總和：',sample_multi_array_data2.sum())
print('平均：',sample_multi_array_data2.mean())
```

輸出

```
最大值：15
最小值：0
總和：120
平均：7.5
```

【練習問題 5-6】

輸入

```
print(' 對角元素之和：',np.trace(sample_multi_array_data2))
```

輸出

```
對角元素之和：30
```

【練習問題 5-7】

輸入

```
np.concatenate([sample_array1,sample_array2])
```

輸出

```
array([[ 0,  1,  2,  3],
       [ 4,  5,  6,  7],
       [ 8,  9, 10, 11],
       [ 0,  1,  2,  3],
       [ 4,  5,  6,  7],
       [ 8,  9, 10, 11]])
```

【練習問題 5-8】

輸入

```
np.concatenate([sample_array1,sample_array2],axis=1)
```

輸出

```
array([[ 0,  1,  2,  3,  0,  1,  2,  3],
```

```
           [ 4,  5,  6,  7,  4,  5,  6,  7],
           [ 8,  9, 10, 11,  8,  9, 10, 11]])
```

【練習問題 5-9】

輸入

```
np.array(sample_list)+3
```

輸出

```
array([4, 5, 6, 7, 8])
```

【練習問題 5-10】

輸入

```
from scipy import interpolate

# 線性內插
f = interpolate.interp1d(x, y,'linear')
plt.plot(x,f(x),'-')
plt.grid(True)
```

輸出

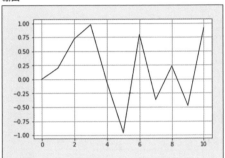

【練習問題 5-11】

輸入

```
# 也加上2次樣條內插，試著統整
f2 = interpolate.interp1d(x, y,'quadratic')

#為了顯出曲線，將x值切細
xnew = np.linspace(0, 10, num=30, endpoint=True)

# 圖形化
plt.plot(x, y, 'o', xnew, f(xnew), '-', xnew, f2(xnew), '--')

# 圖例
plt.legend(['data', 'linear', 'quadratic'], loc='best')
plt.grid(True)
```

輸出

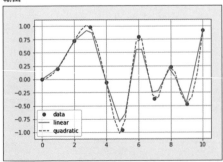

【練習問題 5-12】

輸入

```
# 也加上2次、3 次樣條內插，試著統整
f2 = interpolate.interp1d(x, y,'quadratic')
f3 = interpolate.interp1d(x, y,'cubic')

#為了顯出曲線，將x值切細
xnew = np.linspace(0, 10, num=30, endpoint=True)

# 圖形化
plt.plot(x, y, 'o', xnew, f(xnew), '-', xnew, f2(xnew), '--', xnew, f3(xnew), '--')

# 圖例
plt.legend(['data', 'linear','quadratic','cubic'], loc='best')
plt.grid(True)
```

輸出

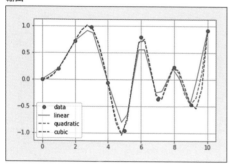

【練習問題 5-13】

輸入

```
# 奇異值分解的函數linalg.svd
U, s, Vs = sp.linalg.svd(B)
m, n = B.shape

S = sp.linalg.diagsvd(s,m,n)

print('U.S.V* = \n',U@S@Vs)
```

輸出

```
U.S.V* =
[[ 1.  2.  3.]
 [ 4.  5.  6.]
 [ 7.  8.  9.]
 [10. 11. 12.]]
```

【練習問題 5-14】

輸入

```
# 將正方矩陣進行LU分解
(LU,piv) = sp.linalg.lu_factor(A)

L = np.identity(3) + np.tril(LU,-1)
U = np.triu(LU)
P = np.identity(3)[piv]

# 求解
sp.linalg.lu_solve((LU,piv),b)
```

輸出

```
array([-1.,  2.,  2.])
```

輸入（確認）

```
np.dot(A,sp.linalg.lu_solve((LU,piv),b))
```

輸出

```
array([1., 1., 1.])
```

【練習問題 5-15】

輸入

```
from scipy import integrate

def calc1(x):
    return (x+1)**2

# 計算結果與推定誤差
integrate.quad(calc1, 0, 2)
```

輸出

```
(8.667, 0.000)
```

【練習問題 5-16】

輸入

```
import math
from numpy import cos

integrate.quad(cos, 0, math.pi/1)
```

輸出

```
(0.000, 0.000)
```

【練習問題 5-17】

輸入（描繪圖形）

```
def f(x):
    y = 5*x - 10
    return y

x = np.linspace(0,4)
plt.plot(x,f(x))
plt.plot(x,np.zeros(len(x)))
plt.grid(True)
```

輸出

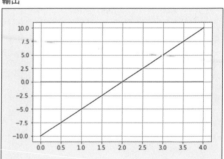

輸入（求解）

```
from scipy.optimize import fsolve

x = fsolve(f,2)
print(x)
```

輸出

```
[2.]
```

【練習問題 5-18】

輸入（描繪圖形）

```
def f2(x):
    y = x**3 - 2 * x**2 - 11 * x + 12
    return y
```

```
x = np.linspace(-5,5)
plt.plot(x,f2(x))
plt.plot(x,np.zeros(len(x)))
plt.grid(True)
```

輸出

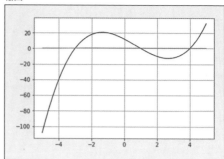

從圖形可以得知解在-3、1、4附近。

輸入（求解：-3附近）

```
from scipy.optimize import fsolve

x = fsolve(f2,-3)
print(x)
```

輸出

```
[-3.]
```

輸入（求解：1附近）

```
x = fsolve(f2,1)
print(x)
```

輸出

```
[1.]
```

輸入（求解：4附近）

```
x = fsolve(f2,4)
print(x)
```

輸出

```
[4.]
```

A-2- 5-1 綜合問題解答 1

【綜合問題 5-1 丘列斯基分解】

輸入

```
L = sp.linalg.cholesky(A)

t = sp.linalg.solve(L.T.conj(), b)
x = sp.linalg.solve(L, t)

print(x)
```

輸出

```
[-0.051  2.157  2.01   0.098]
```

輸入（確認）

```
np.dot(A,x)
```

輸出

```
array([ 2., 10.,  5., 10.])
```

也可使用numpy進行計算。

輸入（numpy）

```
L = np.linalg.cholesky(A)

t = np.linalg.solve(L, b)
x = np.linalg.solve(L.T.conj(), t)

print(x)
```

輸出

```
[-0.051  2.157  2.01   0.098]
```

輸入（確認）

```
np.dot(A,x)
```

輸出

```
array([ 2., 10.,  5., 10.])
```

A-2- 5-2　綜合問題解答 2

【綜合問題 5-2　積分】

輸入

```
from scipy import integrate
import math

integrate.dblquad(lambda x, y: 1/(np.sqrt(x+y)*(1+x+y)**2), 0, 1, lambda x: 0, lambda x: 1-x)
```

輸出

```
(0.285, 0.000)
```

A-2- 5-3　綜合問題解答 3

【綜合問題 5-3　最佳化問題】

輸入

```
from scipy.optimize import minimize

# 目標函數
def func(x):
    return x ** 2 + 1

# 限制條件
def cons(x):
    return (x + 1)

cons = (
    {'type': 'ineq', 'fun': cons}
)
x = -10 # 初始值可以任意給予

result = minimize(func, x0=x, constraints=cons, method='SLSQP')
print(result)
```

輸出

```
     fun: 1.0
     jac: array([1.49e-08])
 message: 'Optimization terminated successfully.'
    nfev: 7
     nit: 2
    njev: 2
  status: 0
 success: True
       x: array([0.])
```

輸入（確認）

```
print('Y:',result.fun)
print('X:',result.x)
```

輸出

```
Y: 1.0
X: [0.]
```

A-2- 6　Chapter6練習問題

下面是所需的函式庫，請預先匯入。

輸入

```
import numpy as np
import numpy.random as random
import scipy as sp
import pandas as pd
from pandas import Series, DataFrame

# 視覺化函式庫
import matplotlib.pyplot as plt
import matplotlib as mpl
import seaborn as sns
%matplotlib inline

# 顯示到小數點後第3位
%precision 3
```

輸出

```
'%.3f'
```

【練習問題 6-1】

輸入

```
hier_data_frame1['Kyoto']
```

輸出

```
        color  Yellow  Blue
key1  key2
c        1        0     3
d        2        4     7
1        8       11
```

【練習問題 6-2】

輸入

```
# city行總和
hier_data_frame1.mean(level='city', axis=1)
```

輸出

		city	Hokkaido	Kyoto	Nagoya
key1	key2				
c	1		2.0	1.5	1.0
d	2		6.0	5.5	5.0
	1		10.0	9.5	9.0

【練習問題 6-3】

輸入

```
# key2列總和
hier_data_frame1.sum(level='key2')
```

輸出

city	Kyoto	Nagoya	Hokkaido	Kyoto
color	Yellow	Yellow	Red	Blue
key2				
1	8	10	12	14
2	4	5	6	7

【練習問題 6-4】

輸入

```
pd.merge(df4, df5, on='ID')
```

輸出

	ID	birth_year	city	name	English	index_num	math	sex
0	0	1990	Tukyo	Hiroshi	30	0	20	M
1	1	1989	Osaka	Akiko	50	1	30	F
2	3	1997	Hokkaido	Satoru	50	2	50	F
3	6	1991	Tokyo	Mituru	70	3	70	M
4	8	1988	Osaka	Aoi	20	4	90	M

【練習問題 6-5】

輸入

```
pd.merge(df4, df5, how='outer')
```

輸出

	ID	birth_year	city	name	English	index_num	math	sex
0	0	1990	Tokyo	Hiroshi	30.0	0.0	20.0	M
1	1	1989	Osaka	Akiko	50.0	1.0	30.0	F
2	2	1992	Kyoto	Yuki	NaN	NaN	NaN	NaN
3	3	1997	Hokkaido	Satoru	50.0	2.0	50.0	F
4	4	1982	Tokyo	Steeve	NaN	NaN	NaN	NaN
5	6	1991	Tokyo	Mituru	70.0	3.0	70.0	M
6	8	1988	Osaka	Aoi	20.0	4.0	90.0	M
7	11	1990	Kyoto	Tarou	NaN	NaN	NaN	NaN
8	12	1995	Hokkaido	Suguru	NaN	NaN	NaN	NaN
9	13	1981	Tokyo	Mitsuo	NaN	NaN	NaN	NaN

【練習問題 6-6】

輸入

```
pd.concat([df4, df6])
```

輸出

	ID	birth_year	city	name
0	0	1990	Tokyo	Hiroshi
1	1	1989	Osaka	Akiko
2	2	1992	Kyoto	Yuki
3	3	1997	Hokkaido	Satoru
4	4	1982	Tokyo	Steeve
5	6	1991	Tokyo	Mituru
6	8	1988	Osaka	Aoi
7	11	1990	Kyoto	Tarou
8	12	1995	Hokkaido	Suguru
9	13	1981	Tokyo	Mitsuo
0	70	1980	Chiba	Suguru
1	80	1999	Kanagawa	Kouichi
2	90	1995	Tokyo	Satochi
3	120	1994	Fukuoka	Yukie
4	150	1994	Okinawa	Akari

【練習問題 6-7】

輸入

```
# 使用cd ./chap3等指令，將當前目錄移動至有著資料的目錄之後，執行下面的部分
import pandas as pd
student_data_math = pd.read_csv('student-mat.csv',sep=';')
student_data_math['age_d'] = student_data_math['age'].map(lambda x: x*2)
student_data_math.head()
```

輸出

	school	sex	age	address	famsize	Pstatus	Medu	Fedu	Mjob	Fjob
0	GP	F	18	U	GT3	A	4	4	at_home	teacher
1	GP	F	17	U	GT3	T	1	1	at_home	other
2	GP	F	15	U	LE3	T	1	1	at_home	other
3	GP	F	15	U	GT3	T	4	2	health	services
4	GP	F	16	U	GT3	T	3	3	other	other

5 rows × 34 columns

	freetime	goout	Dalc	Walc	health	absences	G1	G2	G3	age_d
...	3	4	1	1	3	6	5	6	6	36
...	3	3	1	1	3	4	5	5	6	34
...	3	2	2	3	3	10	7	8	10	30
...	2	2	1	1	5	2	15	14	15	30
...	3	2	1	2	5	4	6	10	10	32

【練習問題 6-8】

輸入

```
# 分割的粗細程度
absences_bins = [0,1,5,100]

student_data_math_ab_cut_data = pd.cut(student_data_math.absences,absences_bins,right=False)
pd.value_counts(student_data_math_ab_cut_data)
```

輸出

```
(5, 100]    146
(1, 5]      131
(0, 1]        3
Name: absences, dtype: int64
```

【練習問題 6-9】

輸入

```
student_data_math_ab_qcut_data = pd.qcut(student_data_math.absences,3)
pd.value_counts(student_data_math_ab_qcut_data)
```

輸出

```
[0, 2]     183
(6, 75]    115
(2, 6]      97
Name: absences, dtype: int64
```

【練習問題 6-10】

輸入

```
student_data_math = pd.read_csv('student-mat.csv',sep=';')
student_data_math.groupby(['school'])['G1'].mean()
```

輸出

```
school
GP    10.939828
MS    10.673913
Name: G1, dtype: float64
```

【練習問題 6-11】

輸入

```
student_data_math.groupby(['school','sex'])['G1','G2','G3'].mean()
```

輸出

school	sex		G1	G2	G3
GP	F		10.579235	10.398907	9.972678
	M		11.337349	11.204819	11.060241
MS	F		10.920000	10.320000	9.920000
	M		10.380952	10.047619	9.761905

　　其中，之所以與練習問題6-10的計算結果顯示有差異，是因為練習問題6-10的解答為Series型別，這裡的解答為DataFrame型別。

【練習問題 6-12】

輸入

```
functions = ['max','min']
student_data_math2 = student_data_math.groupby(['school','sex'])
student_data_math2['G1','G2','G3'].agg(functions)
```

輸出

school	sex	G1 max	G1 min	G2 max	G2 min	G3 max	G3 min
GP	F	18	4	18	0	19	0
	M	19	3	19	0	20	0
MS	F	19	6	18	5	19	0
	M	15	6	16	5	16	0

【練習問題 6-13】

輸入

```
df2.dropna()
```

輸出

	0	1	2	3	4	5
0	0.415247	0.550350	0.557778	0.383570	0.482254	0.142117
1	0.066697	0.908009	0.197264	0.227380	0.291084	0.305750
3	0.469084	0.717253	0.467172	0.661786	0.539626	0.862264
4	0.314643	0.129364	0.291149	0.210694	0.891432	0.583443
11	0.700689	0.894851	0.918055	0.108752	0.502343	0.749123
12	0.393294	0.468172	0.711183	0.725584	0.355825	0.562409
13	0.403318	0.076329	0.642033	0.344418	0.453335	0.916017
14	0.898894	0.926813	0.620625	0.089307	0.362026	0.497475

※以下到練習問題6-15為止，是對於頁193的df2執行時之結果

Appendix

【練習問題 6-14】

輸入

```
df2.fillna(0)
```

輸出

	0	1	2	3	4	5
0	0.415247	0.550350	0.557778	0.383570	0.482254	0.142117
1	0.066697	0.908009	0.197264	0.227380	0.291084	0.305750
2	0.000000	0.481305	0.963701	0.289538	0.662069	0.883058
3	0.469084	0.717253	0.467172	0.661786	0.539626	0.862264
4	0.314643	0.129364	0.291149	0.210694	0.891432	0.583443
5	0.672456	0.111327	0.000000	0.197844	0.361385	0.703919
6	0.943599	0.047140	0.000000	0.222312	0.270678	0.985113
7	0.172857	0.359706	0.000000	0.000000	0.559918	0.181495
8	0.650042	0.845300	0.000000	0.000000	0.706246	0.634860
9	0.696152	0.353721	0.999253	0.000000	0.616951	0.278251
10	0.126199	0.791196	0.856410	0.959452	0.826969	0.000000
11	0.700689	0.894851	0.918055	0.108752	0.502343	0.749123
12	0.393294	0.468172	0.711183	0.725584	0.355825	0.562409
13	0.403318	0.076329	0.642033	0.344418	0.453335	0.916017
14	0.898894	0.926813	0.620625	0.089307	0.362026	0.497475

【練習問題 6-15】

輸入

```
df2.fillna(df2.mean())
```

輸出

	0	1	2	3	4	5
0	0.415247	0.550350	0.557778	0.383570	0.482254	0.142117
1	0.066697	0.908009	0.197264	0.227380	0.291084	0.305750
2	0.494512	0.481305	0.963701	0.289538	0.662069	0.883058
3	0.469084	0.717253	0.467172	0.661786	0.539626	0.862264
4	0.314643	0.129364	0.291149	0.210694	0.891432	0.583443
5	0.672456	0.111327	0.656784	0.197844	0.361385	0.703919
6	0.943599	0.047140	0.656784	0.222312	0.270678	0.985113
7	0.172857	0.359706	0.656784	0.368386	0.559918	0.181495
8	0.650042	0.845300	0.656784	0.368386	0.706246	0.634860
9	0.696152	0.353721	0.999253	0.368386	0.616951	0.278251
10	0.126199	0.791196	0.856410	0.959452	0.826969	0.591807
11	0.700689	0.894851	0.918055	0.108752	0.502343	0.749123
12	0.393294	0.468172	0.711183	0.725584	0.355825	0.562409
13	0.403318	0.076329	0.642033	0.344418	0.453335	0.916017
14	0.898894	0.926813	0.620625	0.089307	0.362026	0.497475

輸入（確認）

```
df2.mean()
```

輸出

0	0.494512
1	0.510722
2	0.656784

```
3    0.368386
4    0.525476
5    0.591807
dtype: float64
```

【練習問題 6-16】

輸入

```
fx_jpusdata.resample('Y').mean().head()
```

輸出

DATE	DEXJPUS
2001-12-31	121.568040
2002-12-31	125.220438
2003-12-31	115.938685
2004-12-31	108.150830
2005-12-31	110.106932

【練習問題 6-17】

輸入

```
fx_jpusdata_rolling20 = fx_jpusdata.rolling(20).mean().dropna()
fx_jpusdata_rolling20.head()
```

輸出

DATE	DEXJPUS
2001-02-12	116.6910
2001-02-13	116.6920
2001-02-14	116.6070
2001-02-15	116.5015
2001-02-16	116.4130

A-2- 6-1 綜合問題解答

【綜合問題 6-1 資料操作】1.

輸入

```
# 使用 cd ./chap3 等指令，移動至有著 student-por.csv、student-mat.csv 的目錄之後，執行下面的部分
student_data_math = pd.read_csv('student-mat.csv',sep=';')
student_data_math.groupby(['age','sex'])['G1'].mean().unstack()
```

輸出

sex	F	M
age		
15	10.052632	12.250000
16	10.203704	11.740000
17	11.103448	10.600000
18	10.883721	10.538462
19	10.642857	9.700000
20	15.000000	13.000000
21	NaN	10.000000
22	NaN	6.000000

輸入

```
student_data_math.groupby(['age','sex'])['G1'].mean().unstack().dropna()
```

輸出

sex	F	M
age		
15	10.052632	12.250000
16	10.203704	11.740000
17	11.103448	10.600000
18	10.883721	10.538462
19	10.642857	9.700000
20	15.000000	13.000000

A-2- 7 Chapter7練習問題

下面是所需的函式庫，請預先匯入。

輸入

```
import numpy as np
import numpy.random as random
import scipy as sp
import pandas as pd
from pandas import Series, DataFrame

# 視覺化函式庫
import matplotlib.pyplot as plt
import matplotlib as mpl
import seaborn as sns
sns.set()
%matplotlib inline

# 顯示到小數點後第3位
%precision 3
```

輸出

```
'%.3f'
```

【練習問題 7-1】

輸入

```
# 使用cd ./chap3等指令，將當前目錄移動至有著資料的目錄之後，執行下面的部分
student_data_math = pd.read_csv('student-mat.csv',sep=';')
student_data_math.groupby('reason').size().plot(kind='pie', autopct='%1.1f%%',startangle=90)
plt.ylabel('')
plt.axis('equal')
```

輸出

```
(-1.119, 1.110, -1.104, 1.100)
```

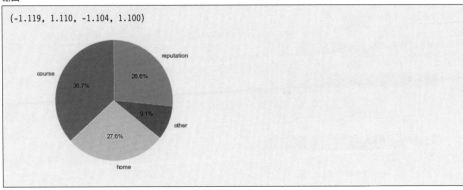

【練習問題 7-2】

輸入

```
student_data_math.groupby('higher')['G3'].mean().plot(kind='bar')
plt.xlabel('higher')
plt.ylabel('G3 grade avg')
```

輸出

```
Text(0,0.5,'G3 grade avg')
```

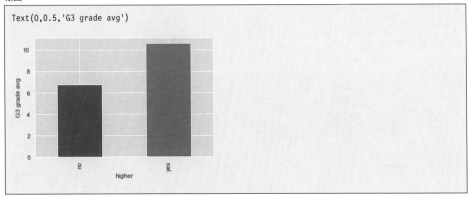

　可得知想接受更高教育的人之成績較高。

【練習問題 7-3】

輸入

```
student_data_math.groupby(['traveltime'])['G3'].mean().plot(kind='barh')
plt.xlabel('G3 Grade avg')
```

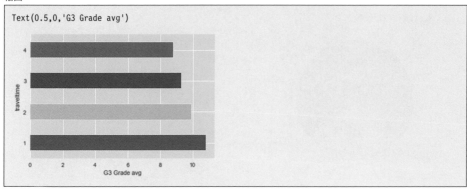

```
Text(0.5,0,'G3 Grade avg')
```

似乎有著通學時間較長則成績較低的傾向。

A-2- 7-1 綜合問題解答 1

【綜合問題 7-1 時間序列資料分析】1.

輸入

```
# 資料的取得
import requests, zipfile
from io import StringIO
import io

# url
zip_file_url = 'https://archive.ics.uci.edu/ml/machine-learning-databases/00312/dow_jones_index.
zip'
r = requests.get(zip_file_url, stream=True)
z = zipfile.ZipFile(io.BytesIO(r.content))

# 解壓縮
z.extractall()

# 資料的讀取
dow_jones_index = pd.read_csv('dow_jones_index.data',sep=',')

# 確認開頭5列
dow_jones_index.head()
```

輸出

	quarter	stock	date	open	high	low	close	volume
0	1	AA	1/7/2011	$15.82	$16.72	$15.78	$16.42	239655616
1	1	AA	1/14/2011	$16.71	$16.71	$15.64	$15.97	242963398
2	1	AA	1/21/2011	$16.19	$16.38	$15.60	$15.79	138428495
3	1	AA	1/28/2011	$15.87	$16.63	$15.82	$16.13	151379173
4	1	AA	2/4/2011	$16.18	$17.39	$16.18	$17.14	154387761

percent_change_price	percent_change_volume_over_last_wk	previous_weeks_volume	next_weeks_open
3.79267	NaN	NaN	$16.71
-4.42849	1.380223	239655616.0	$16.19
-2.47066	-43.024959	242963398.0	$15.87
1.63831	9.355500	138428495.0	$16.18
5.93325	1.987452	151379173.0	$17.33

next_weeks_close	percent_change_next_weeks_price	days_to_next_dividend	percent_return_next_dividend
$15.97	-4.428490	26	0.182704
$15.79	-2.470660	19	0.187852
$16.13	1.638310	12	0.189994
$17.14	5.933250	5	0.185989
$17.37	0.230814	97	0.175029

輸入

```
# 資料的欄位資訊
dow_jones_index.info()
```

輸出

```
<class 'pandas.core.frame.DataFrame'>
RangeIndex: 750 entries, 0 to 749
Data columns (total 16 columns):
quarter                             750 non-null int64
stock                               750 non-null object
date                                750 non-null object
open                                750 non-null object
high                                750 non-null object
low                                 750 non-null object
close                               750 non-null object
volume                              750 non-null int64
percent_change_price                750 non-null float64
percent_change_volume_over_last_wk  720 non-null float64
previous_weeks_volume               720 non-null float64
next_weeks_open                     750 non-null object
next_weeks_close                    750 non-null object
percent_change_next_weeks_price     750 non-null float64
days_to_next_dividend               750 non-null int64
percent_return_next_dividend        750 non-null float64
dtypes: float64(5), int64(3), object(8)
memory usage: 93.8+ KB
```

【綜合問題 7-1 時間序列資料分析】2.

輸入

```
# 型別變更 日期時間型別
dow_jones_index.date = pd.to_datetime(dow_jones_index.date)

# 消除$符號
delete_dolchar = lambda x: str(x).replace('$', '')

# 對象為open, high, low, close, next_weeks_open, next_weeks_close
# 將字串型別轉換為數值型別的處理
dow_jones_index.open = pd.to_numeric(dow_jones_index.open.map(delete_dolchar))
dow_jones_index.high = pd.to_numeric(dow_jones_index.high.map(delete_dolchar))
dow_jones_index.low = pd.to_numeric(dow_jones_index.low.map(delete_dolchar))
dow_jones_index.close = pd.to_numeric(dow_jones_index.close.map(delete_dolchar))
dow_jones_index.next_weeks_open = pd.to_numeric(dow_jones_index.next_weeks_open.map(delete_
dolchar))
dow_jones_index.next_weeks_close = pd.to_numeric(dow_jones_index.next_weeks_close.map(delete_
dolchar))

# 再次確認
dow_jones_index.head()
```

輸出

	quarter	stock	date	open	high	low	close	volume
0	1	AA	2011-01-07	15.82	16.72	15.78	16.42	239655616
1	1	AA	2011-01-14	16.71	16.71	15.64	15.97	242963398
2	1	AA	2011-01-21	16.19	16.38	15.60	15.79	138428495
3	1	AA	2011-01-28	15.87	16.63	15.82	16.13	151379173
4	1	AA	2011-02-04	16.18	17.39	16.18	17.14	154387761

percent_change_price	percent_change_volume_over_last_wk	previous_weeks_volume	next_weeks_open
3.79267	NaN	NaN	16.71
-4.42849	1.380223	239655616.0	16.19
-2.47066	-43.024959	242963398.0	15.87
1.63831	9.355500	138428495.0	16.18
5.93325	1.987452	151379173.0	17.33

next_weeks_close	percent_change_next_weeks_price	days_to_next_dividend	percent_return_next_dividend
15.97	-4.428490	26	0.182704
15.79	-2.470660	19	0.187852
16.13	1.638310	12	0.189994
17.14	5.933250	5	0.185989
17.37	0.230814	97	0.175029

【綜合問題 7-1　時間序列資料分析】3.

輸入

```
# 設定index
dow_jones_index_stock_index = dow_jones_index.set_index(['date','stock'])

# DataFrame的重新組成
dow_jones_index_stock_index_unstack = dow_jones_index_stock_index.unstack()

# 只以close為對象
dow_close_data = dow_jones_index_stock_index_unstack['close']

# 摘要統計量
dow_close_data.describe()
```

輸出

stock	AA	AXP	BA	BAC	CAT	CSCO	CVX	DD
count	25.000000	25.000000	25.000000	25.000000	25.000000	25.000000	25.000000	25.000000
mean	16.504400	46.712400	73.448000	13.051600	103.152000	17.899200	101.175600	52.873600
std	0.772922	2.396248	3.087631	1.417382	6.218651	1.984095	5.267066	2.367048
min	14.720000	43.530000	69.100000	10.520000	92.750000	14.930000	91.190000	48.350000
25%	16.030000	44.360000	71.640000	11.930000	99.590000	16.880000	97.900000	50.290000
50%	16.520000	46.250000	72.690000	13.370000	103.540000	17.520000	102.100000	52.910000
75%	17.100000	48.500000	74.840000	14.250000	107.210000	18.700000	103.750000	54.630000
max	17.920000	51.190000	79.780000	15.250000	115.410000	22.050000	109.660000	56.790000

8 rows × 30 columns

DIS	GE	...	MRK	MSFT	PFE	PG	T	TRV
25.000000	25.000000	...	25.000000	25.000000	25.000000	25.000000	25.000000	25.000000
41.249600	19.784000	...	34.360400	25.920800	19.821600	64.002000	29.626800	59.160000
1.882473	0.912022	...	1.666357	1.416407	0.915085	1.828795	1.369257	2.649218
37.580000	17.970000	...	31.910000	23.700000	18.150000	60.600000	27.490000	53.330000
39.450000	19.250000	...	33.060000	24.800000	19.190000	62.590000	28.430000	57.920000
41.520000	19.950000	...	34.040000	25.680000	20.110000	64.300000	30.340000	59.210000
42.950000	20.360000	...	35.820000	27.060000	20.530000	65.270000	30.710000	61.180000
43.560000	21.440000	...	37.350000	28.600000	20.970000	67.360000	31.410000	63.430000

UTX	VZ	WMT	XOM
25.000000	25.00000	25.000000	25.000000
84.033200	36.46960	53.912800	82.111600
2.985547	0.93282	1.555639	3.137743
79.080000	34.95000	51.520000	75.590000
82.520000	35.84000	52.540000	79.780000
83.520000	36.31000	53.660000	82.630000
85.320000	37.26000	55.290000	84.500000
89.580000	38.47000	56.700000	87.980000

【綜合問題 7-1 時間序列資料分析】4.

輸入（相關矩陣的顯示）

```
corr_data = dow_close_data.corr()
corr_data
```

輸出

stock	AA	AXP	BA	BAC	CAT	CSCO	CVX	DD
stock								
AA	1.000000	-0.132094	0.291520	0.432240	0.695727	0.277191	0.470529	0.762246
AXP	-0.132094	1.000000	0.792575	-0.746595	0.255515	-0.593743	0.236456	0.004094
BA	0.291520	0.792575	1.000000	-0.536545	0.627205	-0.465162	0.568946	0.417249
BAC	0.432240	-0.746595	-0.536545	1.000000	-0.131058	0.813696	-0.295246	0.129762
CAT	0.695727	0.255515	0.627205	-0.131058	1.000000	-0.375140	0.889416	0.902856
CSCO	0.277191	-0.593743	-0.465162	0.813696	-0.375140	1.000000	-0.548609	-0.175626

（※以下略※）

30 rows × 30 columns

DIS	GE	...	MRK	MSFT	PFE	PG	T	TRV
0.772470	0.740139	...	-0.194258	0.317951	0.111613	-0.162919	0.030825	0.405575
-0.129064	-0.315425	...	0.767470	-0.561235	0.663768	0.670814	0.853905	0.589784
0.350917	0.139263	...	0.591316	-0.441828	0.729025	0.482806	0.802601	0.863653
0.421660	0.568918	...	-0.604937	0.817784	-0.695282	-0.311218	-0.786890	-0.418905
0.712870	0.463054	...	-0.030892	-0.325324	0.666647	-0.226021	0.482533	0.778439
0.067161	0.362102	...	-0.286511	0.953722	-0.784896	0.036368	-0.704006	-0.549185

UTX	VZ	WMT	XOM
0.407474	0.728472	0.171045	0.685739
0.688131	0.239228	0.261840	-0.036042
0.916338	0.566156	0.224755	0.444624
-0.508228	-0.089458	0.131447	0.123588
0.734655	0.890315	-0.170677	0.803195
-0.496793	-0.228347	0.501898	-0.120732

輸入（熱圖的顯示）

```
sns.heatmap(corr_data)
```

輸出

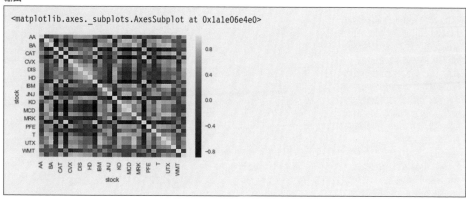

```
<matplotlib.axes._subplots.AxesSubplot at 0x1a1e06e4e0>
```

【綜合問題 7-1　時間序列資料分析】5.

輸入（從除了自己本身之外的29組Pair當中，抽出相關係數最大的Pair）

```
# initial value
max_corr = 0
stock_1 = ''
stock_2 = ''


for i in range(0,len(corr_data)):
    print(
        corr_data[i:i+1].unstack().sort_values(ascending=False)[[1]].idxmax()[1],
        corr_data[i:i+1].unstack().sort_values(ascending=False)[[1]].idxmax()[0],
        corr_data[i:i+1].unstack().sort_values(ascending=False)[[1]][0]
    )
    if max_corr < corr_data[i:i+1].unstack().sort_values(ascending=False)[[1]][0]:
        max_corr = corr_data[i:i+1].unstack().sort_values(ascending=False)[[1]][0]
        stock_1 = corr_data[i:i+1].unstack().sort_values(ascending=False)[[1]].idxmax()[1]
        stock_2 = corr_data[i:i+1].unstack().sort_values(ascending=False)[[1]].idxmax()[0]

# 輸出max_corr的Pair
print('[Max Corr]:',max_corr)
print('[stock_1]:',stock_1)
print('[stock_2]:',stock_2)
```

輸出

```
AA DIS 0.7724697655620217
AXP KRFT 0.8735103611554016
BA UTX 0.9163379610743169
BAC HPQ 0.905816768000937
CAT DD 0.9028558103078954
CSCO MSFT 0.9537216645891367
CVX CAT 0.8894156562923723
DD CAT 0.9028558103078954
DIS DD 0.8269258130241479
GE HD 0.8582069310150247
HD GE 0.8582069310150247
HPQ BAC 0.905816768000937
```

```
IBM UTX 0.8975523835362526
INTC BA 0.6910039563691997
JNJ KRFT 0.8612879882611022
JPM GE 0.8304508594360389
KO T 0.8689952415835721
KRFT MCD 0.9299213037922904
MCD KRFT 0.9299213037922904
MMM UTX 0.9136955626526879
MRK JNJ 0.8440270438854454
MSFT CSCO 0.9537216645891367
PFE T 0.8065439446754139
PG MRK 0.7497131367292446
T KO 0.8689952415835721
TRV MMM 0.8917262016156647
UTX BA 0.9163379610743169
VZ CAT 0.8903147891825166
WMT PG 0.7237055485083298
XOM DD 0.8635107559399798
[Max Corr]: 0.9537216645891367
[stock_1]: CSCO
[stock_2]: MSFT
```

輸入（圖形化）

```
# 用於Pair Trading等
dow_close_data_subsets =dow_close_data[[stock_1,stock_2]]
dow_close_data_subsets.plot(subplots=True,grid=True)
plt.grid(True)
```

輸出

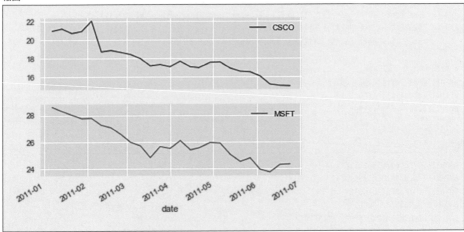

【綜合問題 7-1 時間序列資料分析】6.

輸入

```
dow_close_data.rolling(center=False,window=5).mean().head(10)
```

輸出

stock date	AA	AXP	BA	BAC	CAT	CSCO	CVX	DD	DIS	GE
2011-01-07	NaN	NaN	NaN	NaN	NaN	NaN	NaN	NaN	NaN	NaN
2011-01-14	NaN	NaN	NaN	NaN	NaN	NaN	NaN	NaN	NaN	NaN
2011-01-21	NaN	NaN	NaN	NaN	NaN	NaN	NaN	NaN	NaN	NaN
2011-01-28	NaN	NaN	NaN	NaN	NaN	NaN	NaN	NaN	NaN	NaN
2011-02-04	16.290	44.858	70.348	14.328	95.152	21.176	93.656	50.146	39.608	19.550
2011-02-11	16.480	45.336	70.900	14.432	97.114	20.722	94.708	51.110	40.400	20.130
2011-02-18	16.742	45.192	71.494	14.332	99.484	20.250	95.886	52.346	41.254	20.654
2011-02-25	16.920	44.698	71.618	14.322	101.334	19.834	97.550	53.490	41.896	20.870
2011-03-04	17.010	44.670	72.132	14.426	102.806	19.328	99.626	54.206	42.836	20.904
2011-03-11	16.788	44.762	72.184	14.444	102.892	18.508	100.190	54.280	43.280	20.864

10 rows × 30 columns

...	MRK	MSFT	PFE	PG	T	TRV	UTX	VZ	WMT	XOM
...	NaN	NaN	NaN	NaN	NaN	NaN	NaN	NaN	NaN	NaN
...	NaN	NaN	NaN	NaN	NaN	NaN	NaN	NaN	NaN	NaN
...	NaN	NaN	NaN	NaN	NaN	NaN	NaN	NaN	NaN	NaN
...	NaN	NaN	NaN	NaN	NaN	NaN	NaN	NaN	NaN	NaN
...	34.288	28.088	18.498	64.750	28.214	55.236	80.462	35.656	55.470	78.936
...	33.432	27.818	18.596	64.796	28.138	56.368	81.686	35.748	55.792	80.382
...	33.156	27.570	18.766	64.550	28.166	57.626	82.872	35.980	55.906	81.714
...	32.814	27.276	18.866	63.936	28.126	58.546	83.506	36.184	55.110	82.986
...	32.812	26.916	19.168	63.502	28.212	59.220	83.792	36.274	54.184	84.204
...	32.780	26.498	19.202	63.078	28.310	59.514	83.544	36.182	53.496	83.972

【綜合問題 7-1　時間序列資料分析】7.

輸入

```
# 想取得前週比（錯開1期），可使用shift
# 相較於使用loop等，速度絕對快很多
log_ratio_stock_close = np.log(dow_close_data/dow_close_data.shift(1))

max_vol_stock = log_ratio_stock_close.std().idxmax()
min_vol_stock = log_ratio_stock_close.std().idxmin()

# 最大與最小的標準差之stock
print('max volatility:',max_vol_stock)
print('min volatility:',min_vol_stock)

# 圖形化
log_ratio_stock_close[max_vol_stock].plot()
log_ratio_stock_close[min_vol_stock].plot()
plt.ylabel('log ratio')
plt.legend()
plt.grid(True)
```

Appendix

輸出

```
max volatility: CSCO
min volatility: KO
```

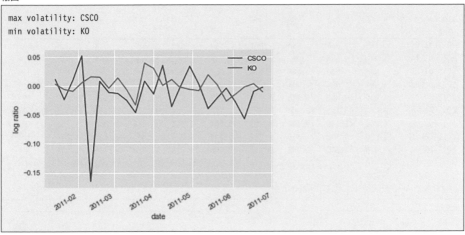

A-2- 7-2 綜合問題解答 2

【綜合問題 7-2 市場行銷分析】1.

輸入（資料的讀取）

```
# 需要花費一些時間
file_url = 'http://archive.ics.uci.edu/ml/machine-learning-databases/00352/Online%20Retail.xlsx'
online_retail_data = pd.ExcelFile(file_url)

# 指定工作表
online_retail_data_table = online_retail_data.parse('Online Retail')
online_retail_data_table.head()
```

輸出

	InvoiceNo	StockCode	Description	Quantity	InvoiceDate
0	536365	85123A	WHITE HANGING HEART T-LIGHT HOLDER	6	2010-12-01 08:26:00
1	536365	71053	WHITE METAL LANTERN	6	2010-12-01 08:26:00
2	536365	84406B	CREAM CUPID HEARTS COAT HANGER	8	2010-12-01 08:26:00
3	536365	84029G	KNITTED UNION FLAG HOT WATER BOTTLE	6	2010-12-01 08:26:00
4	536365	84029E	RED WOOLLY HOTTIE WHITE HEART.	6	2010-12-01 08:26:00

UnitPrice	CustomerID	Country
2.55	17850.0	United Kingdom
3.39	17850.0	United Kingdom
2.75	17850.0	United Kingdom
3.39	17850.0	United Kingdom
3.39	17850.0	United Kingdom

輸入（資料的確認）

```
online_retail_data_table.info()
```

輸出

```
<class 'pandas.core.frame.DataFrame'>
RangeIndex: 541909 entries, 0 to 541908
Data columns (total 8 columns):
InvoiceNo       541909 non-null object
StockCode       541909 non-null object
Description     540455 non-null object
Quantity        541909 non-null int64
InvoiceDate     541909 non-null datetime64[ns]
UnitPrice       541909 non-null float64
CustomerID      406829 non-null float64
Country         541909 non-null object
dtypes: datetime64[ns](1), float64(2), int64(1), object(4)
memory usage: 33.1+ MB
```

輸入（抽出 InvoiceNo 的第 1 個字元）

```
# 抽出 InvoiceNo 的第 1 個字元之處理。使用 map 與 lambda 函式
online_retail_data_table['cancel_flg'] = online_retail_data_table.InvoiceNo.map(lambda x:str(x)
[0])
online_retail_data_table.groupby('cancel_flg').size()
```

輸出

```
cancel_flg
5     532618
A          3
C       9288
dtype: int64
```

輸入

```
# 由於「C」開頭的是取消的資料，撰寫去除的處理
#「A」也視為異常值處理，刪除
# 從上述結果得知，這次只將開頭為「5」的視為分析對象
# 此外，只將有 CustomerID 的資料視為對象
online_retail_data_table = online_retail_data_table[(online_retail_data_table.cancel_flg == '5') &
(online_retail_data_table.CustomerID.notnull())]
```

【綜合問題 7-2 市場行銷分析】2.

輸入

```
# unique ID
print('購買者數量（Unique）:',len(online_retail_data_table.CustomerID.unique()))

# unique StockCode
print('商品紀錄數量:',len(online_retail_data_table.StockCode.unique()))

# unique description
# 由於比上述多，表示儘管 StockCode 相同，可能有著不同商品名稱
print('商品名稱的種類數量:',len(online_retail_data_table.Description.unique()))

# unique bascket
print('購物籃數量:',len(online_retail_data_table.InvoiceNo.unique()))
```

輸出

```
購買者數量（Unique）：4339
商品紀錄數量：3665
商品名稱的種類數量：3877
購物籃數量：18536
```

【綜合問題 7-2 市場行銷分析】3.

輸入

```python
# 為了求得銷售總額，增加新的欄位（銷售=數量×單價）
online_retail_data_table['TotalPrice'] = online_retail_data_table.Quantity * online_retail_data_
table.UnitPrice

# 對各個國別計算銷售總和金額
country_data_total_p = online_retail_data_table.groupby('Country')['TotalPrice'].sum()

# 對於值從大到小排序，取出TOP5
top_five_country =country_data_total_p.sort_values(ascending=False)[0:5]

# TOP5的國家
print(top_five_country)

# TOP5國家的List
print('TOP5國家的List:',top_five_country.index)
```

輸出

```
Country
United Kingdom    7.308392e+06
Netherlands       2.854463e+05
EIRE              2.655459e+05
Germany           2.288671e+05
France            2.090240e+05
Name: TotalPrice, dtype: float64
TOP5國家的List：Index(['United Kingdom', 'Netherlands', 'EIRE', 'Germany', 'France'],
dtype='object', name='Country')
```

【綜合問題 7-2 市場行銷分析】4.

輸入

```python
# 製作只有TOP5的資料
top_five_country_data = online_retail_data_table[online_retail_data_table['Country'].isin(top_
five_country.index)]

# date與國別的銷售
top_five_country_data_country_totalP =top_five_country_data.groupby(['InvoiceDate','Country'],
as_index=False)['TotalPrice'].sum()

# TOP5的銷售之每月時間序列推移

# index的設定（日期時間與國家）
top_five_country_data_country_totalP_index=top_five_country_data_country_totalP.set_index(['InvoiceDate',
'Country'])
```

```
# 重新組成
top_five_country_data_country_totalP_index_uns = top_five_country_data_country_totalP_index.
unstack()

# 使用resample能將時間序列資料變更為每月或每季度。這次計算每月（M）的總和。之後進行圖形化
top_five_country_data_country_totalP_index_uns.resample('M').sum().plot(subplots=True,figsize=
(12,10))

# 使得圖形不至於重疊
plt.tight_layout()
```

輸出

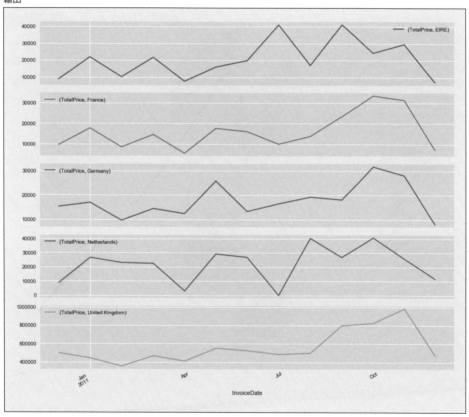

【綜合問題 7-2　市場行銷分析】5.

輸入

```
for x in top_five_country.index:
    #print('Country:',x)
    country = online_retail_data_table[online_retail_data_table['Country'] == x]
    country_stock_data = country.groupby('Description')['TotalPrice'].sum()
    top_five_country_stock_data=pd.DataFrame(country_stock_data.sort_values(ascending=False)[0:5])
    plt.figure()
```

```
plt.pie(
    top_five_country_stock_data,
    labels=top_five_country_stock_data.index,
    counterclock=False,
    startangle=90,
    autopct='%.1f%%',
    pctdistance=0.7
)
plt.ylabel(x)
plt.axis('equal')
#print(top_five_country_stock_data)
```

輸出

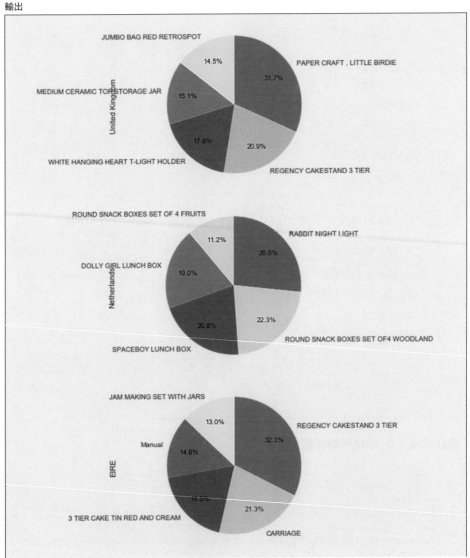

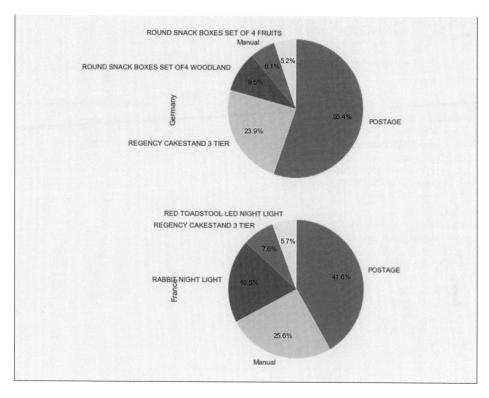

此外，若有餘力請試著進行下面的「Let's Try」。解答略過，尚請見諒。

下面是所需的函式庫，請預先匯入。

輸入

```
# 資料加工、處理、分析函式庫
import numpy as np
import numpy.random as random
import scipy as sp
from pandas import Series, DataFrame
import pandas as pd

# 視覺化函式庫
import matplotlib.pyplot as plt
import matplotlib as mpl
import seaborn as sns
%matplotlib inline

# 機器學習函式庫
import sklearn

# 顯示到小數點後第3位
%precision 3
```

輸出

```
'%.3f'
```

【練習問題 8-1】

輸入

```
# 汽車價格的取得
import requests, zipfile
import io

url = 'http://archive.ics.uci.edu/ml/machine-learning-databases/autos/imports-85.data'
res = requests.get(url).content
auto = pd.read_csv(io.StringIO(res.decode('utf-8')), header=None)
auto.columns =['symboling','normalized-losses','make','fuel-type' ,'aspiration','num-of-doors',
               'body-style','drive-wheels','engine-location','wheel-base',
               'length','width','height',
               'curb-weight','engine-type','num-of-cylinders',
               'engine-size','fuel-system','bore',
               'stroke','compression-ratio','horsepower','peak-rpm',
               'city-mpg','highway-mpg','price']

from sklearn.model_selection import train_test_split
from sklearn.linear_model import LinearRegression

# 資料的預處理
auto = auto[['price','width','engine-size']]
auto = auto.replace('?', np.nan).dropna()
auto.shape

# 分割為學習用與驗證用資料
X = auto.drop('price', axis=1)
y = auto['price']
```

```
X_train, X_test, y_train, y_test = train_test_split(X, y, test_size=0.5, random_state=0)

# 模型的建構、評估
model = LinearRegression()
model.fit(X_train, y_train)
print('決定係數(train):{:.3f}'.format(model.score(X_train, y_train)))
print('決定係數(test):{:.3f}'.format(model.score(X_test, y_test)))
```

輸出

```
決定係數(train):0.783
決定係數(test):0.778
```

【練習問題 8-2】

輸入

```
from sklearn.datasets import load_breast_cancer
from sklearn.preprocessing import StandardScaler
from sklearn.linear_model import LogisticRegression

cancer = load_breast_cancer()
X_train, X_test, y_train, y_test = train_test_split(
    cancer.data, cancer.target, stratify = cancer.target, random_state=0)

model = LogisticRegression()
model.fit(X_train, y_train)
print('準確度(train):{:.3f}'.format(model.score(X_train, y_train)))
print('準確度(test):{:.3f}'.format(model.score(X_test, y_test)))
```

輸出

```
準確度(train):0.965
準確度(test):0.937
```

【練習問題 8-3】

輸入

```
sc = StandardScaler()
sc.fit(X_train)
X_train_std = sc.transform(X_train)
X_test_std = sc.transform(X_test)

model = LogisticRegression()
model.fit(X_train_std, y_train)
print('準確度(train):{:.3f}'.format(model.score(X_train_std, y_train)))
print('準確度(test):{:.3f}'.format(model.score(X_test_std, y_test)))
```

輸出

```
準確度(train):0.991
準確度(test):0.958
```

【練習問題 8-4】

輸入

```
from sklearn.linear_model import LinearRegression, Lasso

X = auto.drop('price', axis=1)
y = auto['price']
X_train, X_test, y_train, y_test = train_test_split(X, y, test_size=0.5, random_state=0)

models = {
```

Appendix

```
    'linear': LinearRegression(),
    'lasso1': Lasso(alpha=1.0, random_state=0),
    'lasso2': Lasso(alpha=200.0, random_state=0)
}

scores = {}
for model_name, model in models.items():
    model.fit(X_train, y_train)
    scores[(model_name, 'train')] = model.score(X_train, y_train)
    scores[(model_name, 'test')] = model.score(X_test, y_test)

pd.Series(scores).unstack()
```

輸出

	test	train
lasso1	0.778308	0.783189
lasso2	0.782421	0.782839
linear	0.778292	0.783189

【練習問題 8-5】

輸入

```
from sklearn.tree import  DecisionTreeClassifier

cancer = load_breast_cancer()
X_train, X_test, y_train, y_test = train_test_split(
    cancer.data, cancer.target, stratify = cancer.target, random_state=66)

models = {
    'tree1': DecisionTreeClassifier(criterion='entropy', max_depth=3,random_state=0),
    'tree2': DecisionTreeClassifier(criterion='entropy', max_depth=5, random_state=0),
    'tree3': DecisionTreeClassifier(criterion='entropy', max_depth=10, random_state=0),
    'tree4': DecisionTreeClassifier(criterion='gini', max_depth=3, random_state=0),
    'tree5': DecisionTreeClassifier(criterion='gini', max_depth=5, random_state=0),
    'tree6': DecisionTreeClassifier(criterion='gini', max_depth=10, random_state=0)
}

scores = {}
for model_name, model in models.items():
    model.fit(X_train, y_train)
    scores[(model_name, 'train')] = model.score(X_train, y_train)
    scores[(model_name, 'test')] = model.score(X_test, y_test)

pd.Series(scores).unstack()
```

輸出

	test	train
tree1	0.930070	0.971831
tree2	0.902098	0.997653
tree3	0.902098	1.000000
tree4	0.923077	0.974178
tree5	0.895105	1.000000
tree6	0.895105	1.000000

【練習問題 8-6】

輸入

```python
url = 'http://archive.ics.uci.edu/ml/machine-learning-databases/mushroom/agaricus-lepiota.data'
res = requests.get(url).content

mush = pd.read_csv(io.StringIO(res.decode('utf-8')), header=None)
mush.columns =[
    'classes','cap_shape','cap_surface','cap_color','odor','bruises',
    'gill_attachment','gill_spacing','gill_size','gill_color','stalk_shape',
    'stalk_root','stalk_surface_above_ring','stalk_surface_below_ring',
    'stalk_color_above_ring','stalk_color_below_ring','veil_type','veil_color',
    'ring_number','ring_type','spore_print_color','population','habitat'
]

mush_dummy = pd.get_dummies(mush[['gill_color','gill_attachment','odor','cap_color']])
mush_dummy['flg'] = mush['classes'].map(lambda x: 1 if x =='p' else 0)

from sklearn.neighbors import  KNeighborsClassifier

# 解釋變數與目標變數
X = mush_dummy.drop('flg', axis=1)
y = mush_dummy['flg']
X_train, X_test, y_train, y_test = train_test_split(X, y, random_state=50)

training_accuracy = []
test_accuracy =[]
neighbors_settings = range(1,20)
for n_neighbors in neighbors_settings:
    clf = KNeighborsClassifier(n_neighbors=n_neighbors)
    clf.fit(X_train, y_train)
    training_accuracy.append(clf.score(X_train, y_train))
    test_accuracy.append(clf.score(X_test, y_test))

plt.plot(neighbors_settings, training_accuracy, label='training accuracy')
plt.plot(neighbors_settings, test_accuracy, label='test accuracy')
plt.ylabel('Accuracy')
plt.xlabel('n_neighbors')
plt.legend()
```

輸出

```
<matplotlib.legend.Legend at 0x17811d00f28>
```

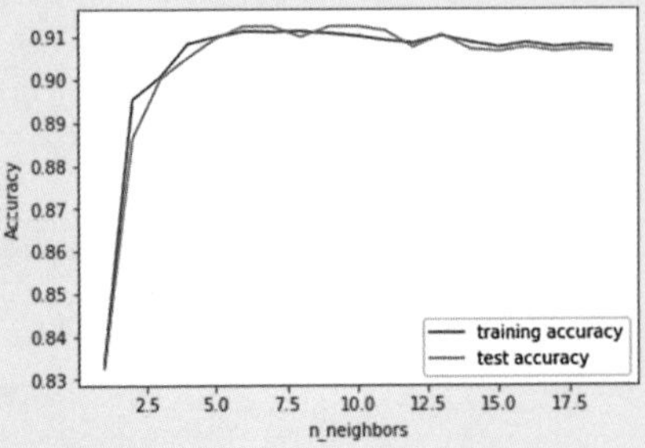

【練習問題 8-7】

輸入

```
from sklearn.neighbors import  KNeighborsRegressor

X_train, X_test, y_train, y_test = train_test_split(
    X, student.G3, random_state=0)

scores_train = []
scores_test =[]
neighbors_settings = range(1, 20)
for n_neighbors in neighbors_settings:
    model = KNeighborsRegressor(n_neighbors=n_neighbors)
    model.fit(X_train, y_train)
    scores_train.append(model.score(X_train, y_train))
    scores_test.append(model.score(X_test, y_test))

plt.plot(neighbors_settings, training_accuracy,label='Training')
plt.plot(neighbors_settings, test_accuracy,label='Test')
plt.ylabel('R2 score')
plt.xlabel('n_neighbors')
plt.legend()
```

輸出

```
<matplotlib.legend.Legend at 0x17811ec1a20>
```

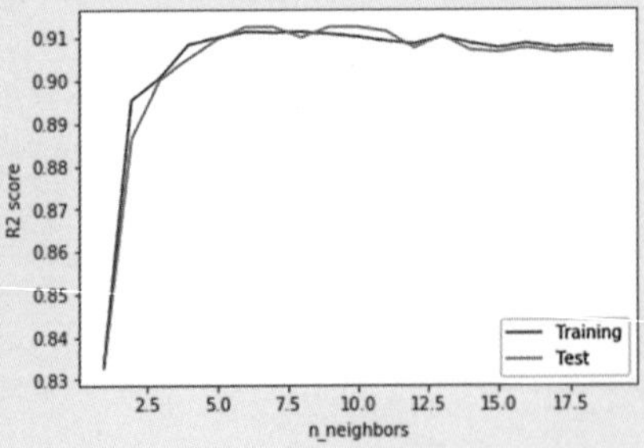

【練習問題 8-8】

輸入

```
from sklearn.svm import SVC

cancer = load_breast_cancer()
X_train, X_test, y_train, y_test = train_test_split(
    cancer.data, cancer.target, stratify = cancer.target, random_state=50)

sc = StandardScaler()
sc.fit(X_train)
X_train_std = sc.transform(X_train)
X_test_std = sc.transform(X_test)

model = SVC(kernel='rbf', random_state=0, C=2)
model.fit(X_train_std, y_train)
print('準確度(train):{:.3f}'.format(model.score(X_train_std, y_train)))
print('準確度(test):{:.3f}'.format(model.score(X_test_std, y_test)))
```

輸出

```
準確度(train):0.988
準確度(test):0.986
```

A-2- 8-1 綜合問題解答 1

【綜合問題 8-1 監督式學習的用語 (1)】

這裡省略解答。請再次閱讀本書相關部分，試著搜尋網路。

A-2- 8-2 綜合問題解答 2

【綜合問題 8-2 決策樹】

輸入

```
from sklearn.datasets import load_iris
from sklearn.tree import DecisionTreeClassifier

iris = load_iris()
X_train, X_test, y_train, y_test = train_test_split(
    iris.data, iris.target, stratify = iris.target, random_state=0)

model = DecisionTreeClassifier(criterion='entropy', max_depth=3, random_state=0)
model.fit(X_train, y_train)

print('準確度(train):{:.3f}'.format(model.score(X_train, y_train)))
print('準確度(test):{:.3f}'.format(model.score(X_test, y_test)))
```

輸出

```
準確度(train):0.964
準確度(test):0.947
```

【綜合問題 8-3 no-free-lunch】

輸入

```python
# 所需函式庫的匯入
from sklearn.neighbors import  KNeighborsClassifier
from sklearn.tree import  DecisionTreeClassifier
from sklearn.linear_model import LogisticRegression
from sklearn.svm import LinearSVC, SVC

# 這裡以乳癌資料為例，以load_breast_cancer讀取使用
cancer = load_breast_cancer()
X_train, X_test, y_train, y_test = train_test_split(
    cancer.data, cancer.target, stratify = cancer.target, random_state=0)

# 標準化
sc = StandardScaler()
sc.fit(X_train)
X_train_std = sc.transform(X_train)
X_test_std = sc.transform(X_test)

# 多個模型的設定
models = {
    'knn':  KNeighborsClassifier(),
    'tree': DecisionTreeClassifier(random_state=0),
    'logistic': LogisticRegression(random_state=0),
    'svc1': LinearSVC(random_state=0),
    'svc2': SVC(random_state=0)
}

# 為了持有分數的空Dict資料
scores = {}

# 對各個模型求得分數
for model_name, model in models.items():
    model.fit(X_train_std, y_train)
    scores[(model_name, 'train')] = model.score(X_train_std, y_train)
    scores[(model_name, 'test')] = model.score(X_test_std, y_test)

# 最後顯示各個分數結果
pd.Series(scores).unstack()
```

輸出

	test	train
knn	0.951049	0.978873
logistic	0.958042	0.990610
svc1	0.951049	0.992958
svc2	0.958042	0.992958
tree	0.902098	1.000000

下面是所需的函式庫，請預先匯入。

輸入

```
# 資料加工、處理、分析函式庫
import numpy as np
import numpy.random as random
import scipy as sp
from pandas import Series, DataFrame
import pandas as pd

# 視覺化函式庫
import matplotlib.pyplot as plt
import matplotlib as mpl
import seaborn as sns
%matplotlib inline

# 機器學習函式庫
import sklearn

# 顯示到小數點後第3位
%precision 3
```

輸出

```
'%.3f'
```

【練習問題 9-1】

輸入（圖形化）

```
from sklearn.datasets import make_blobs
from sklearn.cluster import KMeans

X, y = make_blobs(random_state=52)
plt.scatter(X[:,0], X[:,1], color='black')
```

輸出

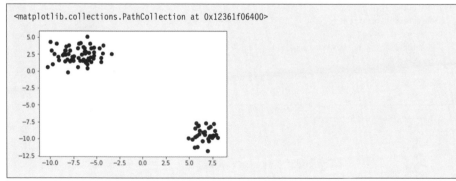

```
<matplotlib.collections.PathCollection at 0x12361f06400>
```

Appendix

【練習問題 9-2】

輸入（主成分分析）

```
from sklearn.datasets import load_iris
from sklearn.preprocessing import StandardScaler
from sklearn.decomposition import PCA

iris = load_iris()

sc = StandardScaler()
sc.fit(iris.data)
X_std = sc.transform(iris.data)

# 主成分分析的執行
pca = PCA(n_components=2)
pca.fit(X_std)
X_pca = pca.transform(X_std)

print('主成分分析前的資料維度：{}'.format(iris.data.shape))
print('主成分分析後的資料維度：{}'.format(X_pca.shape))
```

輸出

```
主成分分析前的資料維度：(150, 4)
主成分分析後的資料維度：(150, 2)
```

　　試著將目標變數與上述抽出的第一主成分、第二主成分結合並進行圖形化。x軸為第一主成分，y軸為第二主成分，至於目標變數，設定「0為setosa」、「1為versicolor」、「2為virginica」。可發現根據第一主成分的大小，似乎能清楚地辨認目標變數。

輸入（圖形化）

```
merge_data = pd.concat([pd.DataFrame(X_pca[:,0]), pd.DataFrame(X_pca[:,1]), pd.DataFrame(iris.
target)], axis=1)
merge_data.columns = ['pc1','pc2', 'target']

# 聚類分析結果的圖形化
ax = None
colors = ['blue', 'red', 'green']
for i, data in merge_data.groupby('target'):
    ax = data.plot.scatter(
        x='pc1', y='pc2',
        color=colors[i], label=f'target-{i}', ax=ax
    )
```

輸出

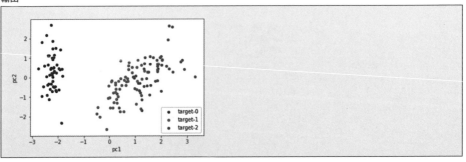

作為參考，下面分別輸出目標變數與4個解釋變數的關係之圖形。如果從下面能看出setosa，對其他變數（petal、length等）似乎也能決定閾值來看出。試著進一步調查，例如看看第一主成分與哪個原本的變數相關性較高吧。

輸入（參考）

```
# 顯示目標變數與4個解釋變數各自的關係
fig, axes = plt.subplots(2,2,figsize=(20,7))

iris_0 = iris.data[iris.target==0]
iris_1 = iris.data[iris.target==1]
iris_2 = iris.data[iris.target==2]

ax = axes.ravel()
for i in range(4):
    _,bins = np.histogram(iris.data[:,i],bins=50)
    ax[i].hist(iris_0[:,i],bins=bins,alpha=.5)
    ax[i].hist(iris_1[:,i],bins=bins,alpha=.5)
    ax[i].hist(iris_2[:,i],bins=bins,alpha=.5)
    ax[i].set_title(iris.feature_names[i])
    ax[i].set_yticks(())
ax[0].set_ylabel('Count')
ax[0].legend(['setosa','versicolor','virginica'], loc='best')
fig.tight_layout()
```

輸出

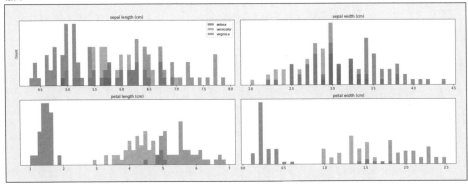

A-2- 9-1 綜合問題解答

【綜合問題 9-1 關聯規則】

輸入

```
# 讀取購買履歷的原始資料（使用cd ./chap9等指令，將當前目錄移動至有著資料的目錄之後，執行下面的部分）
trans = pd.read_excel('Online Retail.xlsx', sheet_name='Online Retail')
trans.head()
```

	InvoiceNo	StockCode	Description	Quantity	InvoiceDate
0	536365	85123A	WHITE HANGING HEART T-LIGHT HOLDER	6	2010-12-01 08:26:00
1	536365	71053	WHITE METAL LANTERN	6	2010-12-01 08:26:00
2	536365	84406B	CREAM CUPID HEARTS COAT HANGER	8	2010-12-01 08:26:00
3	536365	84029G	KNITTED UNION FLAG HOT WATER BOTTLE	6	2010-12-01 08:26:00
4	536365	84029E	RED WOOLLY HOTTIE WHITE HEART.	6	2010-12-01 08:26:00

UnitPrice	CustomerID	Country
2.55	17850.0	United Kingdom
3.39	17850.0	United Kingdom
2.75	17850.0	United Kingdom
3.39	17850.0	United Kingdom
3.39	17850.0	United Kingdom

輸入（只針對視為統計對象的東西）

```
trans['cancel_flg'] = trans.InvoiceNo.map(lambda x:str(x)[0])
trans = trans[(trans.cancel_flg == '5') & (trans.CustomerID.notnull())]
```

　　要對每任意 2 個 StockCode 的組合計算支持度時，使用 itertools。這個模組在想取出組合時很方便。

輸入

```
import itertools

# 取出紀錄大於 1000 的 StockCode
indexer = trans.StockCode.value_counts() > 1000
Items = trans.StockCode.value_counts()[indexer.index[indexer]].index

# 取得包含於統計對象紀錄裡的 InvoiceNo 之數量（支持度的分母）
trans_all = set(trans.InvoiceNo)

# 對包含於對象 Items 裡的任意 2 個 StockCode 組合分別計算支持度
results={}
for element in itertools.combinations(Items, 2):
    trans_0 = set(trans[trans['StockCode']==element[0]].InvoiceNo)
    trans_1 = set(trans[trans['StockCode']==element[1]].InvoiceNo)
    trans_both = trans_0&trans_1

    support = len(trans_both) / len(trans_all)
    results[element] = support

maxKey =  max([(v,k) for k,v in results.items()])[1]
print('支持度最大的 StockCode 組合：{}'.format(maxKey))
print('支持度的最大值：{:.4f}'.format(results[maxKey]))
```

輸出

```
支持度最大的 StockCode 組合：(20725, 22383)
支持度的最大值：0.0280
```

以上可以確認支持度最高的StockCode組合為20725與22383，此時的支持度為2.8%。

A-2- 10 Chapter10練習問題

下面是所需的函式庫，請預先匯入。

輸入

```
# 由於過程中需要使用，請預先匯入
# 資料加工、處理、分析函式庫
import numpy as np
import numpy.random as random
import pandas as pd

# 視覺化函式庫
import matplotlib.pyplot as plt
import matplotlib as mpl
import seaborn as sns
%matplotlib inline

# 機器學習函式庫
import sklearn

# 顯示到小數點後第3位
%precision 3
```

輸出

```
'%.3f'
```

【練習問題 10-1】

輸入

```
from sklearn.datasets import load_breast_cancer
from sklearn.model_selection import cross_val_score
from sklearn.linear_model import LogisticRegression

cancer = load_breast_cancer()
model = LogisticRegression(random_state=0)
scores = cross_val_score(model, cancer.data, cancer.target, cv=5)

print('Cross validation scores:{}'.format(scores))
print('Cross validation scores:{:.2f}+-{:.2f}'.format(scores.mean(), scores.std()))
```

輸出

```
Cross validation scores:[0.93  0.939 0.973 0.947 0.965]
Cross validation scores:0.95+-0.02
```

【練習問題 10-2】

輸入

```
from sklearn.model_selection import GridSearchCV
from sklearn.tree import  DecisionTreeClassifier
from sklearn.datasets import load_breast_cancer
from sklearn.model_selection import train_test_split

# 資料的讀取
cancer = load_breast_cancer()
X_train, X_test, y_train, y_test = train_test_split(
    cancer.data, cancer.target, stratify = cancer.target, random_state=0)

# 參數的設定
param_grid = {'max_depth': [2, 3, 4, 5], 'min_samples_leaf': [2, 3, 4, 5]}
model = DecisionTreeClassifier(random_state=0)
grid_search = GridSearchCV(model, param_grid, cv=5)
grid_search.fit(X_train, y_train)

print('對於測試資料的分數:{:.2f}'.format(grid_search.score(X_test, y_test)))
print('最佳分數時的參數:{}'.format(grid_search.best_params_))
print('最佳分數時的ross-validation score:{:.2f}'.format(grid_search.best_score_))
```

輸出

```
對於測試資料的分數:0.92
最佳分數時的參數:{'max_depth': 4, 'min_samples_leaf': 3}
最佳分數時的cross-validation score:0.94
```

【練習問題 10-3】

輸入

```
from sklearn.model_selection import train_test_split
from sklearn.datasets import load_breast_cancer
from sklearn.linear_model import LogisticRegression
from sklearn.metrics import confusion_matrix, accuracy_score, precision_score, recall_score,
f1_score

cancer = load_breast_cancer()
X_train, X_test, y_train, y_test = train_test_split(
    cancer.data, cancer.target, stratify = cancer.target, random_state=0)

model = LogisticRegression(random_state=0)
model.fit(X_train, y_train)
y_pred = model.predict(X_test)

print('Confusion matrix:\n{}'.format(confusion_matrix(y_test, y_pred)))
print('準確度:{:.3f}'.format(accuracy_score(y_test, y_pred)))
print('精確度:{:.3f}'.format(precision_score(y_test, y_pred)))
print('召回率:{:.3f}'.format(recall_score(y_test, y_pred)))
print('F1分數:{:.3f}'.format(f1_score(y_test, y_pred)))
```

輸出

```
Confusion matrix:
[[49  4]
 [ 5 85]]
準確度:0.937
精確度:0.955
召回率:0.944
F1分數:0.950
```

【練習問題 10-4】

輸入

```
#參考URL：http://scikit-learn.org/stable/auto_examples/model_selection/plot_roc.html#sphx-glr-
auto-examples-model-selection-plot-roc-py

from sklearn import svm, datasets
from sklearn.metrics import roc_curve, auc
from sklearn.model_selection import train_test_split
from sklearn.preprocessing import label_binarize
from sklearn.multiclass import OneVsRestClassifier

# 資料的讀取
iris = datasets.load_iris()
X = iris.data
y = iris.target

# 正確解答資料的one-hot化
y = label_binarize(y, classes=[0, 1, 2])
X_train, X_test, y_train, y_test = train_test_split(X, y, test_size=0.5, random_state=0)

# multi-class classification model
model = OneVsRestClassifier(svm.SVC(kernel='linear', probability=True, random_state=0))
y_score = model.fit(X_train, y_train).predict_proba(X_test)

# 分別對於3個類別，視為1維資料，計算ROC曲線、AUC
fpr, tpr, _ = roc_curve(y_test.ravel(), y_score.ravel())
roc_auc = auc(fpr, tpr)

# 圖形化
plt.figure()
plt.plot(fpr, tpr, color='red', label='average ROC (area = {:.3f})'.format(roc_auc))
plt.plot([0, 1], [0, 1], color='black', linestyle='--')
plt.xlim([0.0, 1.0])
plt.ylim([0.0, 1.05])
plt.xlabel('False Positive Rate')
plt.ylabel('True Positive Rate')
plt.title('ROC')
plt.legend(loc='best')
```

Appendix

輸出

```
<matplotlib.legend.Legend at 0x2835645fdd8>
```

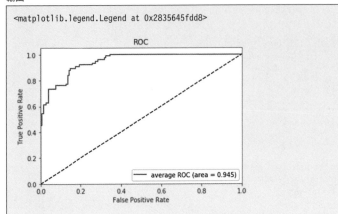

【練習問題 10-5】

輸入

```python
# 所需函式庫的匯入
from sklearn.ensemble import BaggingClassifier
from sklearn.neighbors import KNeighborsClassifier
from sklearn.model_selection import train_test_split
from sklearn.datasets import load_iris

# 鳶尾花資料的讀取
iris = load_iris()

# 分為訓練資料與測試資料
X_train, X_test, y_train, y_test = train_test_split(
    iris.data, iris.target, stratify = iris.target, random_state=0)

# Bagging的模型生成
model = BaggingClassifier(
            KNeighborsClassifier(),
            n_estimators=10,
            max_samples=0.5,
            max_features=0.5)

# 模型的Fitting
model.fit(X_train, y_train)

# 各自的分數
print('準確度(train):{} {:.3f}'.format(model.__class__.__name__ , model.score(X_train, y_train)))
print('準確度(test):{} {:.3f}'.format(model.__class__.__name__ , model.score(X_test, y_test)))
```

輸出

```
準確度(train):BaggingClassifier 0.929
準確度(test):BaggingClassifier 0.974
```

【練習問題 10-6】

輸入

```
from sklearn.ensemble import AdaBoostClassifier
from sklearn.model_selection import train_test_split
from sklearn.datasets import load_iris

iris = load_iris()
X_train, X_test, y_train, y_test = train_test_split(
    iris.data, iris.target, stratify = iris.target, random_state=0)

model = AdaBoostClassifier(n_estimators=50, learning_rate=1.0)
model.fit(X_train, y_train)
print('準確度(train):{} {:.3f}'.format(model.__class__.__name__ , model.score(X_train, y_train)))
print('準確度(test):{} {:.3f}'.format(model.__class__.__name__ , model.score(X_test, y_test)))
```

輸出

```
準確度(train):AdaBoostClassifier 0.955
準確度(test):AdaBoostClassifier 0.947
```

【練習問題 10-7】

輸入

```
from sklearn.ensemble import RandomForestClassifier, GradientBoostingClassifier
from sklearn.model_selection import train_test_split
from sklearn.datasets import load_iris

iris = load_iris()
X_train, X_test, y_train, y_test = train_test_split(
    iris.data, iris.target, stratify = iris.target, random_state=0)

models = {
    'RandomForest': RandomForestClassifier(random_state=0),
    'GradientBoost': GradientBoostingClassifier(random_state=0)
}

scores = {}
for model_name, model in models.items():
    model.fit(X_train, y_train)
    scores[(model_name, 'train_score')] = model.score(X_train, y_train)
    scores[(model_name, 'test_score')] = model.score(X_test, y_test)

pd.Series(scores).unstack()
```

輸出

	test_score	train_score
GradientBoost	0.973684	1.000000
RandomForest	0.947368	0.973214

【綜合問題 10-1 監督式學習的用語 (2)】

這裡省略解答。請再次閱讀本書相關部分，試著搜尋網路。

A-2- 10-2 綜合問題解答2

【綜合問題 10-2 交叉驗證】

輸入

```
from sklearn.datasets import load_breast_cancer
from sklearn.model_selection import train_test_split
from sklearn.linear_model import LogisticRegression
from sklearn.svm import LinearSVC
from sklearn.tree import DecisionTreeClassifier
from sklearn.neighbors import KNeighborsClassifier
from sklearn.ensemble import RandomForestClassifier, GradientBoostingClassifier
from sklearn.model_selection import cross_val_score

cancer = load_breast_cancer()
X_train, X_test, y_train, y_test = train_test_split(
    cancer.data, cancer.target, stratify = cancer.target, random_state=0)

models = {
    'KNN': KNeighborsClassifier(),
    'LogisticRegression': LogisticRegression(random_state=0),
    'DecisionTree': DecisionTreeClassifier(random_state=0),
    'SVM': LinearSVC(random_state=0),
    'RandomForest': RandomForestClassifier(random_state=0),
    'GradientBoost': GradientBoostingClassifier(random_state=0)
}

scores = {}
for model_name, model in models.items():
    model.fit(X_train, y_train)
    scores[(model_name, 'train_score')] = model.score(X_train, y_train)
    scores[(model_name, 'test_score')] = model.score(X_test, y_test)
```

輸出

	test_score	train_score
DecisionTree	0.902098	1.000000
GradientBoost	0.958042	1.000000
KNN	0.916084	0.946009
LogisticRegression	0.937063	0.964789
RandomForest	0.951049	1.000000
SVM	0.916084	0.936620

這次梯度提升的測試分數最高，達0.958。

A-2- 11 Chapter11綜合練習問題

下面是所需的函式庫，請預先匯入。

輸入

```python
import numpy as np
import numpy.random as random
import scipy as sp
from pandas import Series, DataFrame
import pandas as pd
import time

# 視覺化函式庫
import matplotlib.pyplot as plt
import matplotlib as mpl
import seaborn as sns
%matplotlib inline

# 機器學習函式庫
import sklearn

# 顯示到小數點後第3位
%precision 3
```

輸出

```
'%.3f'
```

A-2- 11-1 綜合問題解答(1)

輸入

```python
# 資料的分割 (分為學習資料與測試資料)
from sklearn.model_selection import train_test_split

# 混淆矩陣
from sklearn.metrics import confusion_matrix

# 邏輯迴歸
from sklearn.linear_model import LogisticRegression
# SVM
from sklearn.svm import LinearSVC
# 決策樹
from sklearn.tree import  DecisionTreeClassifier
# k-NN
from sklearn.neighbors import  KNeighborsClassifier
# 隨機森林
from sklearn.ensemble import RandomForestClassifier

# 分析對象資料
from sklearn.datasets import load_digits
digits = load_digits()

# 解釋變數
X = digits.data
# 目標變數
```

```
Y = digits.target

# 學習資料與測試資料的分割
X_train, X_test, y_train, y_test = train_test_split(
    X, Y, random_state=0)
```

上述匯入所需的模組、讀取資料，如既有程序，區分為學習資料與測試資料。

下面對於這些學習資料與測試資料，計數各個手寫數字有多少個，看來似乎沒有太集中。

輸入

```
# 確認資料是否不均衡地區分
# train
print('train:',pd.DataFrame(y_train,columns=['label']).
groupby('label')['label'].count())

# test
print('test:',pd.DataFrame(y_test,columns=['label']).
groupby('label')['label'].count()
```

輸出

```
train: label
0      141
1      139
2      133
3      138
4      143
5      134
6      129
7      131
8      126
9      133
Name: label, dtype: int64
test: label
0      37
1      43
2      44
3      45
4      38
5      48
6      52
7      48
8      48
9      47
Name: label, dtype: int64
```

那麼，使用各個手法進行模型的建構，來看看各自的混淆矩陣與分數吧。

輸入

```
# 對於各個模型反覆地進行並確認
for model in [LogisticRegression(),LinearSVC(),
            DecisionTreeClassifier(),
            KNeighborsClassifier(n_neighbors=3),
            RandomForestClassifier()]:

    fit_model = model.fit(X_train, y_train)
    pred_y = fit_model.predict(X_test)
    confusion_m = confusion_matrix(y_test,pred_y)
    print('confusion_matrix:')
    print(confusion_m)
    # __class__.__name__ 是該模型的類別名稱
```

```
    print('train:',fit_model.__class__.__name__ ,fit_model.score(X_train, y_train))
    print('test:',fit_model.__class__.__name__ , fit_model.score(X_test, y_test))
    print('================================================================\n')
```

輸出

```
confusion_matrix:
[[37  0  0  0  0  0  0  0  0  0]
 [ 0 39  0  0  0  0  2  0  2  0]
 [ 0  0 41  3  0  0  0  0  0  0]
 [ 0  0  1 43  0  0  0  0  0  1]
 [ 0  0  0  0 38  0  0  0  0  0]
 [ 0  1  0  0  0 47  0  0  0  0]
 [ 0  0  0  0  0  0 52  0  0  0]
 [ 0  1  0  1  1  0  0 45  0  0]
 [ 0  3  1  0  0  0  0  0 43  1]
 [ 0  0  0  1  0  1  0  0  1 44]]
train: LogisticRegression 0.9962880475129918
test: LogisticRegression 0.9533333333333334
================================================================

confusion_matrix:
[[37  0  0  0  0  0  0  0  0  0]
 [ 0 40  0  0  0  0  2  0  0  1]
 [ 0  1 40  3  0  0  0  0  0  0]
 [ 0  0  1 43  0  0  0  0  0  1]
 [ 0  0  0  1 37  0  0  0  0  0]
 [ 0  1  0  1  0 46  0  0  0  0]
 [ 0  1  0  0  0  0 51  0  0  0]
 [ 0  1  0  1  1  0  0 45  0  0]
 [ 0  4  1  3  0  0  1  1 36  2]
 [ 0  0  0  1  1  1  0  0  0 44]]
train: LinearSVC 0.985894580549369
test: LinearSVC 0.9311111111111111
================================================================

confusion_matrix:
[[34  0  0  2  1  0  0  0  0  0]
 [ 0 37  2  1  1  0  0  0  1  1]
 [ 1  3 35  0  1  0  1  0  2  1]
 [ 0  1  4 36  0  0  0  0  2  2]
 [ 1  2  0  0 33  0  0  0  0  2]
 [ 1  0  0  2  0 42  0  1  0  2]
 [ 1  1  0  0  0  0 49  0  0  1]
 [ 1  0  1  3  2  1  0 36  0  4]
 [ 0  3  0  4  0  2  0  0 37  2]
 [ 0  2  1  3  1  1  0  0  0 39]]
train: DecisionTreeClassifier 1.0
test: DecisionTreeClassifier 0.84
================================================================
```

Appendix

```
confusion_matrix:
[[37  0  0  0  0  0  0  0  0  0]
 [ 0 42  0  0  1  0  0  0  0  0]
 [ 0  0 44  0  0  0  0  0  0  0]
 [ 0  0  1 44  0  0  0  0  0  0]
 [ 0  0  0  0 37  0  0  1  0  0]
 [ 0  0  0  0  0 47  0  0  0  1]
 [ 0  0  0  0  0  0 52  0  0  0]
 [ 0  0  0  0  0  0  0 48  0  0]
 [ 0  0  0  2  0  0  0  0 46  0]
 [ 0  0  0  0  0  0  0  0  0 47]]
train: KNeighborsClassifier 0.991833704528582
test: KNeighborsClassifier 0.9866666666666667
================================================================

confusion_matrix:
[[37  0  0  0  0  0  0  0  0  0]
 [ 0 42  0  0  1  0  0  0  0  0]
 [ 1  0 41  1  0  0  0  0  1  0]
 [ 1  1  0 43  0  0  0  0  0  0]
 [ 0  0  0  0 36  0  0  2  0  0]
 [ 0  0  0  1  0 47  0  0  0  0]
 [ 0  2  0  0  0  0 50  0  0  0]
 [ 0  0  0  0  0  0  0 48  0  0]
 [ 0  4  0  2  0  1  0  0 41  0]
 [ 0  1  0  4  0  1  0  0  0 41]]
train: RandomForestClassifier 0.9985152190051967
test: RandomForestClassifier 0.9466666666666667
================================================================
```

　　上述的結果當中，對於測試資料的分數，第4個的k-NN最高。以上對於各個手法，特別是參數的部分只使用了預設值，若有餘力請試著調整各種細節。

A-2- 11-2 綜合問題解答(2)

　　首先，讀取資料，確認有什麼樣的資料。

輸入

```
# 資料的讀取
abalone_data = pd.read_csv(
    'http://archive.ics.uci.edu/ml/machine-learning-databases/abalone/abalone.data',
    header=None,
    sep=',')

# 對行（欄位）設定標籤
abalone_data.columns=['Sex','Length','Diameter','Height','Whole','Shucked','Viscera','Shell','Rings']

# 顯示開頭5列
abalone_data.head()
```

	Sex	Length	Diameter	Height	Whole	Shucked	Viscera	Shell	Rings
0	M	0.455	0.365	0.095	0.5140	0.2245	0.1010	0.150	15
1	M	0.350	0.265	0.090	0.2255	0.0995	0.0485	0.070	7
2	F	0.530	0.420	0.135	0.6770	0.2565	0.1415	0.210	9
3	M	0.440	0.365	0.125	0.5160	0.2155	0.1140	0.155	10
4	I	0.330	0.255	0.080	0.2050	0.0895	0.0395	0.055	7

　下面將進行探索逐步觀察資料。首先，試著看看行之間的組合之散佈圖。對角線上顯示直方圖。

輸入

```
sns.pairplot(abalone_data)
```

輸出

```
<seaborn.axisgrid.PairGrid at 0x1cacf56f198>
```

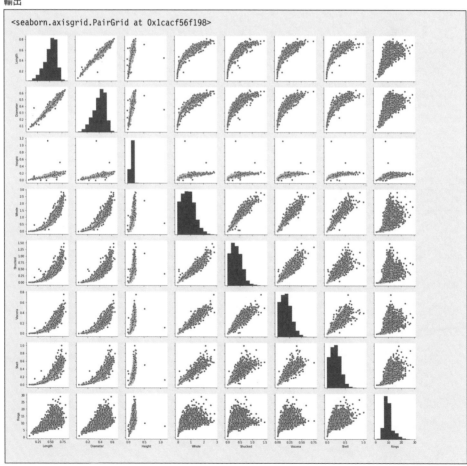

　下面是箱型圖。

輸入

```
# 指定作為箱型圖顯示的行
abalone_data[['Length','Diameter','Height','Whole','Shucked','Viscera','Shell']].boxplot()

# 顯示格線
plt.grid(True)
```

輸出

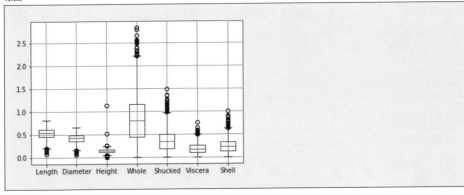

可得知Whole的值較為分散。也確認基本統計量吧。

輸入

```
abalone_data.describe()
```

輸出

	Length	Diameter	Height	Whole	Shucked	Viscera
count	4177.000000	4177.000000	4177.000000	4177.000000	4177.000000	4177.000000
mean	0.523992	0.407881	0.139516	0.828742	0.359367	0.180594
std	0.120093	0.099240	0.041827	0.490389	0.221963	0.109614
min	0.075000	0.055000	0.000000	0.002000	0.001000	0.000500
25%	0.450000	0.350000	0.115000	0.441500	0.186000	0.093500
50%	0.545000	0.425000	0.140000	0.799500	0.336000	0.171000
75%	0.615000	0.480000	0.165000	1.153000	0.502000	0.253000
max	0.815000	0.650000	1.130000	2.825500	1.488000	0.760000

Shell	Rings
4177.000000	4177.000000
0.238831	9.933684
0.139203	3.224169
0.001500	1.000000
0.130000	8.000000
0.234000	9.000000
0.329000	11.000000
1.005000	29.000000

儘管Height的資料裡也有0，這次直接進行模型的建構。

輸入

```
# 線性迴歸模型
from sklearn.linear_model import LinearRegression
# 決策樹（迴歸）
from sklearn.tree import DecisionTreeRegressor
# k-NN
from sklearn.neighbors import KNeighborsRegressor
# 隨機森林
from sklearn.ensemble import RandomForestRegressor

from sklearn.model_selection import train_test_split

X = abalone_data.iloc[:,1:7]
Y = abalone_data['Rings']

X_train, X_test, y_train, y_test = train_test_split(
    X, Y, random_state=0)

# 用於標準化的模組
from sklearn.preprocessing import StandardScaler

# 標準化
sc = StandardScaler()
sc.fit(X_train)
X_train_std = sc.transform(X_train)
X_test_std = sc.transform(X_test)

for model in [LinearRegression(),
              DecisionTreeRegressor(),
              KNeighborsRegressor(n_neighbors=5),
              RandomForestRegressor()]:

    fit_model = model.fit(X_train_std, y_train)

    print('train:',fit_model.__class__.__name__ ,fit_model.score(X_train_std, y_train))
    print('test:',fit_model.__class__.__name__ , fit_model.score(X_test_std, y_test))
```

輸出

```
train: LinearRegression 0.5170692142555524
test: LinearRegression 0.5306021117203745
train: DecisionTreeRegressor 1.0
test: DecisionTreeRegressor 0.0777611309987446
train: KNeighborsRegressor 0.6355963757385574
test: KNeighborsRegressor 0.45965745088507864
train: RandomForestRegressor 0.9094139190239373
test: RandomForestRegressor 0.47658504651754163
```

如同比較上述的學習資料與測試資料分數可以看出的，明顯有模型（迴歸樹）是過度學習的狀態（學習資料的分數為1、測試資料的分數為0.078）。

接下來，作為參考，試著變更k-NN的參數k來驗證看看吧。由於第8章的練習

問題8-8有相同的實作，也請參考該單元。

輸入

```
# k-NN
from sklearn.neighbors import KNeighborsRegressor

from sklearn.model_selection import train_test_split

X = abalone_data.iloc[:,1:7]
Y = abalone_data['Rings']

X_train, X_test, y_train, y_test = train_test_split(
    X, Y, random_state=0)

# 用於標準化的模組
from sklearn.preprocessing import StandardScaler

# 標準化
sc = StandardScaler()
sc.fit(X_train)
X_train_std = sc.transform(X_train)
X_test_std = sc.transform(X_test)

training_accuracy = []
test_accuracy =[]

neighbors_settings = range(1,50)

for n_neighbors in neighbors_settings:
    clf = KNeighborsRegressor(n_neighbors=n_neighbors)
    clf.fit(X_train_std, y_train)

    training_accuracy.append(clf.score(X_train_std, y_train))

    test_accuracy.append(clf.score(X_test_std, y_test))

plt.plot(neighbors_settings, training_accuracy,label='training score')
plt.plot(neighbors_settings, test_accuracy,label='test score')
plt.ylabel('Accuracy')
plt.xlabel('n_neighbors')
plt.legend()
```

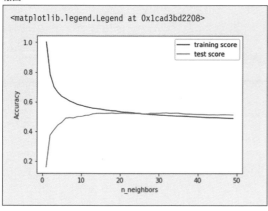

```
<matplotlib.legend.Legend at 0x1cad3bd2208>
```

雖然隨著k的增加看來有些
改善，但在k=25附近時，分數
為0.5，似乎已到達極限。

A-2- 11-3 綜合問題解答 (3)

【例題 1】

下面從 Web 取得資料。

輸入

```python
import io
import zipfile
import requests

# 指定有著資料的url
zip_file_url = 'http://archive.ics.uci.edu/ml/machine-learning-databases/00222/bank.zip'
r = requests.get(zip_file_url, stream=True)
z = zipfile.ZipFile(io.BytesIO(r.content))
z.extractall()
```

接下來，讀取資料，確認有什麼樣的資料。

輸入

```python
banking_c_data = pd.read_csv('bank-full.csv',sep=';')
banking_c_data.head()
```

輸出

	age	job	marital	education	default	balance	housing	loan	contact
0	58	management	married	tertiary	no	2143	yes	no	unknown
1	44	technician	single	secondary	no	29	yes	no	unknown
2	33	entrepreneur	married	secondary	no	2	yes	yes	unknown
3	47	blue-collar	married	unknown	no	1506	yes	no	unknown
4	33	unknown	single	unknown	no	1	no	no	unknown

day	month	duration	campaign	pdays	previous	poutcome	y
5	may	261	1	-1	0	unknown	no
5	may	151	1	-1	0	unknown	no
5	may	76	1	-1	0	unknown	no
5	may	92	1	-1	0	unknown	no
5	may	198	1	-1	0	unknown	no

接著計算數值資料的統計量。

輸入

```
banking_c_data.describe()
```

輸出

	age	balance	day	duration	campaign	pdays	previous
count	45211.000000	45211.000000	45211.000000	45211.000000	45211.000000	45211.000000	45211.000000
mean	40.936210	1362.272058	15.806419	258.163080	2.763841	40.197828	0.580323
std	10.618762	3044.765829	8.322476	257.527812	3.098021	100.128746	2.303441
min	18.000000	-8019.000000	1.000000	0.000000	1.000000	-1.000000	0.000000
25%	33.000000	72.000000	8.000000	103.000000	1.000000	-1.000000	0.000000
50%	39.000000	448.000000	16.000000	180.000000	2.000000	-1.000000	0.000000
75%	48.000000	1428.000000	21.000000	319.000000	3.000000	-1.000000	0.000000
max	95.000000	102127.000000	31.000000	4918.000000	63.000000	871.000000	275.000000

【例題 2】

試著計算 yes 與 no 各自的比例。

輸入

```
col_name_list = ['job','marital','education','default','housing','loan']
for col_name in col_name_list:
    print('--------------- ' + col_name + ' ----------------------')
    print(banking_c_data.groupby([col_name,'y'])['y'].count().unstack() / banking_c_data.
groupby(['y'])['y'].count()*100)
```

輸出

```
--------------- job ----------------------
y                  no        yes
job
admin.       11.372176  11.930422
blue-collar  22.604078  13.386273
entrepreneur  3.416662   2.325581
housemaid     2.833024   2.060881
management   20.432343  24.598223
retired       4.378538   9.756098
self-employed 3.486799   3.535640
services      9.480988   6.976744
student       1.675768   5.086028
technician   16.925505  15.882019
unemployed    2.757878   3.819247
```

```
unknown        0.636241   0.642844
--------------- marital ---------------------
y                    no        yes
marital
divorced  11.484896   11.760257
married   61.266971   52.089242
single    27.248134   36.150501
--------------- education ----------------------
y                    no        yes
education
primary   15.680577   11.174135
secondary 51.981364   46.322556
tertiary  28.317720   37.738703
unknown    4.020340    4.764606
--------------- default ---------------------
y                    no        yes
default
no        98.088773   99.016827
yes        1.911227    0.983173
--------------- housing ---------------------
y                    no        yes
housing
no        41.899203   63.414634
yes       58.100797   36.585366
--------------- loan ---------------------
y                    no        yes
loan
no        83.066981   90.848932
yes       16.933019    9.151068
```

【例題 3】

選擇解釋變數，轉換為虛擬變數（dummy 變數）banking_c_data_dummy。關於這麼做的原因，請參考後面的 Column「虛擬變數與多元共線性」。

輸入

```
banking_c_data_dummy = pd.get_dummies(banking_c_data[['job','marital','education','default','housing','loan']])
banking_c_data_dummy.head()
```

輸出

	job_admin.	job_blue-collar	job_entrepreneur	job_housemaid	job_management	job_retired
0	0	0	0	0	1	0
1	0	0	0	0	0	0
2	0	0	1	0	0	0
3	0	1	0	0	0	0
4	0	0	0	0	0	0

5 rows × 25 columns

job_self-employed	job_services	job_student	job_technician	...	education_primary	education_secondary
0	0	0	0	...	0	0
0	0	0	1	...	0	1
0	0	0	0	...	0	1
0	0	0	0	...	0	0
0	0	0	0	...	0	0

education_tertiary	education_unknown	default_no	default_yes	housing_no	housing_yes	loan_no	loan_yes
1	0	1	0	0	1	1	0
0	0	1	0	0	1	1	0
0	0	1	0	0	1	0	1
0	1	1	0	0	1	1	0
0	1	1	0	1	0	1	0

　　目標變數的「y」，它的值為「yes」或「no」的字串。為了將它作為數值處理，先準備可表現yes為「1」、no為「0」的旗標變數flg。

輸入

```
# 目標變數：建立flg旗標
banking_c_data_dummy['flg'] = banking_c_data['y'].map(lambda x: 1 if x =='yes' else 0)
```

　　下面進行模型建立。這裡選擇「age」、「balance」、「campaign」作為解釋變數。

輸入

```
# 邏輯迴歸
from sklearn.linear_model import LogisticRegression
# SVM
from sklearn.svm import LinearSVC
# 決策樹
from sklearn.tree import DecisionTreeClassifier
# k-NN
from sklearn.neighbors import KNeighborsClassifier
# 隨機森林
from sklearn.ensemble import RandomForestClassifier

# 資料的分割（分為學習資料與測試資料）
from sklearn.model_selection import train_test_split

# 混淆矩陣、其他指標
from sklearn.metrics import confusion_matrix
from sklearn.metrics import precision_score,recall_score,f1_score

# 解釋變數
X = pd.concat([banking_c_data_dummy.drop('flg', axis=1),banking_c_data[['age','balance','campaign'
]]],axis=1)
```

```
# 目標變數
Y = banking_c_data_dummy['flg']

X_train, X_test, y_train, y_test = train_test_split(
    X, Y, stratify = Y, random_state=0)

for model in [LogisticRegression(),LinearSVC(),
              DecisionTreeClassifier(),
              KNeighborsClassifier(n_neighbors=5),
              RandomForestClassifier()]:

    fit_model = model.fit(X_train, y_train)
    pred_y = fit_model.predict(X_test)
    confusion_m = confusion_matrix(y_test,pred_y)

    print('train:',fit_model.__class__.__name__ ,fit_model.score(X_train, y_train))
    print('test:',fit_model.__class__.__name__ , fit_model.score(X_test, y_test))
    print('Confusion matrix:\n{}'.format(confusion_m))
    print('精確度:%.3f' % precision_score(y_true=y_test,y_pred=pred_y))
    print('召回率:%.3f' % recall_score(y_true=y_test,y_pred=pred_y))
    print('F1分數:%.3f' % f1_score(y_true=y_test,y_pred=pred_y))
```

輸出

```
train: LogisticRegression 0.8828300106169635
test: LogisticRegression 0.883128372998319
Confusion matrix:
[[9981    0]
 [1321    1]]
精確度:1.000
召回率:0.001
F1分數:0.002
train: LinearSVC 0.8810015335614014
test: LinearSVC 0.8812704591701318
Confusion matrix:
[[9955   26]
 [1316    6]]
精確度:0.188
召回率:0.005
F1分數:0.009
train: DecisionTreeClassifier 0.9943966025716645
test: DecisionTreeClassifier 0.8137662567459967
Confusion matrix:
[[8833 1148]
 [ 957  365]]
精確度:0.241
召回率:0.276
F1分數:0.257
train: KNeighborsClassifier 0.8984015571546538
test: KNeighborsClassifier 0.868530478633991
Confusion matrix:
[[9681  300]
 [1186  136]]
精確度:0.312
召回率:0.103
```

Appendix

```
F1分數:0.155
train: RandomForestClassifier 0.9763477645393418
test: RandomForestClassifier 0.8732194992479873
Confusion matrix:
[[9633  348]
 [1085  237]]
精確度:0.405
召回率:0.179
F1分數:0.249
```

基於上述結果，選擇決策樹、k-NN、隨機森林。

【例題 4】

計算決策樹、k-NN、隨機森林的ROC曲線與AUC。

輸入

```python
from sklearn.metrics import roc_curve,roc_auc_score

for model in [DecisionTreeClassifier(),KNeighborsClassifier(n_neighbors=5)
              ,RandomForestClassifier()]:

    fit_model = model.fit(X_train, y_train)
    method = fit_model.__class__.__name__
    fpr,tpr,thresholds = roc_curve(y_test,fit_model.predict_proba(X_test)[:,1])
    auc = roc_auc_score(y_test,fit_model.predict_proba(X_test)[:,1])

    plt.plot(fpr,tpr,label=method+', AUC:' + str(round(auc,3)))
    plt.legend(loc=4)

#沒有模型
plt.plot([0, 1], [0, 1],color='black', lw= 0.5, linestyle='--')
```

輸出

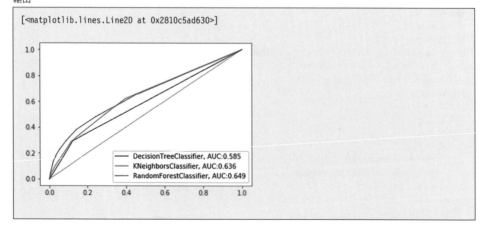

```
[<matplotlib.lines.Line2D at 0x2810c5ad630>]
```

在圖形的右上求得了各個模型的AUC，結果是隨機森林的值最高。

虛擬變數與多元共線性

※不熟悉矩陣運算數學式子等的讀者請跳過。

上述將虛擬變數化（dummy變數化）的東西全部直接帶入，建構了模型。不過，這究竟是否妥善呢？雖然「8-2 多元線性迴歸」提過多元共線性，這裡說明處理虛擬變數時的注意事項。考慮下面的範例，逐步以數學式子來檢視吧。

使用下面的具體例子，說明在將由k個元素構成的種類變數轉換為虛擬變數時，將k個直接用於虛擬變數會發生多元共線性。

考慮對於某個超級市場的1日冰淇淋銷售個數 y，使用當日的平均氣溫 x_1、天氣 z（晴天、陰天、雨天3個元素）來以多元線性迴歸進行預測。

資料 No	y（個）	x_1（℃）	z
1	903	21	陰天
2	1000	27	晴天
3	1112	22	雨天
4	936	19	陰天
5	1021	23	晴天
⋮	⋮	⋮	⋮
n	y_n	x_n	z_n

對於天氣 z，以 x_2 表示晴天、x_3 表示陰天、x_4 表示雨天，如下進行虛擬變數化。

此時，由於如果能得知虛擬變數其中2個值，便能得知剩下的虛擬變數之值，可以認為在解釋變數裡不需要包含全部3個。

資料 No	y（個）	x_1（℃）	z	x_2	x_3	x_4
1	903	21	陰天	0	1	0
2	1000	27	晴天	1	0	0
3	1112	22	雨天	0	0	1
4	936	19	陰天	0	1	0
5	1021	23	晴天	1	0	0
⋮	⋮	⋮	⋮	⋮	⋮	⋮
n	y_n	x_n	z_n	x_{2n}	x_{3n}	x_{4n}

實際上，成立著 $x_4 = -x_2 - x_3 + 1$ 這樣的關係。從這個關係，顯示了如果將 x_2、x_3、x_4 全部包含於多元線性迴歸的解釋變數，無法求得最小平方推定值。

考慮多元線性迴歸式子 $y = b_0 + b_1x_1 + b_2x_2 + b_3x_3 + b_4x_4$。使用訓練資料：

$$y = \begin{pmatrix} y_1 \\ y_2 \\ \vdots \\ y_n \end{pmatrix}, \quad X = (\mathbf{1}, \boldsymbol{x}_1, \boldsymbol{x}_2, \boldsymbol{x}_3, \boldsymbol{x}_4) = \begin{pmatrix} 1 & x_{11} & x_{21} & x_{31} & x_{41} \\ \vdots & \vdots & \vdots & \vdots & \vdots \\ 1 & x_{1n} & x_{2n} & x_{3n} & x_{4n} \end{pmatrix}$$

（式A-2-1）

如此一來，係數 b_0，b_1，..., b_4 的最小平方推定值可表現為：

$$\begin{pmatrix} b_0 \\ b_1 \\ \vdots \\ b_4 \end{pmatrix} = ({}^tXX)^{-1}{}^tX\boldsymbol{y}$$

（式A-2-2）

但是，從 $x_4 = -x_2 - x_3 + 1$ 的關係，可如下所示 ${}^tXX$ 的行列式為 0，不存在逆矩陣。

$$|{}^tXX| = \left| \begin{pmatrix} {}^t\mathbf{1} \\ {}^t\boldsymbol{x}_1 \\ {}^t\boldsymbol{x}_2 \\ {}^t\boldsymbol{x}_3 \\ {}^t\boldsymbol{x}_4 \end{pmatrix} X \right| = \left| \begin{matrix} {}^t\mathbf{1}X \\ {}^t\boldsymbol{x}_1X \\ {}^t\boldsymbol{x}_2X \\ {}^t\boldsymbol{x}_3X \\ {}^t\boldsymbol{x}_4X \end{matrix} \right| = \left| \begin{matrix} {}^t\mathbf{1}X \\ {}^t\boldsymbol{x}_1X \\ {}^t\boldsymbol{x}_2X \\ {}^t\boldsymbol{x}_3X \\ {}^t\boldsymbol{x}_4X + {}^t\boldsymbol{x}_2X + {}^t\boldsymbol{x}_3X \end{matrix} \right| = \left| \begin{matrix} {}^t\mathbf{1}X \\ {}^t\boldsymbol{x}_1X \\ {}^t\boldsymbol{x}_2X \\ {}^t\boldsymbol{x}_3X \\ {}^t\mathbf{1}X \end{matrix} \right| = 0 \qquad （式A-2-3）$$

在這裡，第 3 個等號當中，使用對第 4 列加上第 2 列、第 3 列之後行列式也不會改變的性質，而第 4 個等號當中，使用了 $x_4 = -x_2 - x_3 + 1$ 的關係。如此一來，行列式為 0，不存在最小平方推定值。因此，為了求得最小平方推定值，必須除去 1 個虛擬變數。

這次使用的是由 3 個元素構成的種類變數，但也顯示了如果對於一般由 n 個元素構成的種類變數使用全部 n 個虛擬變數，也將會使得行列式為 0。

進行多元線性迴歸分析等時，由於有著多元共線性的問題，在解釋變數裡使用種類變數時請多加留意。此外，在 pandas 當中用來製作虛擬變數的 get_dummies 函式裡，有著名為 drop_first 的參數可以去除最初的虛擬變數，請在需要時使用。

參閱參考文獻「A-36」和「B-28」，作為上述說明的矩陣參考資料。

A-2- 11-4 綜合問題解答 (4)

雖然有各種手法，這裡試著使用非監督式學習＋監督式學習的混合手法。首先試著進行聚類分析。

群體的數量設定為 5 進行計算。

輸入

```
# 匯入
from sklearn.cluster import KMeans

# 將 KMeans 物件初始化
kmeans_pp = KMeans(n_clusters=5)

# 計算群體的重心
kmeans_pp.fit(X_train_std)

# 預測群體編號
y_train_cl = kmeans_pp.fit_predict(X_train_std)
```

使用以學習資料來建構模型後的結果，讓它適用測試資料。

輸入

```
# 以測試資料預測群體編號
y_test_cl = kmeans_pp.fit_predict(X_test_std)
```

如同處理模型建構時，建立旗標。

輸入

```
# 以學習資料來對所屬的群體建立旗標
cl_train_data = pd.DataFrame(y_train_cl, columns=['cl_nm']).astype(str)
cl_train_data_dummy = pd.get_dummies(cl_train_data)
cl_train_data_dummy.head()
```

輸出

	cl_nm_0	cl_nm_1	cl_nm_2	cl_nm_3	cl_nm_4
0	0	1	0	0	0
1	1	0	0	0	0
2	0	1	0	0	0
3	0	0	0	1	0
4	0	1	0	0	0

輸入

```
# 以測試資料來對所屬的群體建立旗標
cl_test_data = pd.DataFrame(y_test_cl,columns=['cl_nm']).astype(str)
cl_test_data_dummy = pd.get_dummies(cl_test_data)
cl_test_data_dummy.head()
```

輸出

	cl_nm_0	cl_nm_1	cl_nm_2	cl_nm_3	cl_nm_4
0	1	0	0	0	0
1	0	0	1	0	0
2	0	0	1	0	0
3	1	0	0	0	0
4	0	0	1	0	0

接著，將目標變數的資料與解釋變數的資料統整。

輸入

```
# 以學習資料來結合資料
merge_train_data = pd.concat([
        pd.DataFrame(X_train_std),
        cl_train_data_dummy,
        pd.DataFrame(y_train,columns=['flg'])
    ], axis=1)

# 以測試資料來結合資料
merge_test_data = pd.concat([
        pd.DataFrame(X_test_std),
        cl_test_data_dummy,
        pd.DataFrame(y_test,columns=['flg'])
    ], axis=1)

merge_train_data.head()
```

Appendix

輸出

	0	1	2	3	4	5	6	7
0	-0.500746	-0.629604	-0.510598	-0.508655	-0.326770	-0.678037	-0.702917	-0.673290
1	0.948356	0.011070	0.931367	0.814498	-0.473158	0.297845	0.191520	0.649428
2	-1.005023	-0.151387	-1.005709	-0.884654	0.755356	-0.706644	-0.840513	-0.798055
3	-1.634260	0.326831	-1.551415	-1.243587	-0.159571	0.500562	0.556308	-0.699663
4	-0.254149	-0.789772	-0.314642	-0.325885	-0.801097	-0.976997	-1.115819	-1.166748

5 rows × 36 columns

8	9	...	26	27	28	29	cl_nm_0	cl_nm_1
-0.323201	-0.513532	...	-0.494471	-0.429224	-0.465020	-0.447715	0	1
-1.114571	-1.117685	...	0.387699	1.175397	0.053685	-0.302163	1	0
-1.203323	0.466252	...	-0.915127	-0.748055	-1.142683	-0.316267	0	1
1.533191	2.838587	...	1.303103	-0.546019	0.712943	3.642956	0	0
-0.648624	-0.542097	...	-1.272052	-1.350424	-0.409803	-0.009932	0	1

cl_nm_2	cl_nm_3	cl_nm_4	flg
0	0	0	1
0	0	0	0
0	0	0	1
0	1	0	1
0	0	0	1

接下來，進行主成分分析，試著計算哪個元素數量的分數較好。

輸入

```
from sklearn.metrics import confusion_matrix

model = LogisticRegression()
X_train_data = merge_train_data.drop('flg', axis=1)
X_test_data = merge_test_data.drop('flg', axis=1)

y_train_data = merge_train_data['flg']
y_test_data = merge_test_data['flg']

# 主成分分析
from sklearn.decomposition import PCA

best_score = 0
best_num = 0

for num_com in range(8):
    pca = PCA(n_components=num_com+1)
    pca.fit(X_train_data)
```

輸出

```
best score: 0.965034965034965
best num componets: 8
```

※best score多少會有差異

```
    X_train_pca = pca.transform(X_train_data)
    X_test_pca = pca.transform(X_test_data)

    logistic_model = model.fit(X_train_pca, y_train_data)

    train_score = logistic_model.score(X_train_pca, y_train_data)
    test_score = logistic_model.score(X_test_pca, y_test_data)

        if best_score < test_score:
        best_score = test_score
        best_num = num_com+1

print('best score:',best_score)
print('best num componets:',best_num)
```

利用聚類分析＋主成分分析的結果，準確度改善為96.5%。

不只是用於提高準確度，在市場行銷分析裡，有時也使用非監督式學習＋監督式學習的手法。

具體來說，使用非監督式的聚類分析來掌握各個顧客層特性之後，對於各個顧客層，想預測有多少比例的人是否會購買（某商品）時，使用監督式學習。關於這些手法，應該還能想出其他各式各樣的構想，請在進行資料分析時考慮使用。

A-2- 11-5 綜合問題解答 (5)

【例題 1】

由於讀取的資料裡有na，使用fillna（將ffill設定為參數），以之前的值填補。

輸入

```
fx_jpusdata_full = fx_jpusdata.fillna(method='ffill')
fx_useudata_full = fx_useudata.fillna(method='ffill')
```

【例題 2】

確認各自的基本統計量。

輸入

```
print(fx_jpusdata_full.describe())
print(fx_useudata_full.describe())
```

輸出

```
          DEXJPUS
count  4174.000000
mean    105.775220
std      14.612526
min      75.720000
25%      95.365000
50%     108.105000
75%     118.195000
max     134.770000
```

```
          DEXUSEU
count  4174.000000
mean      1.239633
std       0.165265
min       0.837000
25%       1.128100
50%       1.274700
75%       1.352575
max       1.601000
```

由於是時間序列的資料，來試著圖形化吧。

輸入

```
fx_jpusdata_full.plot()
fx_useudata_full.plot()
```

輸出

各個圖形裡似乎有著特徵。

【例題 3】

接下來，取和前日之值相對的比值，分別試著描繪出直方圖。

輸入

```
fx_jpusdata_full_r = (fx_jpusdata_full - fx_jpusdata_full.shift(1)) / fx_jpusdata_full.shift(1)
fx_useudata_full_r = (fx_useudata_full - fx_useudata_full.shift(1)) / fx_useudata_full.shift(1)

fx_jpusdata_full_r.hist(bins=30)
fx_useudata_full_r.hist(bins=30)
```

輸出

```
array([[<matplotlib.axes._subplots.AxesSubplot object at 0x000002810C5D36A0>]],
      dtype=object)
```

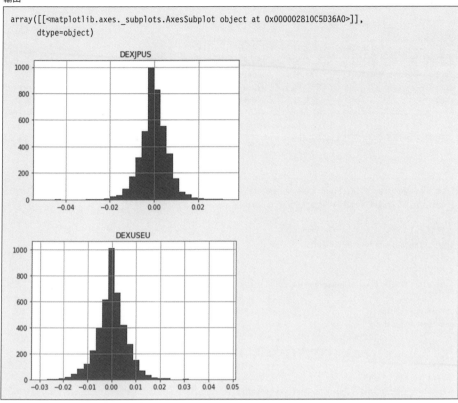

【例題 4】

不僅是前日，為了和2日前、3日前之值進行比較，來製作該資料集吧。

輸入

```
merge_data_jpusdata = pd.concat([
        fx_jpusdata_full,
        fx_jpusdata_full.shift(1),
        fx_jpusdata_full.shift(2),
        fx_jpusdata_full.shift(3)
    ], axis=1)
merge_data_jpusdata.columns =['today','pre_1','pre_2','pre_3']
merge_data_jpusdata_nona = merge_data_jpusdata.dropna()
merge_data_jpusdata_nona.head()
```

輸出

	today	pre_1	pre_2	pre_3
DATE				
2001-01-05	116.19	115.47	114.26	114.73
2001-01-08	115.97	116.19	115.47	114.26
2001-01-09	116.64	115.97	116.19	115.47
2001-01-10	116.26	116.64	115.97	116.19
2001-01-11	117.56	116.26	116.64	115.97

那麼，趕緊來試著建構模型吧。

輸入

```
from datetime import datetime, date, timedelta
from dateutil.relativedelta import relativedelta

# 模型
from sklearn import linear_model

# 模型的初始化
l_model = linear_model.LinearRegression()

pre_term = '2016-11'
pos_term = '2016-12'

for pre_list in (['pre_1'],['pre_1','pre_2'],['pre_1','pre_2','pre_3']):

    print(pre_list)
    train = merge_data_jpusdata_nona[pre_term]
    X_train = pd.DataFrame(train[pre_list])
    y_train = train['today']

    test = merge_data_jpusdata_nona[pos_term]
    X_test = pd.DataFrame(test[pre_list])
    y_test = test['today']

# 模型的適用
fit_model = l_model.fit(X_train, y_train)
print('train:',fit_model.__class__.__name__ ,fit_model.score(X_train, y_train))
print('test:',fit_model.__class__.__name__ , fit_model.score(X_test, y_test))
```

輸出

```
['pre_1']
train: LinearRegression 0.9493027692165822
test: LinearRegression 0.5687852242036819
['pre_1', 'pre_2']
train: LinearRegression 0.9494020654841917
test: LinearRegression 0.5627029016415758
['pre_1', 'pre_2', 'pre_3']
train: LinearRegression 0.9509299545649994
test: LinearRegression 0.5404389520765218
```

從上述結果來看，訓練資料與測試資料有很大的差異，似乎是過度學習的狀態。除此之外，也請看看精確度與召回率。匯率的資料與金融商品的價格預測被認為相當困難，除了機器學習之外，正在研究其他許多手法。

▨ A-2- 11-6 綜合問題解答 (6)

【例題 1】

在下面的實作裡，當作取得了資料，從下載的路徑來找出有規則性的檔案名稱，將該資料進行合併。其中，glob 函式使用 Unix Shell 的規則來對檔案名稱等進行樣式比對。不過，若要處理全部的資料，可能需要某種程度的電腦硬體規格與環境，因此這裡的對象為到 1980 年代為止的資料。

輸入

```
# 輸入path
path =r'<下載資料的目錄路徑>'

# 用於合併資料的處理
import glob
import pandas as pd

# 在上述路徑下以198開頭的任意csv檔案即為對象
allFiles = glob.glob(path + '/198*.csv')
data_frame = pd.DataFrame()
list_ = []
for file_ in allFiles:
    print(file_)
    df = pd.read_csv(file_,index_col=None, header=0,encoding ='ISO-8859-1' )
    list_.append(df)
frame_198 = pd.concat(list_)
```

輸出

```
C:/all_data\1987.csv
C:/all_data\1988.csv
C:/all_data\1989.csv
```

這有 1000 萬列以上，大約 2~3G。讀取之後來確認資料吧。

輸入（輸出 5 列）

```
frame_198.head()
```

	Year	Month	DayofMonth	DayOfWeek	DepTime	CRSDepTime	ArrTime	CRSArrTime	UniqueCarrier
0	1987	10	14	3	741.0	730	912.0	849	PS
1	1987	10	15	4	729.0	730	903.0	849	PS
2	1987	10	17	6	741.0	730	918.0	849	PS
3	1987	10	18	7	729.0	730	847.0	849	PS
4	1987	10	19	1	749.0	730	922.0	849	PS

5 rows × 29 columns

FlightNum	...	TaxiIn	TaxiOut	Cancelled	CancellationCode	Diverted	CarrierDelay	WeatherDelay
1451	...	NaN	NaN	0	NaN	0	NaN	NaN
1451	...	NaN	NaN	0	NaN	0	NaN	NaN
1451	...	NaN	NaN	0	NaN	0	NaN	NaN
1451	...	NaN	NaN	0	NaN	0	NaN	NaN
1451	...	NaN	NaN	0	NaN	0	NaN	NaN

NASDelay	SecurityDelay	LateAircraftDelay
NaN	NaN	NaN
NaN	NaN	NaN
NaN	NaN	NaN
NaN	NaN	NaN
NaN	NaN	NaN

輸入（確認欄位）

```
frame_198.info()
```

```
<class 'pandas.core.frame.DataFrame'>
Int64Index: 11555122 entries, 0 to 5041199
Data columns (total 29 columns):
Year               int64
Month              int64
DayofMonth         int64
DayOfWeek          int64
DepTime            float64
CRSDepTime         int64
ArrTime            float64
CRSArrTime         int64
UniqueCarrier      object
FlightNum          int64
TailNum            float64
ActualElapsedTime  float64
CRSElapsedTime     int64
AirTime            float64
ArrDelay           float64
DepDelay           float64
Origin             object
Dest               object
Distance           float64
TaxiIn             float64
TaxiOut            float64
```

Appendix

```
Cancelled              int64
CancellationCode       float64
Diverted               int64
CarrierDelay           float64
WeatherDelay           float64
NASDelay               float64
SecurityDelay          float64
LateAircraftDelay      float64
dtypes: float64(16), int64(10), object(3)
memory usage: 2.6+ GB
```

接著，來看看每月的紀錄筆數吧。

輸入

```
frame_198.groupby('Month')['Month'].count()
```

輸出

```
Month
1        876972
2        807755
3        880261
4        832929
5        852076
6        837592
7        858284
8        872854
9        839143
10      1327424
11      1261485
12      1308347
Name: Month, dtype: int64
```

延遲是 DepDelay。以月為基準來看平均，如下所示。

輸入

```
frame_198.groupby('Month')['DepDelay'].mean()
```

輸出

```
Month
1         9.141626
2         8.547549
3         8.410706
4         5.590123
5         6.579554
6         7.878035
7         7.567266
8         7.348758
9         5.235265
10        5.650389
11        7.261977
12       10.510423
Name: DepDelay, dtype: float64
```

【例題 2】

　將延遲以每年推移、每月推移，從圖形來看吧。會變得如何呢？

輸入

```
year_month_avg_arrdelay = frame_198.groupby(['Year','Month'])['ArrDelay'].mean()

pd.DataFrame(year_month_avg_arrdelay).unstack().T.plot(figsize=(10,6))
plt.legend(loc='best')
plt.xticks([i for i in range(0,12)],[i for i in range(1,13)])
plt.grid(True)
```

輸出

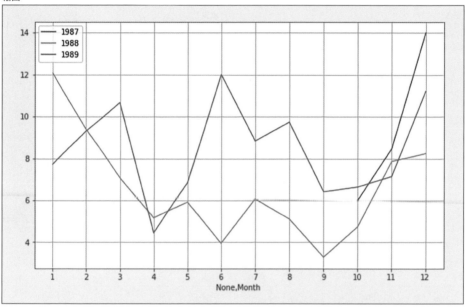

　每年的12月與1月迎來高峰。年底與新年會發生延遲，感覺上可以理解。此外，6月也有高峰。延遲時間似乎有著季節性。

　雖然這裡不進一步說明，但確認一下異常值等吧。似乎有時最大值極端大、最小值極端小。

【例題 3】

　根據航空公司（UniqueCarrier）的不同，ArrDelay（延遲）是否有所不同呢？來確認看看吧。

輸入

```
frame_198.groupby(['UniqueCarrier'])['ArrDelay'].mean()
```

輸出

```
UniqueCarrier
AA         5.185821
AS         8.130452
CO         6.306340
DL         7.812319
EA         7.485808
HP         5.519779
NW         7.315993
PA (1)     8.957254
PI        10.464421
PS         9.261881
TW         7.807424
UA         9.192974
US        10.086836
WN         5.204949
Name: ArrDelay, dtype: float64
```

　　PI航空公司的延遲非常突出。接下來,是基於出發地與目的地的差異,似乎非常零散。

輸入

```
origin_avg_arrdelay = pd.DataFrame(frame_198.groupby(['Origin'])['ArrDelay'].mean()).reset_index()
origin_avg_arrdelay.head()
```

輸出

	Origin	ArrDelay
0	ABE	7.038219
1	ABI	NaN
2	ABQ	5.801788
3	ACV	24.472067
4	ACY	7.222222

輸入

```
dest_avg_arrdelay = pd.DataFrame(frame_198.groupby(['Dest'])['ArrDelay'].mean()).reset_index()
dest_avg_arrdelay.head()
```

輸出

	Dest	ArrDelay
0	ABE	8.379866
1	ABQ	5.432439
2	ACV	22.814286
3	ACY	12.599061
4	AGS	7.680647

【例題 4】

接著，製作用來預測延遲時間的簡單模型。

輸入

```
analysis_data = frame_198[['DepDelay','Distance','ArrDelay']]
```

這次將NA從分析對象移除。第6章提過實務上究竟該如何處理這樣的遺漏資料等，請仔細確認、討論後進行。

輸入

```
analysis_data_full = analysis_data.dropna()

X = analysis_data_full[['DepDelay','Distance']]
Y = analysis_data_full['ArrDelay']

# 資料的分割（分為學習資料與測試資料）
from sklearn.model_selection import train_test_split

# 模型
from sklearn import linear_model

# 模型的實例
l_model = linear_model.LinearRegression()

# 分為學習資料與測試資料
X_train, X_test, y_train, y_test = train_test_split(X, Y, test_size=0.5,random_state=0)

# 模型的適用
fit_model = l_model.fit(X_train, y_train)
print('train:',fit_model.__class__.__name__ ,fit_model.score(X_train, y_train))
print('test:',fit_model.__class__.__name__ , fit_model.score(X_test, y_test))

# 偏迴歸係數
print(pd.DataFrame({'Name':X.columns,
                    'Coefficients':fit_model.coef_}).sort_values(by='Coefficients') )

# 截距
print(fit_model.intercept_)
```

輸出

```
train: LinearRegression 0.673012015192435
test: LinearRegression 0.6877571847815528
        Name  Coefficients
1   Distance      -0.000938
0   DepDelay       0.917872
1.4805784002949833
```

除此之外，也能用Spark（Pyspark）來進行計算，若有餘力請試試。

Appendix 3
參考文獻、參考URL

A-3- 1 參考文獻

[A-1]

『最強のデータ分析組織 なぜ大阪ガスは成功したのか』（日経BP社刊、ISBN：978-48222 58917）

『機械脳の時代——データサイエンスは戦略・組織・仕事をどう変えるのか?』（ダイヤモンド 社刊、ISBN：978-4478039373）

『アクセンチュアのプロフェッショナルが教えるデータ・アナリティクス実践講座』（翔泳社 刊、ISBN：978-4798143446）

『会社を変える分析の力（講談社現代新書）』（講談社刊、ISBN：978-4062882187）

『最強のビッグデータ戦略』（ビル・フランクス（著），長尾高弘（翻訳）、日経BP社）（英文 版：*Taming The Big Data Tidal Wave: Finding Opportunities in Huge Data Streams with Advanced Analytics*, Bill Franks, Wiley, 2012；中文版：《駕馭大數據：從海量資料中挖掘無限商機》，碁 峰出版，2013）

『データサイエンティストの秘密ノート 35の失敗事例と克服法』（SBクリエイティブ刊、 ISBN：978-4797389623）

[A-2]

『真実を見抜く分析力 ビジネスエリートは知っているデータ活用の基礎知識』（日経BP社刊、 ISBN：978-4822250058）（英文版：*Keeping Up With the Quants: Your Guide to Understanding and Using Analytics*, Thomas H. Davenport and Jinho Kim, Harvard Business Review Press, 2013； 中文版：《輕鬆搞懂數字爆的料：不需統計背景，也能練就數據解讀力》，天下文化出版， 2015）

『データ分析プロジェクトの手引：データの前処理から予測モデルの運用までを俯瞰する20 章』（共立出版刊、ISBN：978-4320124035）（英文版：*Commercial Data Mining: Processing, Analysis and Modeling for Predictive Analytics Projects*, David Nettleton, Elsevier Science Ltd, 2014）

[A-3]

『仕事ではじめる機械学習』（オライリージャパン刊、ISBN：978-4873118253）

[A-4]

『Pythonチュートリアル』（オライリージャパン刊、ISBN：978-4873117539）（英文版：*Python Tutorial*, 3rd Edition, Guido van Rossum, O'Reilly Media, 2015）

『はじめてのPython』（オライリー・ジャパン刊、ISBN：978-4873113937）（英文版：*Learning Python*, 3rd Edition, Mark Lutz, O'Reilly Media, 2007）

『入門Python3』（オライリー・ジャパン刊、ISBN：978-4873117386）（英文版：*Introducing Python: Modern Computing in Simple Packages*, Bill Lubanovic, O'Reilly Media, 2014；中文版： 《精通Python：運用簡單的套件進行現代運算》，歐萊禮出版，2015）

[A-5]

『統計学入門（基礎統計学Ⅰ）』（東京大学出版刊、ISBN：978-4130420655）

『統計学』（東京大学出版刊、ISBN：978-4130629218）

『統計学 改訂版』（有斐閣刊、ISBN：978-4641053809）

[A-6]

『線形代数学（新装版）』（日本評論社刊、ISBN：978-4535786547）

『入門線形代数』（培風館刊、ISBN：978-4563002169）

『明解演習 線形代数（明解演習シリーズ）』（共立出版刊、ISBN：978-4320010789）

『明解演習 微分積分（明解演習シリーズ）』（共立出版刊、ISBN：978-4320013322）

『キーポイント多変数の微分積分（理工系数学のキーポイント（7））』（岩波書店刊、ISBN：978-4000078672）

『やさしく学べる微分方程式』（共立出版刊、ISBN：978-4320017504）

[A-7]

『技術者のための基礎解析学 機械学習に必要な数学を本気で学ぶ』（翔泳社刊、ISBN：978-4798155357）

『技術者のための線形代数学 大学の基礎数学を本気で学ぶ』（翔泳社刊、ISBN：978-4798155364）

『技術者のための確率統計学 大学の基礎数学を本気で学ぶ』（翔泳社刊、ISBN：978-4798157863）

[A-8]

『退屈なことはPythonにやらせよう―ノンプログラマーにもできる自動化処理プログラミング』（オライリージャパン刊、ISBN：978-4873117782）（英文版：*Automate the Boring Stuff with Python: Practical Programming for Total Beginners*, Al Sweigart, No Starch Press, 2015；中文版：《Python自動化的樂趣：搞定重複瑣碎＆單調無聊的工作》，碁峰出版，2016）

[A-9]

『測度・確率・ルベーグ積分 応用への最短コース』（講談社刊、ISBN：978-4061565715）

『測度と積分―入門から確率論へ』（培風館刊、ISBN：978-4563003807）（英文版：*Measure, Integral and Probability*, 2nd Edition, Marek Capinski and Peter E. Kopp, Springer, 2008）

『確率論（新しい解析学の流れ）』（共立出版刊、ISBN：978-4320017313）

[A-10]

『科学技術計算のためのPython入門―開発基礎、必須ライブラリ、高速化』（技術評論社刊、ISBN：978-4774183886）

『Python言語によるビジネスアナリティクス 実務家のための最適化・統計解析・機械学習』（近代科学社刊、ISBN：978-4764905160）

『Pythonによるデータ分析入門―NumPy、pandasを使ったデータ処理』（オライリージャパン刊、ISBN：978-4873118451）（英文版：*Python for Data Analysis*, 2nd Edition, Wes McKinney, O'Reilly Media, 2017；中文版：《Python資料分析 第二版》，歐萊禮出版，2018）

『エレガントなSciPy――Pythonによる科学技術計算』（オライリージャパン刊、ISBN：978-4-87311-860-4）（英文版：*Elegant SciPy: The Art of Scientific Python*, Juan Nunez-Iglesias, Stéfan van der Walt and Harriet Dashnow, O'Reilly Media, 2017；中文版：《優雅的SciPy：Python科學研究的美學》，歐萊禮出版，2018）

[A-11]

『岩波データサイエンス Vol.5、特集「スパースモデリングと多変量データ解析」』（岩波書店
　　刊、ISBN：978-4000298551）

[A-12]

『欠損データの統計科学』（岩波書店刊、ISBN：978-4000298476）

『データ分析プロセス（シリーズ Useful R 2）』の第3章（共立出版刊、ISBN：978-4320123656）

[A-13]

『入門 機械学習による異常検知—Rによる実践ガイド』（コロナ社刊、ISBN：978-4339024913）

『異常検知と変化検知』（講談社刊、ISBN：978-4061529083）

[A-14]

『極値統計学（ISM シリーズ:進化する統計数理）』（近代科学社刊、ISBN：978-4764905153）

[A-15]

『バッドデータハンドブック』（オライリージャパン刊、ISBN：978-4873116402）（英文版：
　　Bad Data Handbook, Q. Ethan McCallum, O'Reilly Media, 2012；中文版：《Bad Data 技術手冊》,
　　歐萊禮出版，2013）

[A-16]

『Python と JavaScript ではじめるデータビジュアライゼーション』（オライリージャパン刊、
　　ISBN：978-4873118086）（英文版：*Data Visualization with Python and JavaScript*, Kyran Dale,
　　O'Reilly Media, 2016；中文版：《資料視覺化：使用 Python 與 JavaScript》，歐萊禮出版，2017）

『Python ユーザのための Jupyter[実践]入門』（技術評論社刊、ISBN：978-4774192239）

[A-17]

『入門 考える技術・書く技術—日本人のロジカルシンキング実践法』（ダイヤモンド社刊、
　　ISBN：978-4478014585）

『外資系コンサルのスライド作成術—図解表現23のテクニック』（東洋経済新報社刊、ISBN：
　　978-4492557204）

『Google 流資料作成術』（日本実業出版社刊、ISBN：978-4534054722）（英文版：*Storytelling
　　With Data: A Data Visualization Guide for Business Professionals*, Cole Nussbaumer Knaflic, Wiley,
　　2015；中文版：《Google 必修的圖表簡報術：Google 總監首度公開絕活，教你做對圖表、說對
　　話，所有人都聽你的！》，商業周刊出版，2016）

[A-18]

『Python による機械学習入門』（オーム社刊、ISBN：978-4274219634）

『Python ではじめる機械学習—scikit-learn で学ぶ特徴量エンジニアリングと機械学習の基礎』
　　（オライリージャパン刊、ISBN：978-4873117980）（英文版：*Introduction to Machine Learning
　　With Python: A Guide for Data Scientists*, Andreas C. Muller and Sarah Guido, O'Reilly Media,
　　2017；中文版：《精通機器學習：使用 Python》，歐萊禮出版，2017）

[A-19]

『戦略的データサイエンス入門—ビジネスに活かすコンセプトとテクニック』（オライリージャ
　　パン刊、ISBN：978-4873116853）（英文版：*Data Science for Business: What You Need to Know
　　About*, Foster Provost and Tom Fawcett, O'Reilly Media, 2013；中文版：《資料科學的商業運用》，

歐萊禮出版，2016）

『失敗しない データ分析・AIのビジネス導入：プロジェクト進行から組織づくりまで』（森北出版刊、ISBN：978-4627854116）

[A-20]

『データマイニング手法 予測・スコアリング編—営業、マーケティング、CRMのための顧客分析』（海文堂出版刊、ISBN：978-4303734275）（英文版：*Data Mining Techniques: For Marketing, Sales, and Customer Relationship Management*, Michael J. A. Berry and Gordon S. Linoff, Wiley, 2011）

『データマイニング手法 探索的知識発見編—営業、マーケティング、CRMのための顧客分析』（海文堂出版刊、ISBN：978-4303734282）（英文版：*Data Mining Techniques: For Marketing, Sales, and Customer Relationship Management*, Michael J. A. Berry and Gordon S. Linoff, Wiley, 2011）

『Data Mining Techniques: For Marketing, Sales, and Customer Relationship Management』（Wiley刊、ISBN：978-0470650936）

[A-21]

『強化学習』（森北出版刊、ISBN：978-4627826618）（英文版：*Reinforcement Learning: An Introduction*, Richard S. Sutton and Andrew G. Barto, A Bradford Book, 1998）

[A-22]

『Python ではじめる機械学習—scikit-learn で学ぶ特徴量エンジニアリングと機械学習の基礎』（オライリージャパン刊、ISBN：978-4873117980）（英文版：*Introduction to Machine Learning With Python: A Guide for Data Scientists*, Andreas C. Muller and Sarah Guido, O'Reilly Media, 2017；中文版：《精通機器學習：使用Python》，歐萊禮出版，2017）

『データサイエンス講義』（オライリージャパン刊、ISBN：978-4873117010）（英文版：*Doing Data Science: Straight Talk from the Frontline*, Rachel Schutt and Cathy O'Neil, O'Reilly Media, 2013）

『実践機械学習システム』（オライリージャパン刊、ISBN：978-4873116983）（英文版：*Building Machine Learning Systems with Python*, Willi Richert and Luis Pedro Coelho, O'Reilly Media, 2013）

『Python 機械学習プログラミング 達人データサイエンティストによる理論と実践』（インプレス刊、ISBN：978-4295003373）（英文版：*Python Machine Learning*, 2nd Edition, Sebastian Raschka and Vahid Mirjalili, Packt Publishing, 2017；中文版：《Python機器學習(第二版)》，博碩出版，2018）

[A-23]

『データマイニング手法 予測・スコアリング編—営業、マーケティング、CRMのための顧客分析』（海文堂出版刊、ISBN：978-4303734275）（英文版：*Data Mining Techniques: For Marketing, Sales, and Customer Relationship Management*, Michael J. A. Berry and Gordon S. Linoff, Wiley, 2011）

『データマイニング手法 探索的知識発見編—営業、マーケティング、CRMのための顧客分析』（海文堂出版刊、ISBN：978-4303734282）（英文版：*Data Mining Techniques: For Marketing, Sales, and Customer Relationship Management*, Michael J. A. Berry and Gordon S. Linoff, Wiley, 2011）

[A-24]

『戦略的データサイエンス入門—ビジネスに活かすコンセプトとテクニック』（オライリージャパン刊、ISBN：978-4873116853）（英文版：*Data Science for Business: What You Need to Know About*, Foster Provost and Tom Fawcett, O'Reilly Media, 2013；中文版：《資料科學的商業運用》，歐萊禮出版，2016）

[A-25]

『はじめてのパターン認識』（森北出版刊、ISBN：978-4627849716）

『[第2版]Python 機械学習プログラミング 達人データサイエンティストによる理論と実践』（インプレス刊、ISBN：978-4295003373）（英文版：*Python Machine Learning*, 2nd Edition, Sebastian Raschka and Vahid Mirjalili, Packt Publishing, 2017；中文版：《Python機器學習（第二版）》，博碩出版，2018）

『scikit-learn と TensorFlow による実践機械学習』（オライリージャパン刊、ISBN：978-4873118345）（英文版：*Hands-On Machine Learning with Scikit-Learn and TensorFlow*, Aurélien Géron, O'Reilly Media, 2017）

『科学技術計算のための Python—確率・統計・機械学習』（エヌ・ティー・エス刊、ISBN：978-4860434717）（英文版：*Python for Probability, Statistics, and Machine Learning*, José Unpingco, Springer, 2016）

『データ分析プロジェクトの手引：データの前処理から予測モデルの運用までを俯瞰する20章』（共立出版刊、ISBN：978-4320124035）（英文版：*Commercial Data Mining: Processing, Analysis and Modeling for Predictive Analytics Projects*, David Nettleton, Elsevier Science Ltd, 2014）

『Machine Learning実践の極意 機械学習システム構築の勘所をつかむ!』（インプレス刊、ISBN：978-4295002659）（英文版：*Real-World Machine Learning*, Henrik Brink, Joseph Richards and Mark Fetherolf, Manning Publications, 2016）

『Fundamentals of Machine Learning for Predictive Data Analytics: Algorithms, Worked Examples, and Case Studies』（The MIT Press刊、ISBN：978-0262029445）

[A-26]

『戦略的データサイエンス入門—ビジネスに活かすコンセプトとテクニック』（オライリージャパン刊、ISBN：978-4873116853）（英文版：*Data Science for Business: What You Need to Know About*, Foster Provost and Tom Fawcett, O'Reilly Media, 2013；中文版：《資料科學的商業運用》，歐萊禮出版，2016）

[A-27]

『ゼロから作る Deep Learning—Python で学ぶディープラーニングの理論と実装』（オライリージャパン刊、ISBN：978-4873117584）（中文版：《Deep Learning：用Python進行深度學習的基礎理論實作》，歐萊禮出版，2017）

『機械学習スタートアップシリーズ これならわかる深層学習入門』（講談社刊、ISBN：978-4061538283）

『深層学習（機械学習プロフェッショナルシリーズ）』（講談社刊、ISBN：978-4061529021）

[A-28]

『詳解 ディープラーニング～TensorFlow・Keras による時系列データ処理～』（マイナビ出版刊、ISBN：978-4839962517）

『Python と Keras によるディープラーニング』（マイナビ出版刊、ISBN：978-4839964269）（英文版：*Deep Learning with Python*, François Chollet, Manning Publications, 2017；中文版：《Deep

Learning深度學習必讀：Keras大神帶你用 Python 實作》，旗標出版，2019）

『scikit-learn と TensorFlow による実践機械学習』（オライリージャパン刊、ISBN：978-487311
8345）（英文版：*Hands-On Machine Learning with Scikit-Learn and TensorFlow*, Aurélien Géron,
O'Reilly Media, 2017）

『深層学習』（KADOKAWA 刊、ISBN：978-4048930628）（英文版：*Deep Learning*, Ian Goodfellow,
Yoshua Bengio and Aaron Courville, The MIT Press, 2016；中文版：《深度學習》，碁峰出版，
2019）

[A-29]

『ハイパフォーマンス Python』（オライリージャパン刊、ISBN：978-4873117409）（英文版：
High Performance Python, Ian Ozsvald and Micha Gorelick, O'Reilly Media, 2014；中文版：《高
效能 Python 程式設計》，歐萊禮出版，2015）

『科学技術計算のための Python 入門―開発基礎、必須ライブラリ、高速化』（技術評論社刊、
ISBN：978-4774183886）

『エキスパート Python プログラミング改訂2版』（KADOKAWA 刊、ISBN：978-4048930611）（英
文版：*Expert Python Programming*, 2nd Edition, Michal Jaworski and Tarek Ziade, , 2016）

[A-30]

『Cython―C との融合による Python の高速化』（オライリージャパン刊、ISBN：978-487311
7270）（英文版：*Cython: A Guide for Python Programmers*, Kurt W. Smith, O'Reilly Media, 2015）

[A-31]

『Python 言語によるビジネスアナリティクス 実務家のための最適化・統計解析・機械学習』
（近代科学社刊、ISBN：978-4764905160）

[A-32]

『初めての Spark』（オライリージャパン刊、ISBN：978-4873117348 ）（英文版：*Learning Spark:
Lightning-Fast Big Data Analysis*, Holden Karau, Andy Konwinski, Patrick Wendell and Matei
Zaharia, O'Reilly Media, 2015；中文版：《Spark 學習手冊》，歐萊禮出版，2016）

『入門 PySpark―Python と Jupyter で活用する Spark 2 エコシステム』（オライリージャパン刊、
ISBN：978-4873118185 ）（英文版：*Learning PySpark*, Tomasz Drabas and Denny Lee, Packt
Publishing, 2017）

『Machine Learning with Spark - Tackle Big Data with Powerful Spark Machine Learning Algorithms』
（Packt Publishing, ISBN：978-1783288519 ）

[A-33]

『Python データサイエンスハンドブック―Jupyter、NumPy、pandas、Matplotlib、scikit-learn を
使ったデータ分析、機械学習』（オライリージャパン刊、ISBN：978-4873118413）（英文版：
Python Data Science Handbook: Essential Tools for Working with Data, Jake VanderPlas, O'Reilly
Media, 2016；中文版：《Python 資料科學學習手冊》，歐萊禮出版，2017）

『IPython データサイエンスクックブック―対話型コンピューティングと可視化のためのレ
シピ集』（オライリージャパン刊、ISBN：978-4873117485）（英文版：*Python Interactive
Computing and Visualization Cookbook*, Cyrille Rossant, Packt Publishing, 2014）

『統計的学習の基礎―データマイニング・推論・予測』（共立出版刊、ISBN：978-4320123625）
（英文版：*The Elements of Statistical Learning: Data Mining, Inference, and Prediction*, 2nd
Edition, Trevor Hastie, Robert Tibshirani, and Jerome Friedman, Springer, 2009）

『パターン認識と機械学習 上下』（丸善出版刊、ISBN：978-4621061220）（英文版：*Pattern*

Recognition and Machine Learning, Christopher M. Bishop, Springer, 2006）

『Pythonで体験するベイズ推論 PyMCによるMCMC入門』（森北出版刊、ISBN：978-4627077911）（英文版：*Bayesian Methods for Hackers: Probabilistic Programming and Bayesian Inference*, Cameron Davidson-Pilon, Addison-Wesley Professional, 2015）

『Pythonによるベイズ統計モデリング：PyMCでのデータ分析実践ガイド』（共立出版刊、ISBN：978-4320113374）（英文版：*Bayesian Analysis with Python: Unleash the Power and Flexibility of the Bayesian Framework*, Osvaldo Martin, Packt Publishing, 2016）

『機械学習スタートアップシリーズ ベイズ推論による機械学習入門（KS情報科学専門書）』（講談社刊、ISBN：978-4061538320）

[A-34]

『ビッグデータ テクノロジー完全ガイド』（マイナビ出版刊、ISBN：978-4839953126）（英文版：*Data Just Right: Introduction to Large-Scale Data & Analytics*, Michael Manoochehri, Addison-Wesley Professional, 2013）

『FPGAの原理と構成』（オーム社刊、ISBN：978-4274218644）

[A-35]

『イシューからはじめよ―知的生産の「シンプルな本質」』（英治出版刊行、ISBN：978-4862760852）（中文版：《議題思考：用單純的心面對複雜問題，交出有價值的成果，看穿表象、找到本質的知識生產術》，經濟新潮社出版，2019）

[A-36]

『統計クイックリファレンス 第2版』（オライリージャパン刊、ISBN978-4873117102）（英文版：*Statistics in a Nutshell: A Desktop Quick Reference*, 2nd Edition, Sarah Boslaugh, O'Reilly Media, 2012）

A-3- 2 參考URL

[B-1]
Python官方網站　https://www.python.org
Dive Into Python3日文版　http://diveintopython3-ja.rdy.jp/
Dive Into Python3英文版　https://diveintopython3.problemsolving.io/

[B-2]
Automate the Boring Stuff with Python（A-8『退屈なことはPythonにやらせよう』英文版）
https://automatetheboringstuff.com/

[B-3]
試試看Jupyter Notebook　https://pythondatascience.plavox.info/python%E3%81%AE%E9%96%8B%E7%99%BA%E7%92%B0%E5%A2%83/jupyter-notebook%E3%82%92%E4%BD%BF%E3%81%A3%E3%81%A6%E3%81%BF%E3%82%88%E3%81%86
Jupyter Notebook官方網站說明的Markdown使用方法　https://jupyter-notebook.readthedocs.io/en/latest/examples/Notebook/Working%20With%20Markdown%20Cells.html

[B-4]
PEP: 8（Python程式碼的Style Guide）　https://www.python.org/dev/peps/pep-0008/

[B-5]
Matplotlib　http://matplotlib.org/
seaborn: statistical data visualization　http://seaborn.pydata.org/

[B-6]
統計學的時間　https://bellcurve.jp/statistics/course/#step1

[B-7]
Numpy　https://www.numpy.org/devdocs/user/quickstart.html

[B-8]
Scipy　https://www.scipy.org

[B-9]
Scipy的內插計算　https://docs.scipy.org/doc/scipy/reference/tutorial/interpolate.html

[B-10]
Statistical Learning with Sparsity The Lasso and Generalizations　https://web.stanford.edu/~hastie/StatLearnSparsity_files/SLS.pdf

[B-11]
ScIpy的矩陣運算　https://docs.scipy.org/doc/scipy/reference/tutorial/linalg.html

[B-12]
Python與勞倫茨方程式　http://org-technology.com/posts/ordinary-differential-equations.html

[B-13]
Scipy的積分與微分方程式運算　https://docs.scipy.org/doc/scipy/reference/tutorial/integrate.html

[B-14]
Scipy Lecture Notes　http://www.turbare.net/transl/scipy-lecture-notes/index.html

[B-15]
異常檢測技術的商務應用最前線　https://www.slideshare.net/shoheihido/fit2012

[B-16]
Python Data Science Handbook　https://github.com/jakevdp/PythonDataScienceHandbook

[B-17]
OpenAI　https://gym.openai.com

[B-18]
scikit-learn　http://scikit-learn.org/stable/index.html

[B-19]

Python Data Science Handbook（A-22的英文線上版） https://github.com/jakevdp/PythonData
ScienceHandbook

[B-20]

主成分分析的思考方式 https://logics-of-blue.com/principal-components-analysis/

[B-21]

關於plot_partial_dependence函式 http://scikit-learn.org/stable/modules/ensemble.html

[B-22]

A-28『深層学習』原著網站 http://www.deeplearningbook.org/

[B-23]

Blaze http://blaze.pydata.org/

[B-24]

GitHub https://github.com/wilsonfreitas/awesome-quant

[B-25]

Quantopian https://www.quantopian.com/home

[B-26]

鮑魚的年齡預測 https://www.slideshare.net/hyperak/predicting-the-age-of-abalone
Predicting Age of Abalone Using Linear Regression http://citeseerx.ist.psu.edu/viewdoc/downloa
d;jsessionid=1B4590990A8445EBC80996A092445868?doi=10.1.1.135.705&rep=rep1&type=pdf

[B-27]

關於多元共線性 http://heartland.geocities.jp/ecodata222/ed/edj1-2-1-2-1.html

[B-28]

Data Science for Environment and Quality 為了環境與品質的資料科學 http://data-science.tokyo/

結語

關於進一步學習

本書到此結束，真是辛苦了。到這裡已經學習了很多技術。特別是初學階段的讀者，堅持到最後一定非常不容易。如果能確實地將本書的技能學習起來，對於資料科學的入門程度來說已經十分足夠。當然，這並不是結束，還有非常多應該學習的東西。撰寫本書的筆者，也為了學習嶄新的技術，每天努力鑽研。

為了讓資料科學在商業現場成為有用的東西，真的需要很多技能，特別是創造力至關重要。如果只是學學數學的手法並實作出來，要創造出新的價值是很困難的。雖然培養創造力並非一蹴可幾，誇誇其談的筆者本人其實也覺得這不是易事，但有一定的基礎之後，希望能在現場進行思考，實際看看資料，與資料進行對話，朝這個方向實踐。儘管有時無法單純地進行，不過這也是資料科學的魅力。此外，本書開頭章節略微提過，如果遇到錯誤卡住了，或是有不了解的地方，能夠藉由書籍和網路自行搜尋解決的能力非常重要。

如果沒有輸入，當然無法有輸出，因此為了之後的學習，下面介紹學習資料科學的資源與教材等。由於有很多免費教材（雖然主要是英文資源），請作為往後學習的參考。然而，無論哪本書或教材都可能有謬誤之處，請不要忘記以這樣的角度來閱讀。

資料來源與資料分析競賽

學習資料分析時，如果沒有實際資料便無法進行。下面所列的網站有豐富的資料分析學習用資料。特別是 Kaggle，這是資料科學的競賽，成績名列前茅將能獲得獎金。如果有時間，請務必註冊，試著挑戰問題。此外，由於公開了參加者的程式碼，非常具有參考性。不過，有人指出這項競賽的實作無法應用於一般商業，仍在初學階段不是很在意準確度時，了解一下原來還有那些手法也不錯。除了 Kaggle 之外，另有其他資料分析競賽，有興趣的讀者請試著搜尋。

- Kaggle：http://www.kaggle.com
- UCI DATA：http://archive.ics.uci.edu/ml/

關於資料分析的手法與開發方法等的資訊收集

關於資料分析的相關程式碼，在下面的網站可找到很多資料，只是看看有興趣

的實作也能進步。如果會使用 GitHub 或 GitLab 等，進行團隊開發時很方便。

- GitHub：https://github.com

資料分析相關線上課程

下面是關於資料科學的線上課程。建議不只是閱讀文字，即時上課更好。另外還有很多免費的課程。

- edx：https://www.edx.org/course
- coursera：https://www.coursera.org

免費的資料分析教材

很多統計學書籍可免費閱讀。

- 可線上免費閱讀的統計書籍 22 本：http://id.fnshr.info/2013/08/11/online-stat-books/
- 可線上免費閱讀的統計書籍另增 32 本：http://id.fnshr.info/2016/08/15/online-stat-books-2/

下面的網站雖然是英文，但介紹了很多免費的資料科學教材，給想用英文學習的讀者。其中有些教材相當著名。

- free data science 60 books＋：http://www.kdnuggets.com/2015/09/free-data-science-books.html
- free data science 100 books＋：http://www.learndatasci.com/free-data-science-books/

此外，前面介紹過松尾研究室免費公開了下面的教材。除此之外，還免費公開 Deep Learning 的內容等，有興趣的讀者請試著使用。

- GCI 資料科學家培育講座練習內容：https://weblab.t.u-tokyo.ac.jp/gci_contents/

其他有助於資料分析的教材

下面介紹的資料分析教材未收錄於 Appendix 3。這些書籍容易上手，且內容廣泛使用了適合初學者的各種工具。「データサイエンティスト養成読本」（資料科學家養成讀本）系列已廣受介紹，本書的讀者很可能已經知道這些書。

- 『データサイエンティスト養成読本 登竜門編』（技術評論社刊、ISBN：978-

4774188775）

- 『改訂 2 版 データサイエンティスト養成読本』（技術評論社刊、ISBN：
  978-4774183602）
- 『データサイエンティスト養成読本 機械学習入門編』（技術評論社刊、
  ISBN：978-4774176314）
- 『データサイエンティスト養成読本 R 活用編』（技術評論社刊、ISBN：
  978-4774170572）
- 『データサイエンティスト養成読本 ビジネス活用編』（技術評論社刊、
  ISBN：978-4297101084）

此外，一般來說，資料分析在前階段的處理佔了專案整體的八、九成。關於預處理，請參考下面這本書。

- 『前処理大全』（技術評論社刊、ISBN：978-4774196473）

下面介紹的這本書雖然著重應用，但詳細描述了市場行銷業界運用資料科學（或 AI）的手法，非常推薦給在市場行銷現場工作的人。然而，由於書中沒有程式碼等實作，定位是用來學習模型建構的構想。

- 『AI アルゴリズムマーケティング 自動化のための機械学習 / 経済モデル、ベストプラクティス、アーキテクチャ』（インプレス刊、ISBN：978-4295004745）（英文版：*Introduction to Algorithmic Marketing: Artificial Intelligence for Marketing Operations*, Ilya Katsov, Ilia Katcov, 2017）

其他還有很多關於資料科學的書籍與課程，如「序言」所述，幾乎每個月都會有很多機器學習、人工智慧、深度學習的相關書籍出版。只要有意願，學習環境已經非常充實。請務必架好您的天線接收訊息，不斷提升自己的技能，並且一邊考慮運用目標，對工作助一臂之力。

國家圖書館出版品預行編目資料

東京大學資料科學家養成全書：使用Python動手學習資料分析／塚本邦尊、山田典
一、大澤文孝著；中山浩太郎監修；松尾豐協力；莊永裕譯. -- 初版. -- 臺北市：臉譜，
城邦文化出版：家庭傳媒城邦分公司發行, 2020.06
　　面；　公分. --(科普漫遊；FQ1064)

譯自：東京大学のデータサイエンティスト育成講座：Pythonで手を動かして学ぶデー
タ分析

ISBN 978-986-235-832-0（平裝）

1. 資料探勘 2. 資料處理 3. Python(電腦程式語言)

312.74　　　　　　　　　　　　　　　　　　　　　　　　　109004865

科普漫遊　FQ1064

東京大學資料科學家養成全書
使用Python動手學習資料分析

作　　　者　塚本邦尊、山田典一、大澤文孝
監　　　修　中山浩太郎
協　　　力　松尾豐
譯　　　者　莊永裕
副 總 編 輯　劉麗真
主　　　編　陳逸瑛、顧立平
封 面 設 計　廖韡

發　行　人　涂玉雲
出　　　版　臉譜出版
　　　　　　城邦文化事業股份有限公司
　　　　　　台北市中山區民生東路二段141號5樓
　　　　　　電話：886-2-25007696　傳真：886-2-25001952
發　　　行　英屬蓋曼群島商家庭傳媒股份有限公司城邦分公司
　　　　　　台北市中山區民生東路二段141號11樓
　　　　　　客服服務專線：886-2-25007718；25007719
　　　　　　24小時傳真專線：886-2-25001990；25001991
　　　　　　服務時間：週一至週五上午09:30-12:00；下午13:30-17:00
　　　　　　劃撥帳號：19863813　戶名：書虫股份有限公司
　　　　　　讀者服務信箱：service@readingclub.com.tw
香港發行所　城邦（香港）出版集團有限公司
　　　　　　香港灣仔駱克道193號東超商業中心1樓
　　　　　　電話：852-25086231　傳真：852-25789337
馬新發行所　城邦（馬新）出版集團 Cité (M) Sdn Bhd
　　　　　　41-3, Jalan Radin Anum, Bandar Baru Sri Petaling, 57000 Kuala Lumpur, Malaysia
　　　　　　電話：603-90563833　傳真：603-90576622
　　　　　　E-mail: services@cite.my

初 版 一 刷　2020年6月11日
版權所有・翻印必究（Printed in Taiwan）
ISBN 978-986-235-832-0

城邦讀書花園
www.cite.com.tw

定價：780元　　　　　　　　　　　　（本書如有缺頁、破損、倒裝，請寄回更換）